園產處理與加工

柯文慶 吳明昌 蔡龍銘 編著

東大圖書公司

編輯大意

一、本書旨在提供社會大眾有關園產處理與加工的知識。對於果園或菜園經營、管理者，是實用的工具；對於果菜運銷等相關業界，諸如運銷、製罐、貯藏及食品加工等各界朋友，本書是基本的參考書籍。另外，對於園藝業者、農場經營者以及對農業、園藝等相關知識有興趣的學生或業餘愛好者，本書也是很好的入門寶典。

二、本書之編輯內容，在使讀者能瞭解園產處理與加工之意義及重要性、明瞭園產處理之原理及方法、熟悉園產加工之實際運用、認識園產加工之基本原理、以及獲得園產加工之技術。

三、本書為增進閱讀學習效果，除了編排方面要求清晰及架構分明外，章節中並附有實習，提供實作的指南。另外本書佐以豐富之圖片，期使閱讀學習時，得到最佳成效。

四、本書編輯過程中力求嚴謹，然疏漏之處在所難免，尚祈各界先進不吝指正是幸！

園產處理與加工　目　次

第一章　園產處理緒論

第一節　園產處理之意義及範圍

一、園產品之界定與範疇

園藝家根據植物用途來分類，將植物分成食用、藥用、香料用、觀賞用等種類，任何集約栽培的植物都屬於園藝範圍，但主要的是傳統的「庭園」植物，像穀類就不是園藝作物，因為它是一種粗放的田間作物。吾人從園藝作物所採取全株或部分而利用者，均稱之為園產品。由於種類繁多且利用部分之形態、構造差異極大，為方便起見，園產品大都可以下列方式區分之：

（一）可食蔬菜與果樹

1.蔬菜

⑴地上部為食用部分：

⒜甘藍類：甘藍、花椰菜、青花菜。

⒝莢果：豌豆、四季豆、大豆。

⒞茄類：番茄、茄子、甜椒。

⒟瓜類：胡瓜、南瓜、甜瓜。

⒠深綠草本：菠菜、葉甜菜、蒲公英。

⒡生菜類：萵苣、芫荽。

(g)雜類：玉米、蘆筍、黃秋葵、洋菇。

(2)地下部為食用部分：

(a)根菜類：根甜菜、胡蘿蔔、蘿蔔、洋蕪菁、甘薯。

(b)塊莖與根莖類：馬鈴薯、菊芋、芋頭、樹薯、山藥。

(c)鱗莖類：洋蔥、大蒜、分蔥。

2.果樹

(1)溫帶（落葉）果樹：

(a)小果類：蔓越桔、葡萄、樹莓、草莓、漿果。

(b)喬木類：

①仁果：蘋果、梨。

②核果：櫻桃、桃、李、杏。

③堅果：美國胡桃、榛子、胡桃。

(2)熱帶及亞熱帶（常綠）果樹：

(a)多年草本類：鳳梨、香蕉。

(b)喬木類：

①柑桔類：橘子、檸檬、葡萄柚。

②雜類：無花果、棗、檬果、木瓜、酪梨。

(c)堅果類：腰果、澳洲胡桃。

（二）觀賞植物

1.花卉及觀葉植物

(1)一年生：矮牽牛、百日草、金魚草。

(2)二年生：月見草、蜀葵、美國石竹。

(3)多年生：鬱金香、牡丹、菊花、黃蘗。

2.苗圃植物

⑴草地植物：藍草、狗牙草。

⑵覆蓋植物：常春花、景天。

⑶蔓生植物（有草本及木本）：葡萄、常春藤、維吉尼亞蔓草。

⑷灌木（一般指落葉喬木）：橡樹、糖楓樹、落葉松、常綠植物。

3.雜類

⑴藥用、香料：洋茴香、豆蔻、薄荷、奎寧、毛地黃。

⑵飲料植物：咖啡、茶、可可、馬替茶。

⑶產油植物：桐油、向日葵。

⑷橡膠植物：橡膠樹。

⑸樹膠或樹脂植物：膠皮糖香樹、溼地松。

⑹聖誕樹：香鐵杉、蘇格蘭松。

二、園產品之重要性

從事園藝工作的人們，應用園藝科技所培育出來的產品，例如各種水果和蔬菜，是供給人們生活上的一切必需品，這些提供人類「食生活」的果蔬，除了部分為能源的來源外，也是供給人們身體上每日生活所需要的營養成分，以配合營養的需要，調節身體健康、發育及代謝平衡；尤其是在工商業發達的文明社會裡，園產品已不屬於只占副食品的席位了，應該是同五穀類、動物性食品等相當的重要地位，更需要加以加工利用，達到最高之實用價值。

園產品中多彩多姿的各種花卉及觀賞植物，雖不是人類的食品，但是它們對人們生活上的貢獻，也不亞於果蔬，對提供優美的生活環境，陶性怡情，功用很大。尤其住在城市密集的公寓高樓的人們，更需要園藝植物來改善生活的內涵。所以行道樹、公園、庭園、盆栽花木等的需要，是必然的成為舒暢身心，改善生活品質及素養之最有效材料。

許多具特殊成分的園產品，經由採集、抽取、萃取、精製後，為現代人類生活上所喜愛的消費品，如各類天然香精、色素或各種醫藥材料；又有許多園藝植物的木材、莖葉或是某些器官，可供建築或工藝的材料。所以園產品若能善加予利用，對人們之食、衣、住、行、育、樂均有相當的貢獻。如何充分利用，使更多的園產品帶給人們生活上更豐富的材料，才能發揮最高的經濟效用。

三、園產處理之意義

吾人所利用的園產品如水果、蔬菜、花卉等等自採收到消費者或加工製造業者之間，舉凡一切物理性、化學性或生物性之操作，均稱之為處理。

四、園產處理之範圍

自園產品之採收經選別、清洗、冷卻、分級、上蠟、脫色、貯藏、運輸、販賣等等至消費或加工製造業者間之各步驟均屬園產處理的範圍，其主要操作大概說明如下：

（一）溫度控制

冷卻（氣冷、水冷、真空冷卻）、冷藏（包括運輸、貯藏、零售、消費者）、防止凍害、寒害及熱害。

（二）防止失水

藉由包裝或溼度控制防止因水分散失而造成失重、凋萎。

（三）產品處理

癒傷處理、清洗、上蠟、殺菌劑處理、熱處理、生長調節劑處理，其他化學藥品之處理、乙烯處理、照射處理、燻蒸處理。

（四）環境控制

包裝、相對溼度、空氣流動調節、通氣、控制大氣成分、低壓貯藏、乙烯排除、衛生控制。

五、良好園產品處理之要點

（一）良好之最初品質

園產品經處理後並無法使產品品質更好，因此最初產品品質不良，則經一系列園產處理後，無法有良好之最終產品。

（二）適當時期採收

使園產品經處理後最能符合吾人之需求。

（三）小心操作，減少機械傷害

避免壓傷、摩擦及其他機械損傷。

(四) 適當之環境控制

如溫度、相對溼度、大氣成分（氧、二氧化碳、乙烯）、通氣。

(五) 適當之衛生控制

環境消毒，避免汙染，妥善包裝等。

第二節　園產處理之重要性

一、園產品的特性

(一) 活的組織

動物或水產食品在屠宰後大部分均變成死的組織，但新鮮的水果、蔬菜和花卉都是具有生命性的，故能繼續進行各種生理活動，代謝進行中消耗氧氣而釋放二氧化碳、乙烯等，然而生理狀況與採收前多少有所差別，產品品質也會隨之而有不同變化。

(二) 含有多量的水分

新鮮園產品大都含有 80% 以上水分，乾物質含量少，容易失水、損傷、變形，且在採收後其對病原菌之防護系統也受到影響而減弱，因此易受到病菌的侵害。

（三）品質差異大

園產品由於種類、品種、栽培環境上的差異而造成形態構造、成分及生理上品質有很大的差異，雖然目前有人研究以基因控制之技術求取均一之品質，但往往只限於同一地區，同一季節之產品，對於不同地區或季節則尚未能達到吾人之需求。

二、園產品品質降低之因素

（一）代謝變化

1. **呼吸：**消耗醣類而產生二氧化碳，水和能量，其反應式如下：

$$(CH_2O)_6 + 6O_2 \rightarrow 6CO_2 + 6H_2O + 673 \text{ 仟卡熱量}$$

2. **組成分變化：**包括葉綠素、類胡蘿蔔素、花青素、醣類、有機酸、蛋白質、胺基酸、脂質、維生素、揮發性成分之變化。

（二）生長和成熟

1. **發芽：**洋蔥、莖類、根類作物。
2. **生根：**洋蔥、根類作物。
3. **伸長與彎曲：**蘆筍。
4. **種子萌芽：**番茄、胡椒。

（三）擦傷和其他機械損傷

機械老舊、調整失當及人工操作不熟練等。

（四）水分損失（蒸發）

造成外觀、組織、重量之變化。

（五）生理障害

1. **溫度：**凍害、寒害、熱傷害。
2. **人工大氣成分：**低氧傷害、高二氧化碳傷害。
3. **無機營養：**施肥不足、用肥種類不當。

（六）病理傷害

受微生物、病蟲、病毒及其他動植物侵害。

三、園產處理之目的

1. 減少腐爛、損傷，保持良好品質、營養。
2. 改善產品品質及增進風味。
3. 調節供需，滿足大眾之需要。
4. 增加農家收入和就業機會。
5. 促進相關企業之發達。

四、園產處理之重要性

園產品採收後處理在植物生理及園藝上最近變成相當重要之一門，因採收後園產品若未能適當處理，則會造成相當之損耗，使生產時所投入勞力、土地、物質與資本等生產成本毀於一旦，誠屬浪費，所以此種觀念愈來愈受重視，適當地處理採收後產品比投入更多的生產成本，致力生產還來得重要。為了使生產成本投入所產出之產品更具效率，就要儘量地減少採收後到消費者或加工製造者間園產品之損害與品質之下降。

根據統計指出經採收後的水果、蔬菜大約有 20～80% 之成品因未能妥善利用而損壞掉，此種情形在熱帶地區（包括主要的開發中國家），對於一個國家之經濟與社會層面均有很重要之影響，即使是已開發中國家，如北美、歐洲、澳大利亞，此種現象有時也相當地嚴重。如果產地接近消費市場則損耗的情形可能較少，若是產地與消費市場距離較遠或是採收後之產品為了應付非生產季節之供應而需貯藏，則產品之損耗可能就較大，為了減少損耗，提高生產力，有關產品之運送、貯藏、銷售也變得相當重要，由此可見園產處理之重要性。

習題

一、是非題

(　　) 1.馬鈴薯可食部分為塊莖。
(　　) 2.洋蔥屬鱗莖類。
(　　) 3.甘藷可食部分為塊莖。
(　　) 4.桃李屬於喬木中之仁果。
(　　) 5.鳳梨、香蕉屬於多年草本類。
(　　) 6.鬱金香屬於一年生花卉。
(　　) 7.牡丹屬於多年生花卉。
(　　) 8.園產品若能善加利用，對人們之食、衣、住、行、育、樂均有相當大之貢獻。

二、填充題

1.園特產品之特性乃________、________、________。
2.氣體之控制主要有________、________、________、________等四種氣體。
3.呼吸主要是消耗________、________，而產生________、________和________。

三、問答題

1.園產品處理之主要操作為何？
2.良好園產品處理之要點。
3.園特產品品質降低之因素。
4.園產品處理之目的。

第二章　園產品之生理及品質之變化

第一節　園產品之發育生長過程

一、概說

植物之根、莖、葉、花、果實、種子等任何一部分均有生長及發育之過程。園產品包括蔬菜、果樹及花卉，除果樹為食用其果實，花卉主要利用其花或葉之外，蔬菜則範圍甚廣，幾乎植物之任何一部分均可成為蔬菜，故其產品之特性變化甚大，而且複雜。

二、發育

指植物體或其某一部分，由產生到生長至衰老死亡的過程，稱為發育。例如：①葉片之發育由芽苞開始，而後產生嫩芽、嫩葉、成熟葉片、老化葉片，最後成為黃化葉片而凋落腐爛，②果實由最初之胚形成幼果、中期果，而至成熟果，若不採取，最後則變成過熟而老化腐爛。

三、生長

植物體或其某一部分，其體積及重量呈現不可逆之增加，可測量其體積或比重而得知，稱為生長。其原因有因植物之細胞增殖（分裂繁殖）、細胞數目增加而造成者，亦有因細胞之膨大抑或伸長，而使整體之體積增加者。植物之生長並非完全呈直線性，也就是說有時生長快，有時生長慢。以果實為例：櫻桃果實之發育可分為三個時期，開花後 0～20 天內為第一期， 其果實之生長主要是由於細胞之分裂增殖，第二期為第 21～36 天，此期則有細胞分裂增殖亦有細胞之增大，而 37～57 天之第三期則以細胞之增大為主，如圖 2–1。

植物之生長與一些促進植物之荷爾蒙有關，如生長素 (auxin)，激勃素 (gibberellin) 均有刺激植物生長之作用。

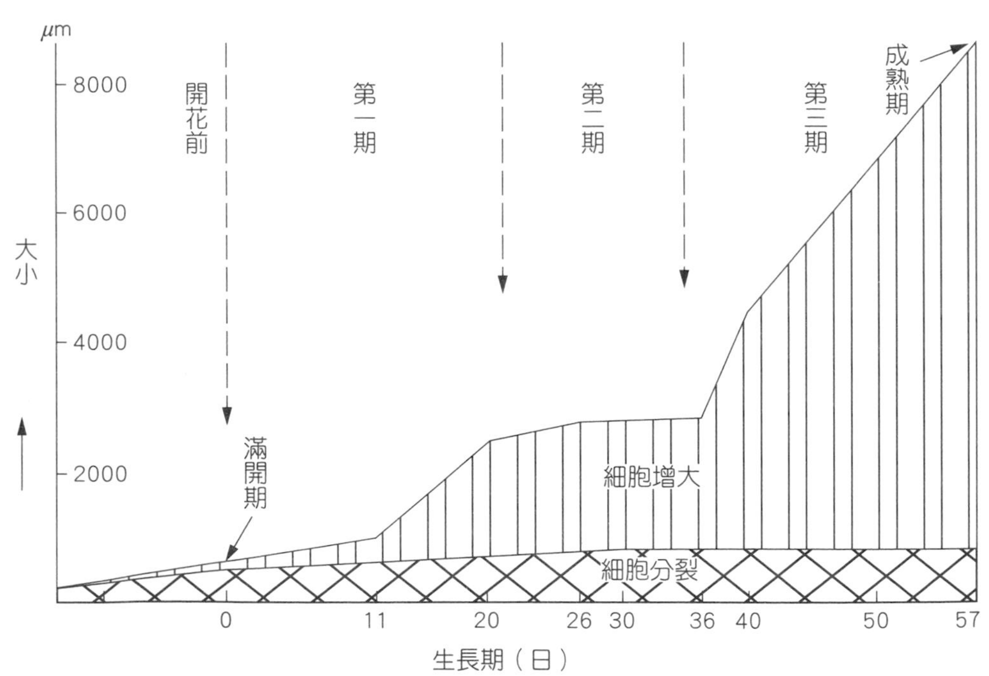

▶ 圖 2–1　由開花前至成熟期間酸果櫻桃子房壁增大圖。（資料來源：小林章，1977，《果樹園藝大要汎論》，養賢堂，頁 132。）

四、成熟及後熟

園產品之成熟與植物學上之成熟定義稍有不同，園產品有時利用嫩葉、嫩芽、嫩莢、花蕾、幼果等部分，在植物學上應屬尚未成熟，但園藝上，從消費者消費的立場，因認為已可以採收，故稱為成熟。例如：香椿採其嫩芽，苦苣（吉康菜）採其幼葉及芽體，豌豆必須採收嫩莢，胡瓜（小黃瓜）需採收幼果，在植物學上均稱之為未成熟，但園藝上因認為已可採收，為適當採收成熟度，一般又稱之為「園藝成熟度」(horticultural maturity)。

果實達一定大小後呈現生長停滯現象，即稱為成熟 (maturation)，但有些果實會在樹上轉色，並達於可食用狀態，但也有果實雖達一定之大小，卻是必須在採收後經過後熟 (ripening) 的過程才能變成可食用狀態。香蕉必須後熟轉黃色，果肉變軟甜才可食用。柿子、釋迦果（番荔枝)、酪梨等也均有類似現象。

五、老化

植物之任何一部分均有生長至一定程度後生長停滯， 最後則衰老、死亡的階段。果實成熟，後熟以後若不食用，亦會逐漸衰老而至分解腐壞。

六、果實之生長曲線

果實之生長可分為數個階段，因各階段之生長速率不同，會呈現快速生長期、緩慢生長期或生長停滯期等現象。而不同之果實，其變化型式亦有不同，故可以其類型加以歸類：

(一) 單 S 型曲線

如蘋果、番茄、甜瓜、鳳梨、茄子（如圖 2–2）、甜椒等。

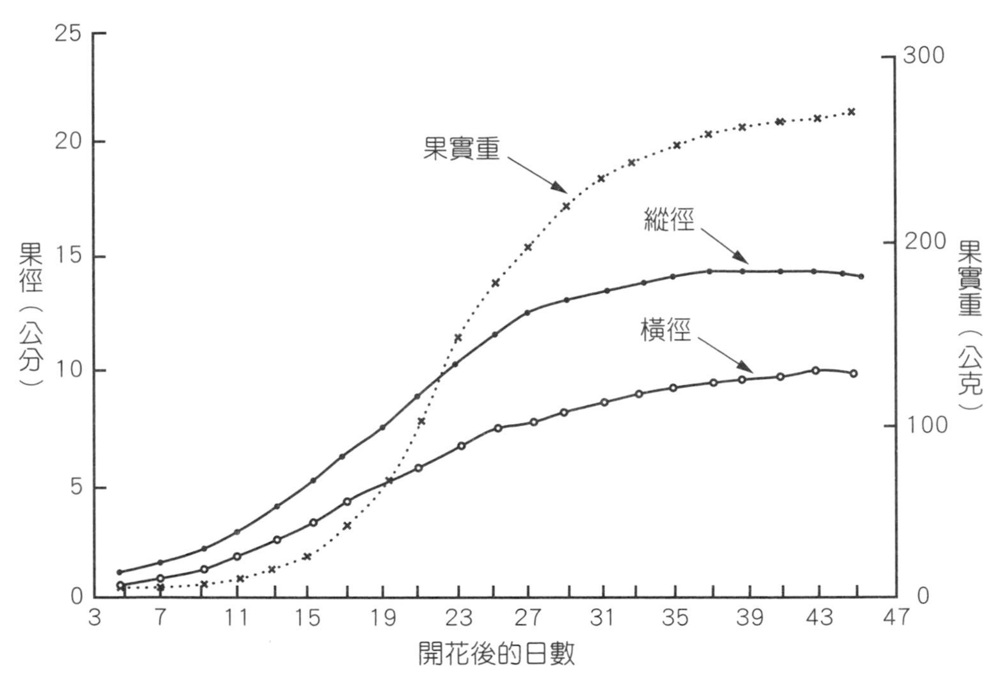

▶ 圖 2–2 茄子之生長曲線為單 S 型曲線。（資料來源：齊藤隆，1982，《蔬菜園藝學．果菜編》，農文協，頁 280。）

(二) 雙 S 型曲線

如無花果、葡萄、桃（如圖 2–3）、杏等。

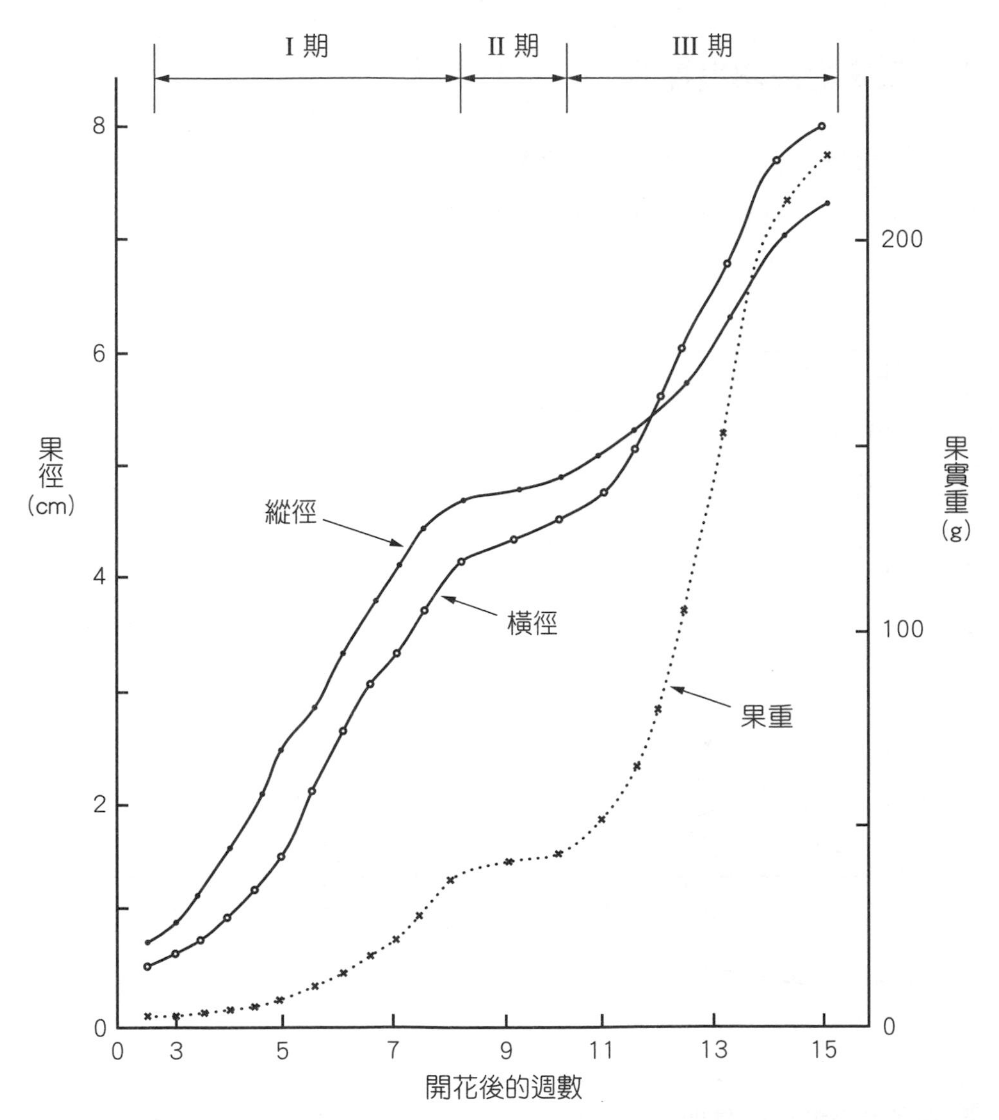

▶ 圖 2–3　桃之果實生長曲線為二重 S 型生長曲線。（資料來源：大阪府立大學園藝學教室，1981，《園藝學實驗》實習，養賢堂，頁 91。）

（三）參 S 型曲線

較為特殊的型式，如獼猴桃（奇異果）果實之發育屬之。

七、果實之成熟與採收

果實是由花之子房，在其胚經受精後，花瓣開始凋落，而形成幼果，經生長、發育、成熟、後熟等階段，而最後則老化，其過程可如圖 2–4 所示。

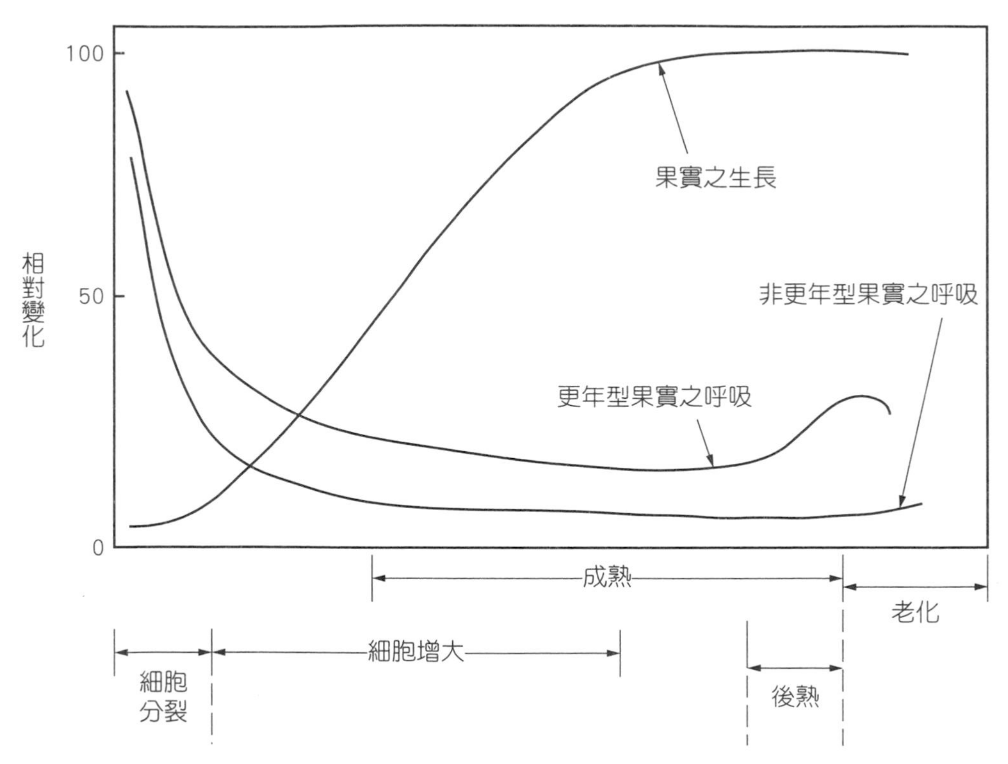

▶ 圖 2–4 果實發育期間之變化。(資料來源：New South Wales Univ. Press, 1981, *Postharvest*, p.22.)

一般之果實，並不一定等到完熟時才採收食用，有的是處於生長階段，有的是成熟階段，有的是後熟階段，而有的可能至完熟階段，此種視情況而定之採收稱為商品成熟度 (commercial maturity)，圖 2–5 為若干果實商品成熟度生理時期之例。

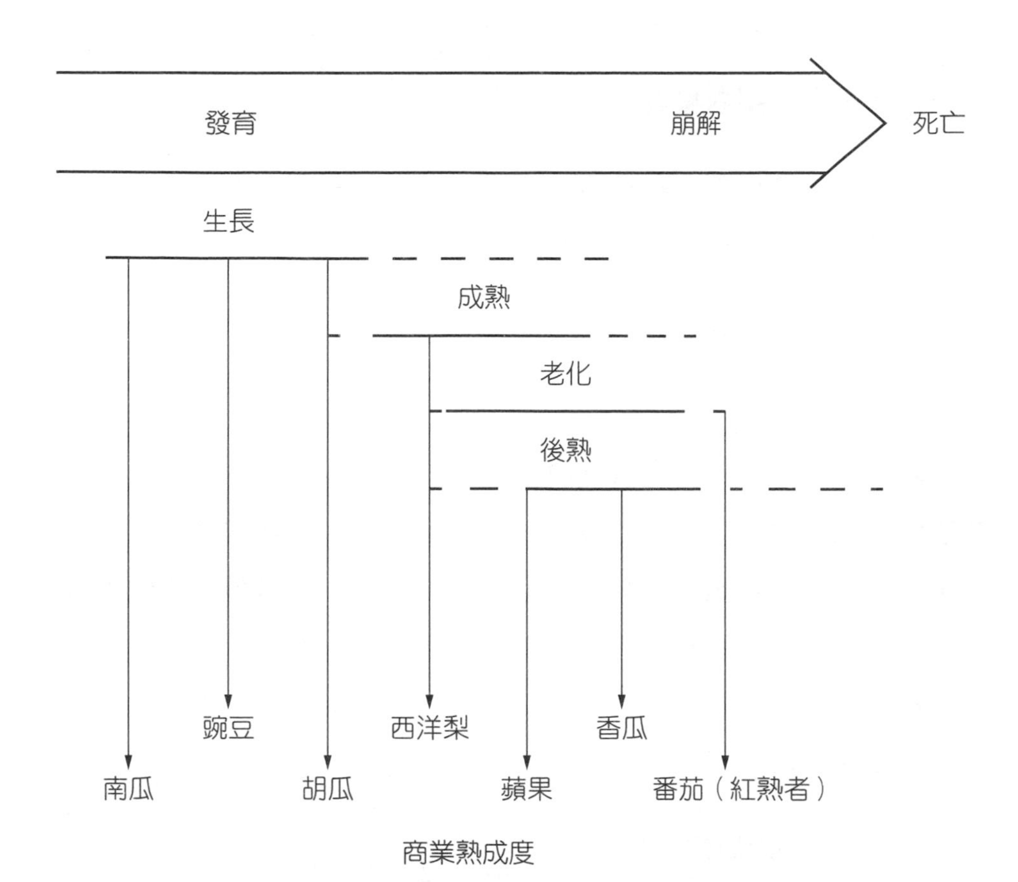

▶ 圖 2–5　數種果實之商品成熟度的生理時期。（資料來源：New South Wales Univ. Press, 1981, *Postharvest*, p.90.）

第二節　園產品成熟之變化

一、概說

園產品中依植物之利用部位，其成熟變化所涵蓋範圍甚廣，茲依各不同利用部位採收之適當成熟度，分別說明如下：

(一) 以根為利用對象者

如甘藷，其根部之澱粉蓄積充足，塊根部肥大則為成熟，蘿蔔亦是利用其根部，以蘿蔔之根部長至一定之大小為成熟。

(二) 以莖為利用對象者

可分為幾類：

1. **球莖：**如芋頭、慈菇，以其球莖飽滿者為已成熟。
2. **塊莖：**如馬鈴薯，亦是依塊莖之生長至一定大小為成熟。
3. **根莖：**如薑、蓮藕，以其生長至一定之程度，但纖維質不致太多為適當之成熟度，過分成熟則纖維過多而呈老化現象。
4. **嫩莖類：**如竹筍、茭白筍、蘆筍等，以生長至相當之大小，而尚未纖維化為適當之成熟度。

(三) 以葉為利用對象者

菠菜、茼蒿、白菜等葉菜類，並無一定之成熟度，但若至植株抽苔開花則已過熟。甘藍、結球白菜、結球萵苣等需看其結球是否達相當之硬實度，若已抽苔，撐破結球則為過熟。

(四) 以花為利用對象者

如花椰菜則以花蕾密實為成熟，若小花梗開始抽長則為過熟。金針花以含苞狀即是採收成熟度，若花朵已綻開則視為過熟。

(五) 果實

以果實成熟至一定之大小為成熟，有些果實則必須轉色後才可採收，如李、葡萄、蘋果等。而有些則於一定大小時採收後予以催熟，如香蕉、番荔枝、柿子、酪梨等。

（六）種子

例如毛豆是以已結豆莢，但其種仁（豆子）尚未硬實為適當之採收時期，種仁變硬則為「大豆」。其他豆類如豌豆、四季豆、豇豆均以嫩莢採收，連嫩莢一起食用，故其種仁在初期發育之階段即予以採收。若種仁已達硬實則為過熟，但核果類如胡桃、澳洲胡桃、栗子等，其種子必須完全成熟才予以採收。

二、園產成熟時之變化

（一）果實之成熟

成熟 (maturation) 是指果實生長之最後階段，即達到充分長成的時候，此一時期中果實內之各種物質有極明顯之變化，如糖含量之增加，酸含量減少，果膠物質變化而引起果肉變軟，單寧物質變化而導致澀味減退，芳香物質和果皮、果肉色素生成，葉綠素分解，抗壞血酸增加，類胡蘿蔔素增加或減少，此等現象都是果實開始成熟之表現。

有些果實在表面會出現光澤，或產生果粉，果皮上逐漸形成蠟質，也減少水分之蒸散，隨糖度之增加，果實內之可溶性固形物亦相對增加，這些性狀也常供作判別果實是否已成熟或可否銷售之指標。果實成熟就是被認為已可採收，但並不表示是最佳食用品質。因供需問題，有時提前採收價格較佳，故農民往往在果實初熟，尚未完全成熟便予以採收。

柑桔的糖酸比值，葡萄之含糖量，酪梨之脂質含量，梨、蘋果、桃之果肉硬度與果皮顏色達於一定之標準時就可採收，此類性狀被視為成熟度之指標。

殼果類成熟時，水分顯著降低，此點對其風味，組織及破殼等特性之發揮頗為重要。

果實成熟時，亦會伴隨內部性之變化，如番茄可於綠熟期採收予以催熟，但若不予採收則在株上成熟亦可至於紅熟。從綠熟至紅熟期間之內部變化如圖 2–6 所示，茄紅素（番茄之紅色色素）、乙烯釋出

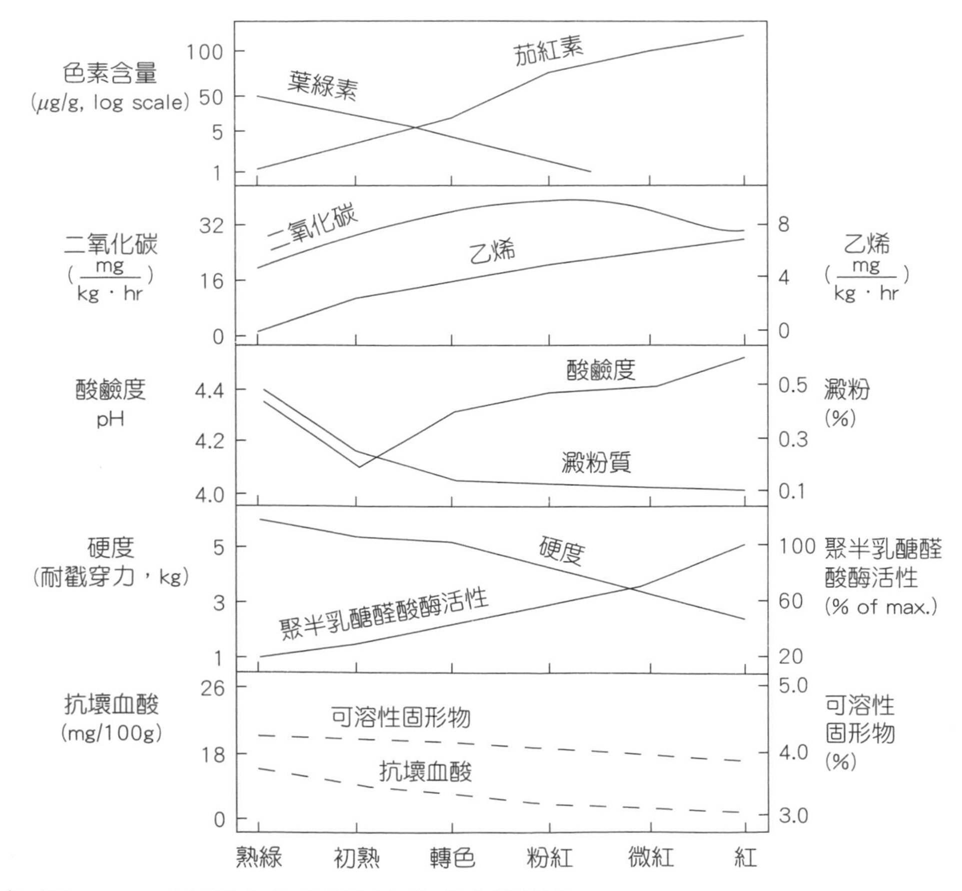

▶ 圖 2–6 番茄果實後熟期間之生理化學變化。（資料來源：New South Wales Univ. Press, 1981, *Postharvest*, p.21.）

量、酸鹼度 (pH)、聚半乳糖醛酸酶活性等均呈上升之趨勢，呼吸量則上升至粉紅期 (pink) 為高峰階段，爾後則呈現降低之趨勢。而澱粉、果實硬度、可溶性固形物、抗壞血酸含量均呈下降之趨勢。而鳳梨之變化如圖 2–7，在成熟期間果皮之葉綠素及類胡蘿蔔素呈下降之趨勢。

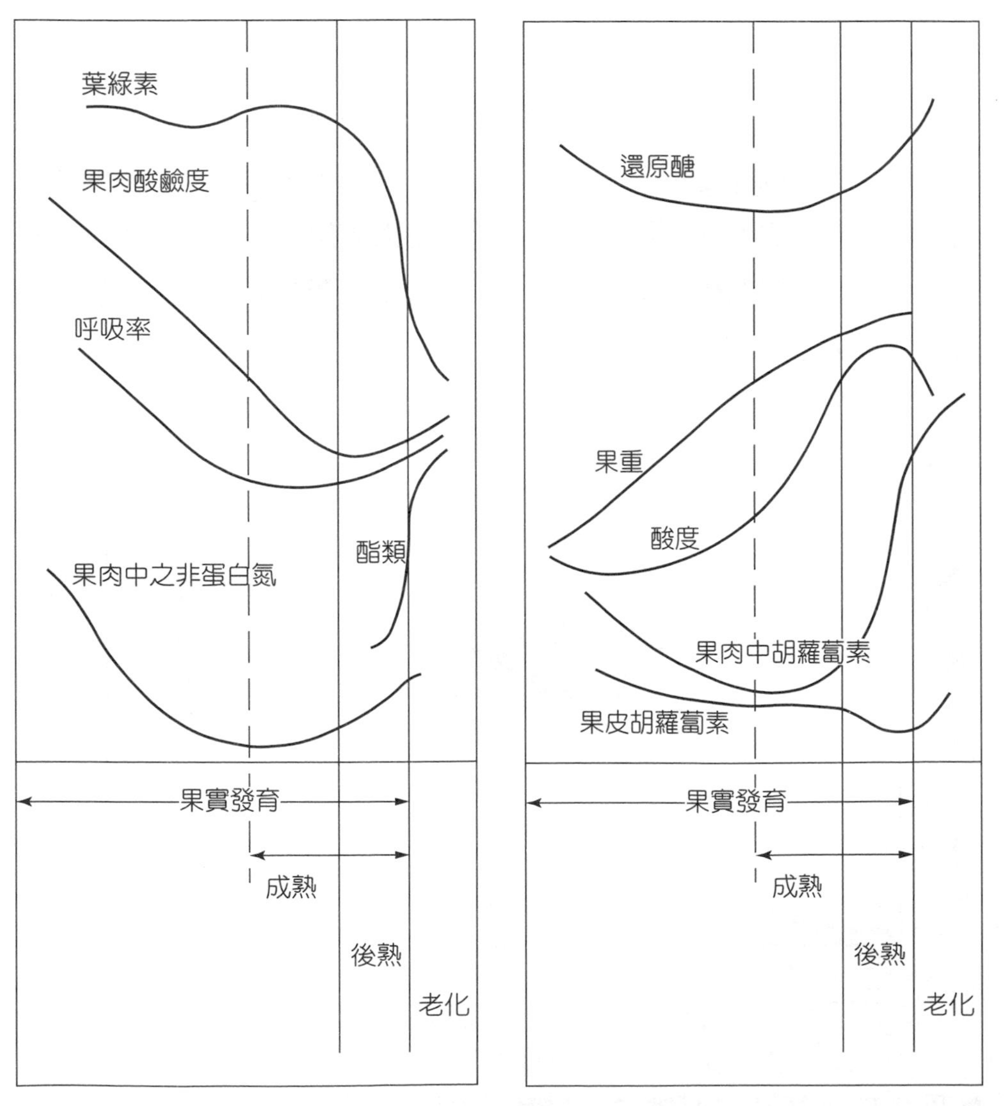

▶ 圖 2–7　鳳梨果實發育期間之生理化學變化 。(資料來源 ： New South Wales Univ. Press, 1981, *Postharvest*, p.19.)

而果肉之酸鹼值 (pH) 及呼吸率為下降至一定程度後又有上升之現象。果肉之非蛋白氮、還原醣、酸度、果重、類胡蘿蔔素含量等均有上升之趨勢 。 而能生成芳香味之酯類物質則於成熟之後半階段產生，並迅速增加。

（二）果實之後熟 (Ripening)

有些果實在採收後並不能立即食用，需經過一段後熟期才能變成可食用狀態，例如香蕉、澀柿、番荔枝、酪梨等，而促進此後熟之作用稱為催熟或追熟。香蕉果實成長至一定大小時為綠熟期，予以採收後催熟，則果皮黃化、果肉變軟、澱粉轉變成糖分而使果肉變甜，同時澀味成分之單寧亦因多量變成不溶性而不覺其澀味，此種變化即稱為後熟現象，其變化如圖 2–8 及 2–9 所示。

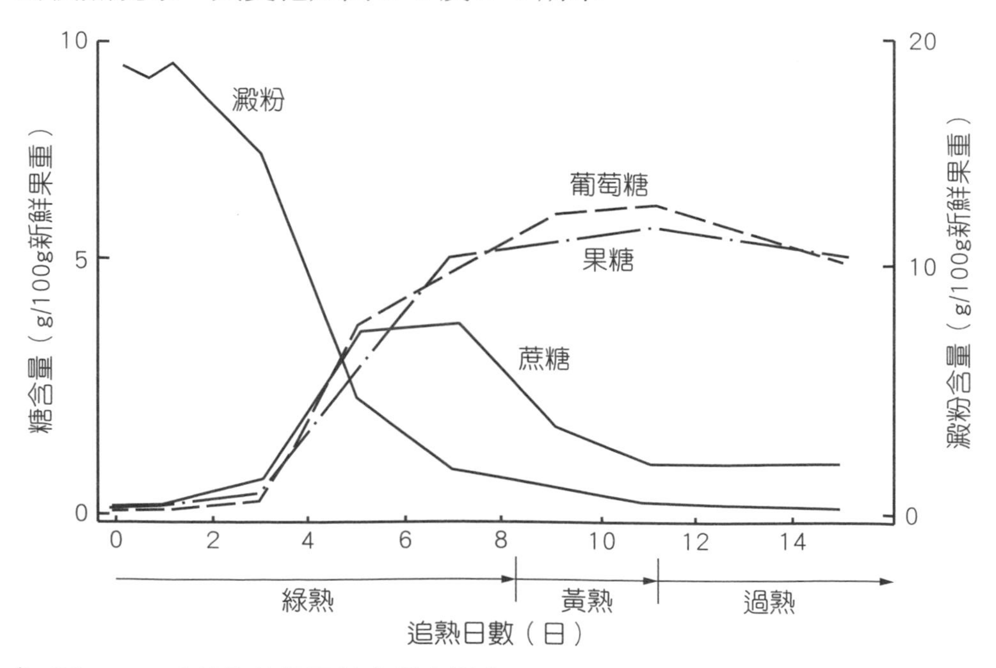

▶ 圖 2–8　香蕉後熟期間糖含量之變化。（資料來源：伊庭慶昭，1985，《果實の追熟と貯藏》，養賢堂，頁 70。）

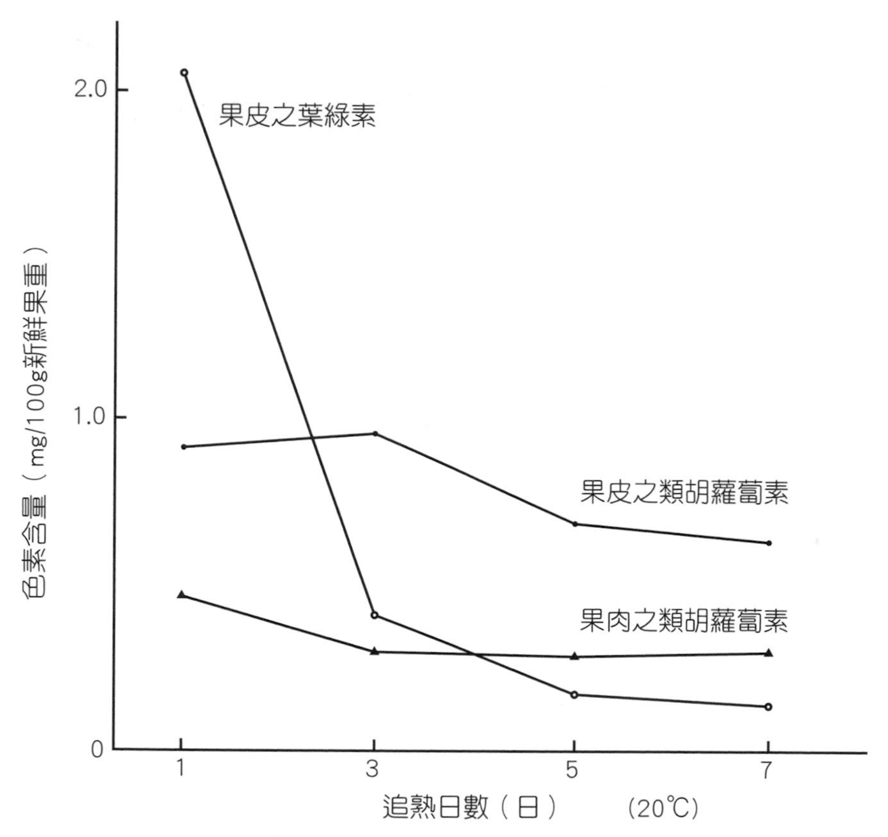

▶ 圖 2–9　香蕉後熟期間葉綠素及類胡蘿蔔素含量變化。（資料來源：伊庭慶昭，1985，《果實の追熟と貯藏》，養賢堂，頁 71。）

香蕉在後熟期間，澱粉迅速減低，取而代之則為蔗糖、葡萄糖及果糖之增加，而蔗糖增至一高峰期後則有減低之趨勢。果皮中之葉綠素及類胡蘿蔔素亦呈降低之趨勢。果肉內之類胡蘿蔔素則大致維持不變，圖 2–10 為香蕉在不同後熟階段中之顏色變化。

另外桃（白肉桃）從果實發育以至於衰老分解的過程中，其理化性狀之變化綜合如圖 2–11。

▶ 圖 2–10　香蕉在不同後熟階段之顏色變化

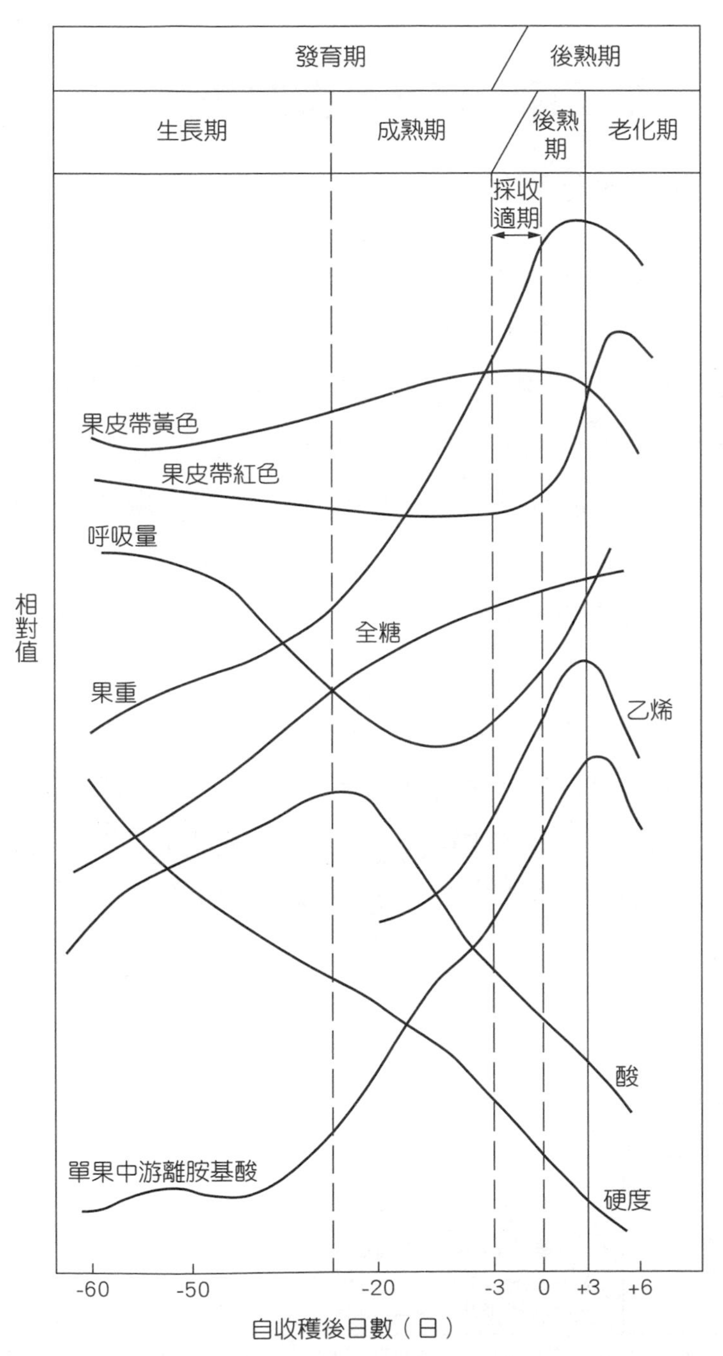

▶ 圖 2-11　桃果實（白肉桃）之生長及成熟與老化期間之理化特性變化。（資料來源：伊庭慶昭，1985，《果實の追熟と貯藏》，養賢堂，頁 40。）

第三節　園產品採收後之變化

一、呼吸率之時序變化

許多種果實或果菜類，在採收後仍有後續性之成熟現象，例如芳香味之產生，色澤之變化，果實之軟化等，此即為後熟現象。

表 2–1 顯示各種果實之呼吸類型，若測定果實採收後之呼吸率 (respiration rate)，可畫出其呼吸率之時序變化。而某些種類果實在採收後至完熟的期間，其呼吸率會有一高峰期出現，稱為更年高峰 (climacteric maximum)，呼吸率之時序變化中有高峰期出現者稱為更年型果實 (climacteric fruit)，而採收後之呼吸率的時序變化呈緩慢下降者，稱為非更年型果實 (non-climacteric fruit)，由圖 2–12 可知香蕉在呼吸率的時序變化上有一高峰期出現，故為更年型果實，而如圖中之柿子的呼吸率之時序變化僅在果實完熟才有上升現象，故無法歸入更年型或非更年型之類、而屬於第三類之「末期上升型」(intermediate type)，其他的果實如草莓、桃，亦可歸入此類。

▶ 表 2–1　各種果實之依呼吸型分類

呼吸型 (climacteric type)	非更年型果實 (non-climacteric fruit)	更年型果實 (climacteric fruit)	末期上昇型 (intermediate type fruit)
果實類	藍莓、櫻桃、葡萄、胡瓜、鳳梨、無花果、柑橘類（檸檬、葡萄柑、蜜柑、柳橙、甜橙、溫州蜜柑……）	木瓜、百香果、香瓜、李子、荔枝、獼猴桃、無花果、香蕉、檬果、酪梨、西洋梨、番茄、蘋果	柿 草莓 桃

資料來源：緒方邦安，1985，《青果物保藏汎論》，建帛社，頁 80。

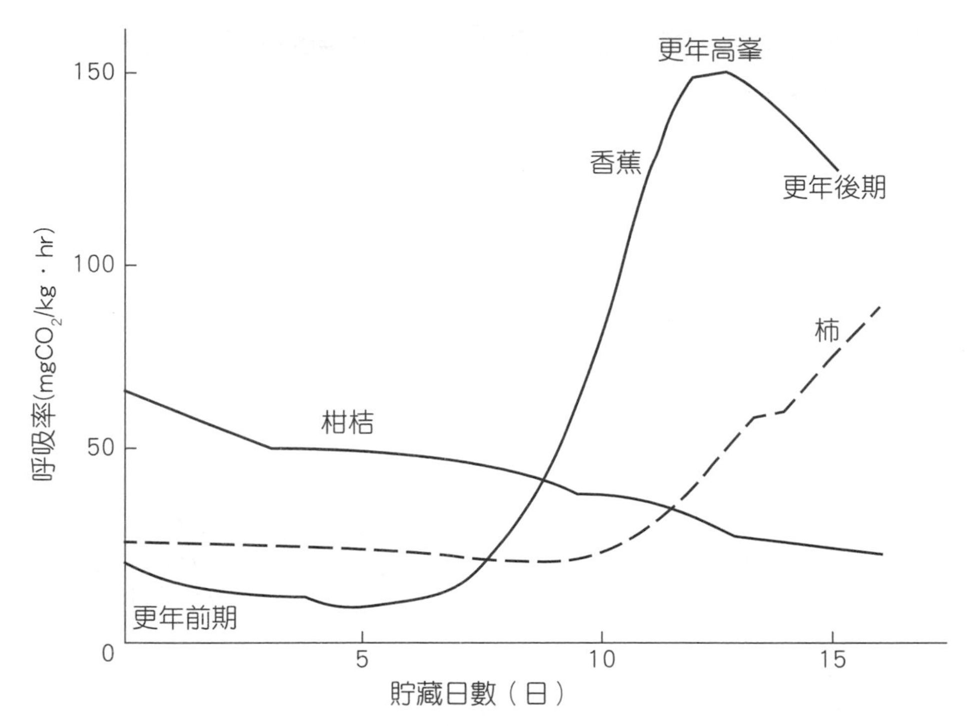

▶ 圖 2–12 採收後果實之呼吸型(更年型，非更年型及末期上升型)。(資料來源：緒方邦安，1985，《青果物保藏汎論》，建帛社，頁 80。)

果實採收後仍為有生命之狀態，故持續有呼吸作用，而呼吸為吸收氧氣消耗體內所貯存之碳水化合物(糖分)而產生能量，藉以維持生命，同時放出二氧化碳及水分。呼吸率愈高代表體內碳水化合物的消耗量愈大。呼吸之方程式如下：

$$C_6H_{12}O_6 + 6O_2 \rightarrow 6CO_2 + 6H_2O + \text{能量}$$

糖　　氧　二氧化碳　水　　(熱能及 ATP)

採收後貯藏之溫度不同，其呼吸率亦異，有些果實對溫度甚為敏感，當溫度增加時，其呼吸率迅速增大，而有些則較不敏感，溫度升高時，其呼吸率只稍有增加。如圖 2–13 所示，隨貯藏溫度之增加，蘆筍之呼吸率增加甚鉅，而草莓及桃次之，柑桔的呼吸率則較不敏感，僅呈少量之增加。

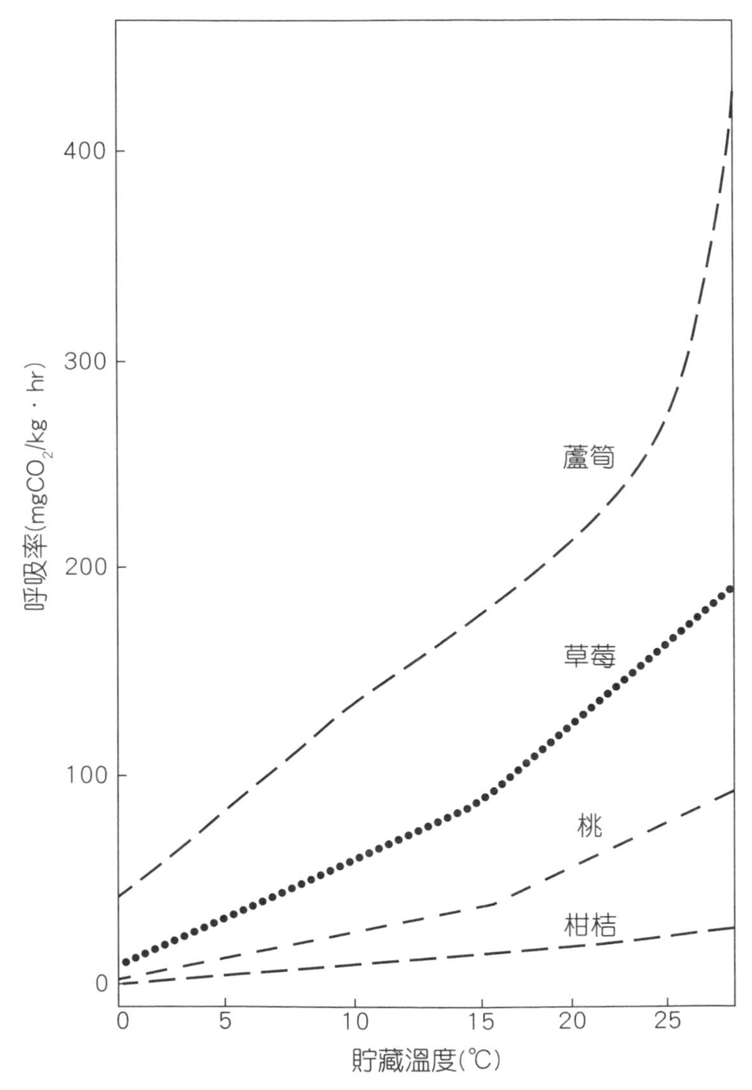

▶ 圖 2–13 不同溫度條件下，數種園產品之呼吸率。（資料來源：Ryall & Pentzer, 1982, *Handling, Transportation and Storage of Fruits and Vegetables*, Vol.2, p.4.）

呼吸率會受某些外在因素（如乙烯之處理）而被促進，也會因某些外在因素（如降低溫度、調降氧氣之濃度）而受抑制。

雖同屬更年型果實，但不同種類之果實，其呼吸率之差異仍相當大。如圖 2–14 所示，酪梨之呼吸率甚高，而高峰期之出現甚早，其次為香蕉及西洋梨，而蘋果之呼吸率則較低，但其高峰期之出現亦比酪梨為晚。

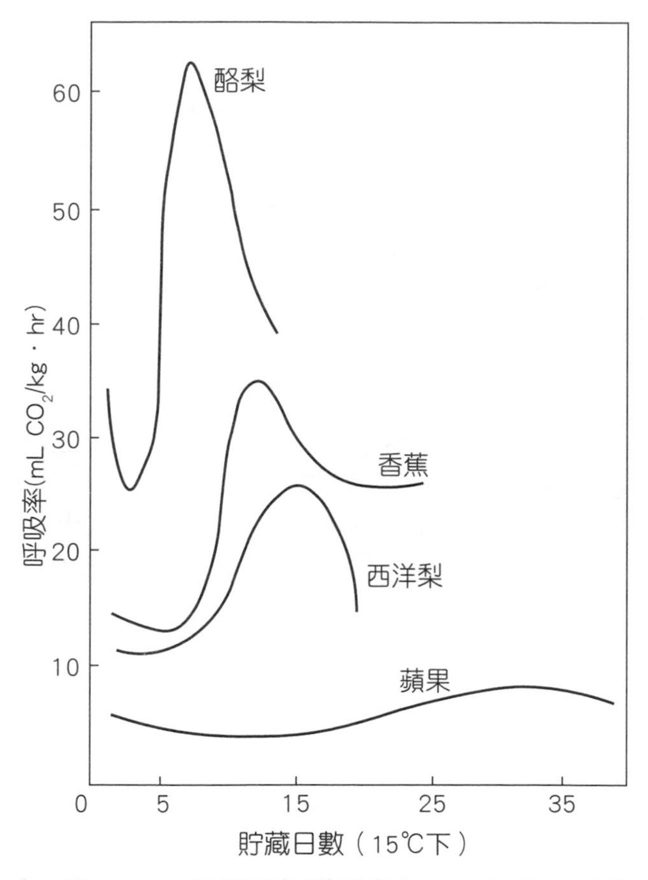

▶ **圖 2–14　數種更年型果實在 15 °C 下之呼吸率變化**。（資料來源：Salunkhe & Desai, 1984, *Postharvest Biotechnology of Fruit*, Vol.1, CRC Press, p.27.）

果實採收後因受傷（或瘀傷）、振動、擠壓等因素會促使呼吸率上升，而人為的減少空氣中氧氣濃度，提高二氧化碳濃度稱為調氣貯藏 (controlled atmosphere storage)，此法亦可抑制呼吸率。

非更年型果實之呼吸率在貯藏期間之時序變化呈現下降之趨勢如圖 2–15 所示， 其中草莓或葡萄在採收後其呼吸率雖有逐漸下降之趨勢，但其量仍屬高者，而檸檬的呼吸率則較低。

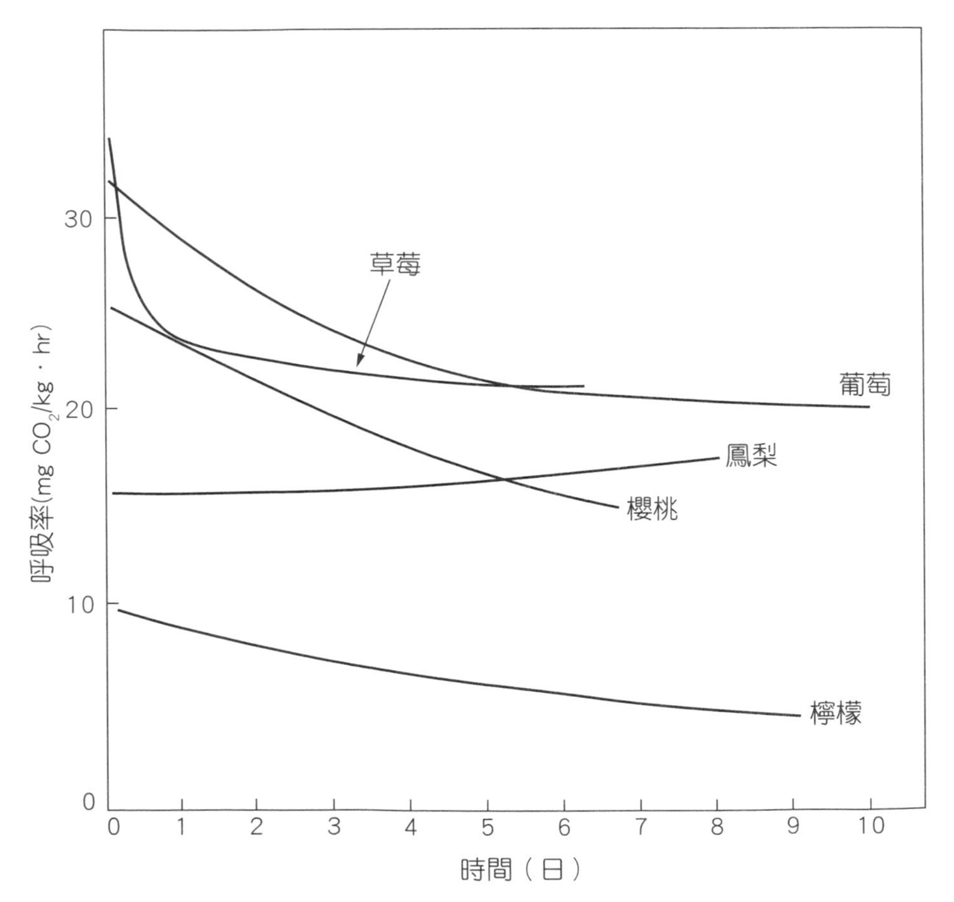

▶ 圖 2–15 部分非更年型果實之呼吸樣式。(資料來源：郭純德等 2 人，1986，〈果實之更年性〉，《科學農業》，第 34 卷 9～10 期，頁 240～247。)

二、乙烯之生成

果實在採收後會有乙烯之生成，而更年型果實的乙烯生成率 (ethylene evolution rate)，亦大都與呼吸率呈平行之狀態，故亦有高峰期之出現，而非更年型果實則可能乙烯之生成量降低，而且維持一定之生成率，外加之乙烯亦有促進果實呼吸率升高之作用，同時促進後熟。而乙烯本身也有回饋式促進作用 (feed back stimulation)。學者曾研究乙烯之生合成路徑，而發現了中間代謝產物 1-胺基環丙烯-1-羝甲酸（1-aminocyclopropane-1-carboxylic acid，簡稱 ACC），目前已知乙烯之合成路徑為：

甲硫胺酸 (methionine) → S-腺苷甲硫胺酸 (S-adenosylmethionine) → 1-胺基環丙烯-1-羧甲酸 (ACC) → 乙烯

而甲硫胺酸亦經由甲硫胺酸回饋路徑得以再生，故能不斷產生乙烯。香蕉、芒果等更年型果實會因少量乙烯在果實中蓄積而誘發呼吸率上升，其量約在 0.01～3.0 μL/L，很少量即有作用，故稱之為「扣扳機作用」(triggering effect)。

乙烯對採收後園產品會有不良影響，例如果實被加速催熟，果實黃化、葉片黃化或凋落、莖葉（蘆筍、竹筍）的纖維質增加，切花（如康乃馨）之「睡病」(sleep)、花瓣捲曲、不會綻開。各種園產品在正常情況下的乙烯生成速率如表 2–2。

同在一個貯藏環境下，園產品所產生之乙烯，對其他個體亦會有催化作用，稱為「他感現象」(allelopathy)。例如蘋果和康乃馨貯藏在一起，蘋果會產生乙烯而使康乃馨呈現「睡病」。將鹼化之高錳酸鉀吸附於多孔質之材料（如蛭石、珍珠石等）上可成為良好之乙烯吸收劑，可將貯藏環境中之乙烯吸去，減少其危害。

▶ 表 2–2 各種園產品在正常情況下的乙烯生成速率

類別	20 °C 時之乙烯生成速率 (μL C_2H_4·kg^{-1}·hr^{-1})	作物名稱
非常低	低於 0.1	櫻桃、柑桔類、葡萄、草莓、大多數的葉菜類及根菜類
低	0.1～1.0	胡瓜、茄子、青椒、鳳梨、南瓜、西瓜、蓮霧
中	1.0～10	香蕉、番茄、番石榴、檬果、甜瓜、釋迦
高	10～100	蘋果、洋梨、桃子、李子、木瓜、酪梨、奇異果、康乃馨
非常高	高於 100	百香果、人心果

資料來源：王自存，1991b，〈貯藏環境中之乙烯問題〉，《農藥世界》，第 99 期，頁 18～22。

三、品質上之變化

園產品採收後若不加以適當之處理，其外觀及內部之品質，都容易劣變。採收後之劣變如表 2–3 所示。

▶ 表 2–3 園產品採收後之變化

變化	過程	示例和意義
1.水分損失	蒸散，蒸發	外形不美觀，質地改變，重量減輕，皺縮
2.碳水化合物轉變	酵素分解	澱粉 → 蔗糖。有利：香蕉、梨；有害：馬鈴薯 蔗糖 → 澱粉。有害：甜玉米和大部分可食作物
3.風味改變	酵素分解	通常有害，但對柿、香蕉、梨有利
4.軟化	果膠酵素，水分損失	通常有害，但對西洋梨、香蕉有利
5.色澤改變	色素形成或破壞	各有利弊
6.堅韌度	纖維發育	有害者：蘆筍、芹菜等
7.維生素成分變化	酵素分解	可能獲得維生素 A 或喪失維生素 C
8.萌芽、生根或伸長	生長和發育	對馬鈴薯、洋蔥、蘆筍有害
9.腐爛	病理及生理	有害

資料來源：Janick, 1979, *Horticultural Science*, 3rd ed., p.425.

造成園產品於採收後損失之原因如下：

1.初級性損失

⑴生物與微生物因素：生物如昆蟲、蟎類、齧齒類、鳥類、哺乳動物等之咬食，微生物如黴菌、細菌等引起之腐敗。

⑵化學及生化因素：不希望發生之化學反應，如梅納反應（褐化現象）、脂質自動氧化、其他酵素所引發之不良反應，其他意外或未注意到之化學物質混入，如有毒之農藥成分，收穫機之潤滑油等。

⑶機械性因素：翻倒、擦傷、瘀傷、過分擦拭、剝皮、修整、容器破洞及不良封口等。

⑷物理因素：過熱、過冷或貯藏環境中氧氣成分不適當等。

⑸生理因素：穀類或根莖類之發芽，蔬菜或水果之老化、呼吸作用及蒸散作用所造成之不良影響。

⑹心理因素：人們因健康或宗教信仰等理由，對某些種園產品產生抗拒或畏懼而不願食用。

2.次級性損失：屬於處理不當的損失。

⑴乾燥設施不足或特殊乾燥季節。

⑵貯藏設備不良，導致產品遭受昆蟲、動物、雨水、高溼度等之侵擾。

⑶未能及時在蔬果尚未腐敗之前送至市場銷售。

⑷易腐性產品未能加以冷藏。

⑸運銷體系不健全。

⑹法令上未定標準，屬於合格品或應予棄卻無法確定。

四、果實後熟期間化學成分之變化

1.色素：果實在後熟期間常見之現象為綠色消褪，例如香蕉在後熟期間（採收後大約 6 天）其葉綠素消失殆盡而呈現鮮黃色，此時所含之色素為葉黃素及類胡蘿蔔素。番茄在後熟期間，葉綠素減少，但茄紅素 (lycopene) 則增加。

圖 2–16 顯示番茄後熟時之色素變化，可看出茄紅素呈迅速上升而葉綠素 A 及葉綠素 B 則下降，至橙黃期時已完全消失，而 β-胡蘿蔔素及黃體素 (lutein) 則有少量之增加。

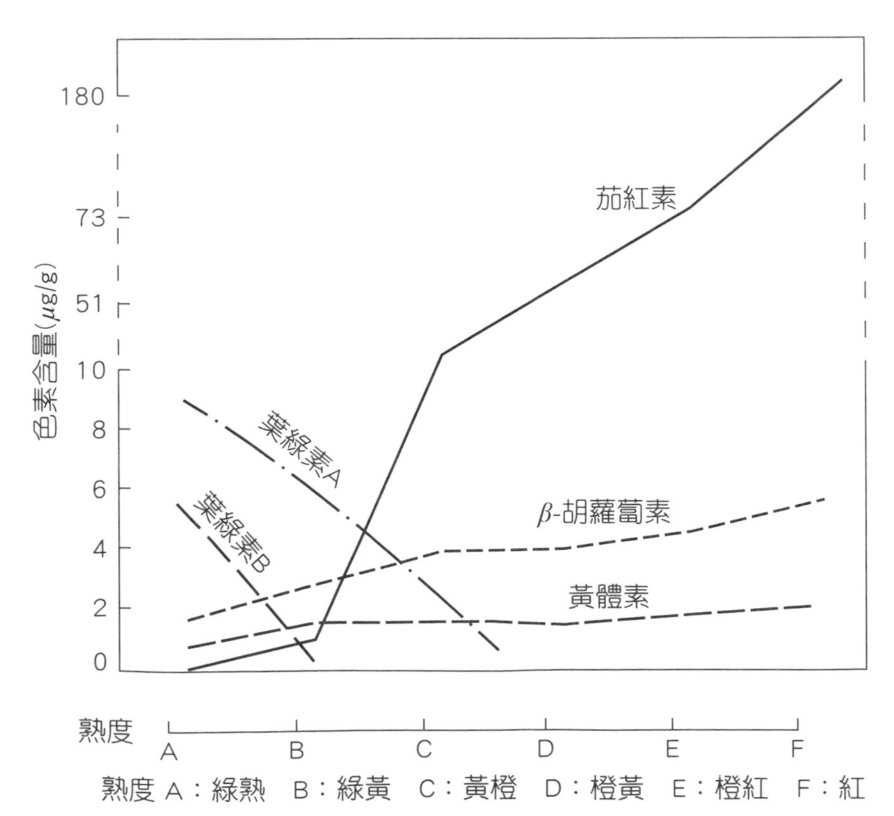

▶ 圖 2–16 番茄果實後熟時之色素含量變化。（資料來源：緒方邦安，1985，《青果物保藏汎論》，建帛社，頁 84。）

2. 芳香成分之變化：果實在採收後的更年上升期 (climacteric rise)，開始會有特殊之芳香成分出現，這些成分主要為脂溶性醇類，低級脂肪酸之酯類等 。 例如香蕉之香味成分主要為乙酸異戊酯 (isoamyl acetate)。如圖 2–17 所示，香蕉之後熟程度愈大，其酯類之生成率愈高。

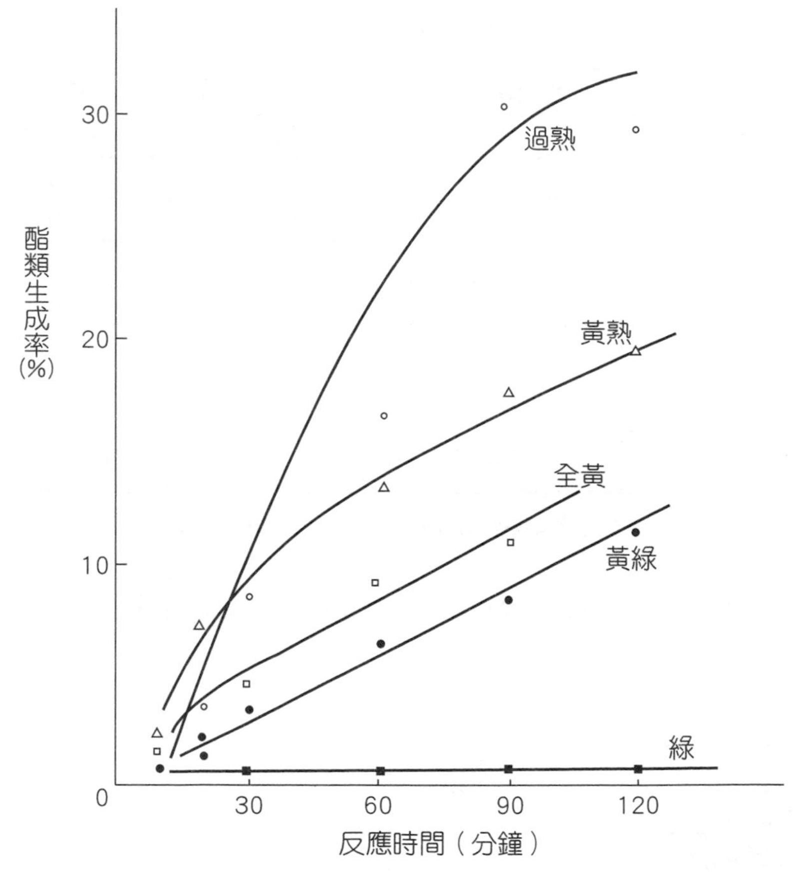

▶ 圖 2–17　香蕉果實後熟期間，異戊醇轉變成酯之能力變化。

（資料來源：緒方邦安，1985，《青果物保藏汎論》，建帛社，頁 84。）

3.碳水化合物與有機酸成分：香蕉果實在後熟期間，當達於更年高峰期時，其蔗糖含量最高，其後因再轉變成為還原醣而降低。後熟期間，絕大部分之澱粉因澱粉酶 (amylase) 及磷酸解酶 (phosphorylase) 之作用而分解成糖。香蕉在後熟期間，其可溶性果膠質 (soluble pectin) 亦增加，如此則導致果實軟化，如表 2–4 所示。

▶ 表 2–4　香蕉在後熟期間碳水化合物含量與酵素活性之變化

	更年前期	更年高峰期	更年後期
果皮之顏色	綠	黃綠	全黃
水　分 %	65.1	67.1	69.3
澱　粉 %	22.6	0.90	0.30
還原醣 %	0.41	6.53	10.7
蔗　糖 %	1.01	12.04	6.46
葡萄糖／果糖	–	1.65 / 1.00	1.19 / 1.00
可溶性果膠 %	0.04	0.17	0.13
澱粉酶作用力	0.05	0.15	1.30
磷酸解酶作用力	0.08	0.94	7.57

資料來源：緒方邦安，1985，《青果物保藏汎論》，建帛社，頁 85。

香蕉後熟期間，有機酸及抗壞血酸含量之變化則如表 2–5 所示。

▶ 表 2–5　香蕉果實後熟期間有機酸及抗壞血酸含量之變化

	更年前期	更年高峰期	更年後期
蘋果酸 mg%	182	720	831
檸檬酸 mg%	143	357	456
草　酸 mg%	294	166	173
抗壞血酸 mg%	7.3	3.1	2.8

資料來源：緒方邦安，1985，《青果物保藏汎論》，建帛社，頁 85。

4. **胺基酸與蛋白質**：由表 2–6 可看出香蕉後熟期間之胺基酸含量變化，由表得知香蕉果實中胺基酸可檢出的有 14 種。香蕉後熟期間纈胺酸、白胺酸顯著增加，而天冬胺酸及各胺酰胺則呈減少，在整個更年期間、纈胺酸、白胺酸、絲胺酸、天冬酰胺均呈急速上升之勢，而白胺酸及纈胺酸更是果實揮發性成分之前驅物質，在低熟時與果實之香味的生成有關連。

▶ 表 2–6　香蕉果實後熟期間胺基酸之變化

胺基酸組成 (mg%)	貯　藏　日　數 (20°C)				
	0	1	5	10	15
天冬胺酸 (Asparticacid)	5.1	4.6	4.5	4.2	2.4
蘇胺酸 (Threomine)	3.3	3.1	4.5	5.1	3.7
絲胺酸 (Serine)	4.5	4.1	7.9	12.2	8.2
谷胺酸 (Glutamic acid)	3.5	6.1	5.0	4.8	3.0
脯胺酸 (Proline)	3.0	3.1	3.9	3.9	2.1
丙胺酸 (Alanine)	2.3	2.3	2.2	2.1	3.3
纈胺酸 (Valine)	1.7	2.0	8.5	24.0	34.2
異白胺酸 (Isoleusine)	1.5	1.4	1.2	1.3	1.4
白胺酸 (Leusine)	4.5	4.7	17.4	28.9	30.3
γ-胺基酪酸 (γ-Amino butyric acid)	4.9	4.1	6.8	7.2	7.8
組胺酸 (Histidine)	5.6	5.3	6.1	5.4	6.2
精胺酸 (Arginine)	6.5	5.3	6.1	5.0	4.2
天冬酰胺 (Asparagine)	26.1	20.2	33.6	33.7	20.1
谷胺酰胺 (Glutamine)	26.0	17.9	13.4	15.7	10.2

資料來源：緒方邦安，1985，《青果物保藏汎論》，建帛社，頁 86。

某些果實可能於其後熟期間，某種特定之胺基酸大量蓄積，例如洋梨中之脯胺酸，番茄中之谷胺酸，其完熟果實中的量可能為採收時之 3～15 倍。而洋梨在果樹上幾無脯胺酸之蓄積，但採收後則大量蓄積，倒是有趣的特殊現象。關於後熟期間，果實內蛋白質含量之變化，研究者較少，但已知如番茄、西洋梨、酪梨，其含量均呈增加現象。

5. **脂質**：果實中脂質含量不多，但對果實之質地 (texture)、風味 (flavor) 及色素之保持均具有重要性。果實類常見之脂質均有十數種。常見的如磷脂質 (phospholipid)、糖脂質 (glycolipid)、含硫脂質 (Sulfolipid)、中性脂質 (heutrac lipid) 等。番茄果實之糖脂質主要存在於葉綠體中，當果實轉色時，其量迅速減少，其中脂質含有脂肪酸如亞油酸 (linoleic acid) 及亞麻酸 (linolenic acid) 量甚多，在果實轉色時則分解，而轉變成果實之揮發性物質或轉變成乙烯生成之前驅物質。

實習一 園產品之生理及品質之變化

一、目的

瞭解果實之後熟現象。

二、器具及材料

1. 紙箱。
2. 電石。
3. 未後熟之香蕉，每紙箱 2～3 把（果手）左右。
4. 塑膠袋（紙箱內襯）。

三、說明

各組依不同之電石放置量，及密封之時間加以變化。處理於室溫下放置數天，觀察香蕉果皮之顏色、硬度、香味等之變化。

四、作業

1. 依觀察結果記錄香蕉之後熟等級。
2. 依各組試驗之結果，比較各種處理條件何者催熟最好。

習題

一、是非題

( ) 1. 香蕉、番茄枝須經後熟之過程，才能變成可食用狀態。
( ) 2. 鳳梨之生長曲線屬於單 S 型曲線。
( ) 3. 奇異果之生長曲線屬於 3S 型曲線。
( ) 4. 菠菜、茼蒿、白菜等葉菜類，只要不過熟，並無一定之成熟度。
( ) 5. 金針花之花朵已綻開時，視為可採收之成熟度。
( ) 6. 果實成熟後通常較不易軟化。
( ) 7. 成熟果實內之可溶性固形物通常會增加。
( ) 8. 一般而言，幼齡產品之呼吸率較低。
( ) 9. 表面積與容積之比例愈大，蒸散度愈快。
( ) 10. 每一分子的葡萄糖被完全氧化，可以產生 673 卡之熱能。

二、填充題

1. 植物體之葉一部分，其體積及重量呈現不可逆之增加，稱為________。
2. 果實達一定大小後，呈現生長停滯現象，即稱為________。
3. 果實採收後由呼吸率之現象，大概可分為________與________果實。
4. 水分損失主要係由於________與________。
5. 影響蒸散速率快慢之環境因素有________、________、________、________、________。
6. 恆定溫度下，蒸散速率與周圍大氣中的相對溼度有________關係。
7. 蒸汽壓大小常以________或________表示。
8. 在相對溼度相同時，溫度愈高，蒸汽壓________。
9. 大氣流速愈大，蒸散速率________。
10. 一般園藝作物在發育過程大概可區分為________、________、________、________四大階段。

三、問答題

1.何謂更年型果實與非更年型果實？
2.一般青果後熟時可能會發生那些變化？
3.乙烯之生成路徑為何？
4.乙烯之生理作用為何？
5.園產品採收後之劣變情形為何？
6.造成園產品於採收後損失之因素為何？
7.蒸散作用對採收後之園產品有何影響？
8.影響園產品呼吸率之內在因素為何？
9.乙烯可用那些方法去除？

第三章　影響園產品採收品質之因素

第一節　採收前栽培因素之影響

園產品的貯藏，事實上仍涉及採收前之栽培因素、栽培之時期，以及培育至採收當時之健全性，這些均會影響採收後之貯藏及運銷，因此栽培之方法及條件亦甚為重要。

一、概說

果實最早是由開花而後結果，其形態與組織事實上在相當早之時期即已發育完成。果肉內細胞之總數事實上與果實之品質及貯藏性有關連。例如：營養充足之蘋果樹其果實之細胞數會比營養不充分之果樹為高，蘋果果實在開花後一個月內其細胞數大致已固定。

栽培期間之摘果（疏果）處理有促進細胞數增加之作用。而日本梨若於秋天摘葉，則會影響第二年春天果實內的細胞數，亦即使細胞數減少。上述之現象均說明了樹體內養分蓄積之多寡會影響果實之細胞分裂。蘋果之晚生品種通常果實內之細胞較大，而細胞大之果實，其呼吸率較低，又根據調查結果，呼吸率低者貯藏性較佳，呼吸率高者貯藏性不良。蘋果貯藏後有所謂的苦痘病 (bitter pit)，是果實表面之小組織有褐變壞死之現象，此種現象則與鈣 (Ca) 之營養甚有關連。栽培時，營養成分中缺鈣，則容易發生苦痘病。蘋果（紅玉品種）的採收期愈晚則採收貯藏期間之「橡皮病」(Gum disease) 的發生機率愈大，果實中鈣含量多時較不易發生苦痘病，而果肉細胞大的果實則較易發生。蘋果之採收期也會影響呼吸更年性，較晚採收之蘋果的果實，在貯藏時有較高之呼吸峰。若蘋果處於呼吸上升期時予以低溫貯藏，則果實容易發生低溫障礙。

二、果色

果色之變化一般認為是成熟度的指標，但不一定完全正確，而柑桔類更有所謂「回青現象」(regreening)，就是超過成熟期仍未採收之果實又會生成葉綠素。

就上述而言，果色並非單一判斷成熟之因素，必須參照其他因素才能判斷成熟度。

三、硬度

果實之硬度與果膠質有關，可用果實硬度計測定其硬度。樹上所結果實之硬度受氣溫、溼度、營養成分及砧木種類等種種因素之影響。

四、成分

果實在成熟時蔗糖含量達到最高，而衰老過程中則還原醣含量增加。例如葡萄可用葡萄糖：果糖之比，柳橙果實可用還原醣：蔗糖之比來表示其成熟度之變化。

五、呼吸

不同成熟度的果實，其呼吸之強度自有不同。蘋果之果實以處於更年初期或更年之最低期 (climacteric minimum)，為採收貯藏之最適時期。用所謂「積溫計算法」(accumulated temperature method) 來預測果實之成熟期可較為準確。曾有研究指出開花日後二週內氣溫高時，可使採收期提前，但若開花後連續四週高氣溫，反有使採收期延長之現象。

六、栽培管理方法

以蔬菜為例，若不當的施肥、灌溉以加速其生長，將導致蔬菜組織膨鬆或營養發展不健全，收穫之蔬菜常較不易貯存或貯存後易發生生理障礙。

七、病蟲害

田間之病蟲害管理亦很重要，例如甘藍菜在田間已有軟腐病嚴重傳播，其貯存期可能會因軟腐病 (soft decay) 於庫內蔓延而大受影響。

八、採收時間

清晨或傍晚採收，氣溫較低，田間熱少，品質敗壞之速率較慢，避免雨天採收及採收前大量灌水，以避免園產品組織之水分含量過高而不耐貯放。

第二節　採收後處理之影響

一、分級 (Grading)

同一批採收者，其大小、品級、成熟度亦不相同，應予分級，減少在運銷過程中被翻撿之機會，可減少受傷。

二、包裝 (Packaging)

包裝可具保護性，避免園產品受傷，包裝材料種類甚多，現今很少再用竹簍，而改用紙箱、塑膠盒等。蔬果之包裝常依產品之種類、產地及運銷之實際狀況而有所不同。

三、癒傷處理 (Curing)

切花冷藏前之預措亦即浸泡預措液，或如甘藷、馬鈴薯、洋蔥之癒傷處理 (curing)。甘藷於採收後先置於高溫多溼之環境，使傷口處形成木栓組織，可防止黑斑病 (black rot) 等病菌由傷口侵入，如此稱為癒傷。經癒傷處理，可使其對低溫之抵抗力也增強，如此貯藏性佳，癒傷處理之條件例如：32～35 °C、相對溼度 85～90% 之狀況下處理 4 天左右。

四、預措乾燥 (Pre-dehydration)

如捲心白菜或甘藍，在入貯藏庫前，先以風乾的方法，使其預措乾燥至稍有萎凋程度反有良好之貯藏力。洋蔥在冷藏前應予適當之乾燥使表皮形成乾膜，柑桔在貯藏前先予預措乾燥，至於重量減輕 3～5% 左右，可使貯藏中腐敗的情形減少，特別是浮皮果更要加強風乾預措，用高溫低溼法（10 ± 2 °C，溼度 75～80%）可減少貯藏中之腐敗，及減少浮皮之發生，果實成分亦得以保持。

五、催色處理 (Degreening)

催色處理是人為的促進果實之後熟，使葉綠素消失，而呈現美麗之顏色，稱為「著色」(coloring) 或「褪綠」(degreening)。例如利用燃燒廢氣或乙烯、或乙炔之處理可使檸檬由綠變黃，利用間歇法，用乙烯 20～300 ppm 處理 6～8 小時，再導入冷庫之空氣，然後重複 8～10 次。也有用較低濃度之乙烯 (10 ppm) 之「細流法」(flushing method)，亦即不斷地通入此濃度乙烯，可使果肉早熟而外觀仍綠之溫州蜜柑予以催黃。香蕉採收時果皮為綠色，但可用 1000 ppm 之乙烯催熟，可使果皮變黃。

六、塗蠟處理 (Waxing)

某些果實本身外表即有蠟質，唯若以人工塗蠟可增加其保護性，其效果為①表皮之開孔（氣孔，皮孔）適當堵塞，可防止蒸散，②抑制呼吸及減緩養分之損失與後熟之進行，③抑制微生物之侵入，④減輕表面之機械損傷，⑤表面增加光澤可增進商品價值。

人工塗蠟如：石蠟 (paraffin)、松蠟、蟲漆 (shellac) 等，加熱使之呈溶融狀態，在瞬間浸漬時塗於果實表面，或將這類蠟物與有機溶劑混合，再利用噴霧法塗布。但有機溶劑有引火之危險，目前較常用者為水蠟法，大致是將巴西棕櫚蠟 (carnauba wax) 加入界面活性劑之嗎林 (morphaline) 予以乳化，然後加入油酸 (oleic acid) 及水，使之成為乳濁液。機械化之塗蠟程序如下：

果實搬入 → 裝在入口處 → 輸送帶 → 洗淨 → 乾燥 → 塗蠟 → 刷布 → 乾燥 → 選果 → 裝箱。

有些塗蠟之過程中易發生落下、衝擊、重壓、滾動受傷、回轉刷傷等問題，對最後產品造成損傷。因此，反而對品質方面沒有保護性，而變成是出貨前的一種「化妝處理」(Make-up treatment)。

七、脫澀 (Deastringency)

柿子之單寧稱為 “diospyrin”，當單寧是可溶性時則具有澀味，但若成為不溶性化則沒有澀味，甜柿是在樹上時即已脫澀，故採收後即可食用，唯澀柿必須人工脫澀後方可食用，當可溶性單寧遇到乙醛易成為不溶性化，果實予以隔絕空氣則造成無氧呼吸，如此也會自行產生乙醛，而有助於脫澀。其他脫澀法有①泡溫水法、②酒精法、③二氧化碳法、④乾燥法、⑤放射線照射法、⑥凍結法、⑦樹上脫澀法等。

八、減低蘋果表面燙傷之處理

在冷庫中蘋果因產生 α-farnesene，而使果皮發生燙傷現象 (scald)。在商業上用 diphenylamine (0.1～0.25%) 或 ethoxyquin (0.2～0.5%) 處理，可減少燙傷 (scald) 之現象。

九、植物生長調節劑 (Plant growth regulator)

為抑制柑桔之果頂老化，可用 2, 4-D (2, 4-dichlorophenoxyacetic acid) 抑制柑桔蒂腐病 (stem rot)，而果皮之老化，可用 GA_3 (gibberellic acid)。

十、發芽抑制劑之處理 (Germination inhibitor)

例如防止馬鈴薯發芽，可使用 maleic hydrazide (MH)，nonyl alcohol，CIPC (3-chloroisopropyl-N-phenyl carbamate)，IPPC (isopropyl-N-phenyl carbamate)，MENA（methyl naphthalene acetic acid 及 2, 3, 4, 6-tetra chloronitrobenzene (TCNB)）等發芽抑制劑。CIPC 較常用，可做成粉劑、水浸液、蒸汽狀、噴劑。

十一、燻蒸處理 (Fumigation)

可用於燻蒸的燻蒸劑很多，如 acrylonitrile，carbon disulphide，carbon tetrachloride，ethylene dibromide (EDB)，ethylene oxide，hydrogen cyanide，methyl bromide，phosphine 及 sulphuryl fluoride 均可用於檢疫燻蒸，其中最常用的是二溴化乙烯 (ethylene dibromide) 及溴甲烷 (methyl bromide)。

（註：EDB 已禁用）

十二、放射線照射 (Radiation)

離子化放射線照射對產品有兩種作用，一是減少昆蟲（果蠅等）及微生物之汙染，二是抑制一些生理作用（如發芽，後熟）等之進行，因而可減少損耗。放射線照射在原則上必須符合下列條件：

1. 產品必須對放射線照射有相當大的抵抗力。
2. 放射線照射法比其他處理方式便宜。
3. 處理的產品為安全衛生。

第三節　貯藏環境之影響

園產品在貯藏環境內之損失如失水，失重係由蒸發所致，易使表面產生皺縮現象，其次如顏色上之褐變，黃化（褪綠），局部後熟，寒害（表皮凹點、軟燙傷、無法後熟等），有時亦會遭微生物（細菌、黴菌等）之腐損，或昆蟲（果蠅、瓜實蠅等）之危害，有時則因不良氣體（引擎廢氣、乙烯等）而導致蔬果加速老化而損失。

採收後之貯藏環境的影響大致分述如下：

一、溫度

每種園產品各有其最適之貯藏溫度，而且可能依栽培地區、品種、成熟度、採收季節等而有差異。

過分低溫則造成寒害 (chilling injury)，反使園產品的貯藏性降低。而溫度過高則會發生熱傷 (heat injury) 現象 ， 使細胞之組織等遭受破壞，酵素停止活動或發生異常現象。

二、溼度

園產品之種類、成熟度等之不同，其貯藏所需之溼度自亦不同。一般葉菜類需高的溼度，而洋蔥、蒜頭等則需低溼度。過分乾燥會使蔬果萎凋、失重。而過分溼則造成如洋蔥等之乾膜潮溼，易使微生物著生，造成腐損。溼度高時，洋蔥易發芽，消耗鱗莖之養分。溼度在 60% 左右可保洋蔥呈休眠狀態，不易發根長芽。

三、氣體組成分

園產品採收後仍為活的狀態，故會呼吸，但呼吸則消耗體內之營養成分。利用「調氣貯藏法」(controlled atmosphere storage) 可增加貯藏環境中之二氧化碳，並減少氧氣之濃度，如此可抑制蔬果之呼吸，以減少損耗。簡易之塑膠薄膜包裝法亦具有粗略之氣體調整效果。

四、光照

有些園產品貯藏時不需要光，照光時反而引起發芽，發根及綠化等不良影響。如馬鈴薯照光時可能引起發芽，並使表皮綠化，如此則品質受損。

五、堆積方式

園產品於冷藏庫中堆積時應預留通風道，冷氣才能均勻分布，風扇之風速也應調整在適當範圍內，可避免風速太強時造成乾燥。而堆積過高造成產品之擠壓亦有不良影響，且堆積時切勿超過容器之外，蘆筍及葉菜類等有所謂貯藏姿勢，必須直立貯放，以防彎曲、變形。

六、不良之氣體

乙烯濃度過高常導致園產品之老化，但有些園產品會自生乙烯，而殘留於貯藏環境內，則又會影響其他個體之園產品。

二氧化碳太高亦有所謂高二氧化碳傷害。比較古老型之冷藏庫可能有用氨為冷媒者，若氨氣外洩亦可能造成園產品受傷害。

實習二　影響園產品採收後品質之因素

一、目的

瞭解貯藏環境對園產品品質之影響。

二、設備及材料

1. 冷藏庫或較大之冰箱。
2. 葉菜類：空心菜、莧菜、小白菜等。
3. 聚乙烯塑膠袋。
4. 保鮮膜。
5. 塑膠袋封口機。

三、方法

1. 將葉菜類依不同方式包裝：
   (1)保鮮膜包裝。
   (2)塑膠袋包裝。
   (3)不包裝。
2. 將三種方式包裝之蔬菜放入 4 °C 之冷藏庫，貯藏 3～4 天後，取出觀察蔬菜之外觀、顏色等之變化。

四、作業

1. 觀察記錄蔬菜是否有萎凋、變色、皺縮等情況。
2. 比較包裝型式不同，對貯藏效果之影響。

習題

一、是非題

(　　) 1.通常相對溼度愈高，蒸散水分愈少，愈有利園產品之貯藏。
(　　) 2.洋蔥、馬鈴薯等之最適相對溼度貯藏為 90～98%。
(　　) 3.切花之貯藏最適相對溼度以 80% 為宜。
(　　) 4.在不引起低氧傷害的臨界值以上，控制貯藏環境中的氧含量愈低，呼吸愈弱，老化愈慢。
(　　) 5.新鮮空氣中的 CO_2 含量約為 1% 左右。
(　　) 6.貯藏氣體中 CO_2 含量愈高，愈有利於園產品。
(　　) 7.一般溫帶生產之果蔬其抗寒害之能力愈強。
(　　) 8.一般冬季成熟之果實其抗寒害之能力比夏季成熟者強。
(　　) 9.利用夜間或清晨或傍晚，氣溫稍低時採收園產品，其品質劣壞速率較快。
(　　) 10.園產品於下雨天或雨後立即採收，較不耐存放。

二、填充題

1.園產品在低溫所受之寒害，可分成結冰點以上之________與結冰點以下之________。

三、問答題

1.影響園產品貯藏壽命之因素為何？
2.影響園產品採收後劣變之生理因素為何？
3.何謂寒害？

第四章　採收與處理

第一節　採收前處理

園產品一般是在品質最高峰時採收，但在品質之最高峰時容易腐敗，必須在數小時內完成收穫、運輸、貯藏。採收前之處理如：①調整栽植行距以適合機械進入採收。②用藥劑或生長調節劑噴灑以促進同時成熟，一次採收。③利用藥劑促進休眠性，以確保採收後之貯存期間不易發芽。④蘋果等利用荷爾蒙劑，使果實在採收前之著色良好，可得到優良之品質。⑤噴灑落果劑，使果實容易鬆脫，便於機械手臂搖落收集採收。⑥蘋果施鈣，在蘋果果實發育期間噴施鈣的溶液，使鈣質逐漸累積在果實中， 如此可減少果實採收後貯藏期間之苦痘病 (bitter pit) 的發生。

第二節　採　收

採收之目標在於收集田間正確成熟度之產品，使受傷與損失降至最低，並能快速採收，而採收之成本又最低。

有些蔬果可用機械採收，但仍有許多蔬果是用手工採收，手採之好處如：①可正確選擇成熟度，可正確分級，及可分次採收。②手工採收的損傷較少。③僱工增多，則採收速率呈比例增加。④手工採收成本投資較低廉。但手工採收的缺點如：①速度慢。②勞力缺乏。③人工亦需訓練有素方可擔任。

漿果類及部分之蔬果如：蘆筍、胡瓜、茄子、甜椒、蘋果、香蕉、草莓，多半仍用手工採收。而花卉更是純粹人工採收。

機械採收之好處：①採收迅速。②條件易控制。③無勞力不足問題。

（一）人工採收

用手或利用刀、剪等工具採收。柑桔採收用圓頭剪以避免斲傷果皮，一般以不留果柄為宜，避免刺傷其他的果實。

採果袋為帆布袋製成，袋口用鐵圈撐開，而袋底則為可開合之方式，捲起用鐵鉤鉤住時為封閉，可以裝果，至袋內滿後，可將鐵鉤解開，使底部呈開啟狀態，即可將果實放出，較利用籃子採收效率高。採收桃、葡萄等有用手箱（塑膠袋可裝 7～10 kg）者，有吊帶吊於頸部者，採收後裝於箱中，亦可兼供作運搬用容器。

（二）採收之輔助

1. **腳架：**例如木製腳架，高度為 1.8 m 左右，樹高 2.7～4.5 m 左右者可使用。
2. **作業臺：**結果於較高部位之果實，可用作業臺協助採收。汎用作業臺：有輪子為可移動式，並具有升降平臺，作業平臺之木板尚可做成抽出式，依所需之長度拉出，可配合樹形及枝條之著生狀態，可配合斜坡地之操作，而作業平臺仍維持水平以便利操作。
3. **收穫作業臺：**為自走式之臺車，上方有平臺可登乘 4～6 人，向兩邊採果，果實採收後放入中央之輸送帶上，可自動收集裝箱，臺車中央可載 13 箱，有自動秤量器，箱子裝滿後會自動放置於地上，如圖 4–1。

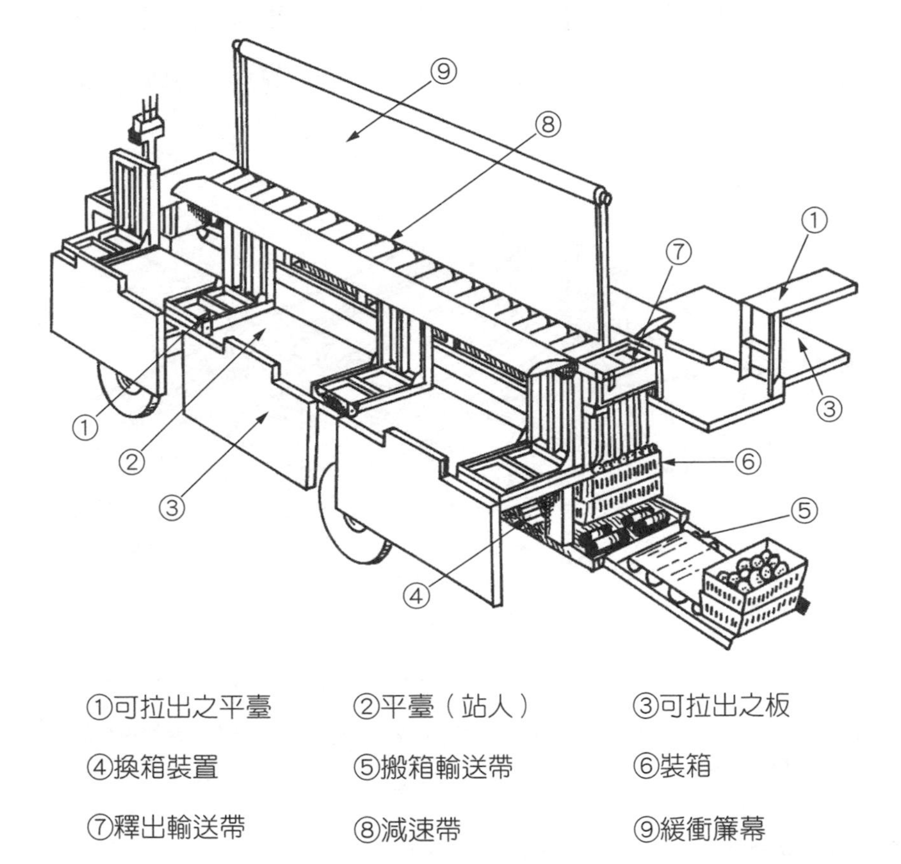

▶ 圖 4–1　收穫作業臺。（資料來源：農業機械學會，1984，《新版農業機械ハンドブック》，コロナ社，頁 837。）

（三）機械採收

1. **振動採收法：**較適合加工用果實之採收，鮮食用之果實的採收尚不適用。果實利用樹幹搖動器或大枝條搖動器，及承受果實之框架兩部分合成，結構如圖 4–2。振動採收法因屬一次採收，果實若成熟度不齊，則未熟果亦會混入，果實落下時易碰撞至樹幹或枝條而產生損傷，故以鮮果銷售為目的者不適合此種採收。有些藥劑如植物生長調節劑，乙烯，抗壞血酸，金屬鹽類及環己醯胺 (cycloheximide) 等可促進果實之離層，使果實容易脫落。例如利用 25 ppm 之環己醯胺噴灑於晚崙夏橙，可使果實產生離層，便利於搖落採收。

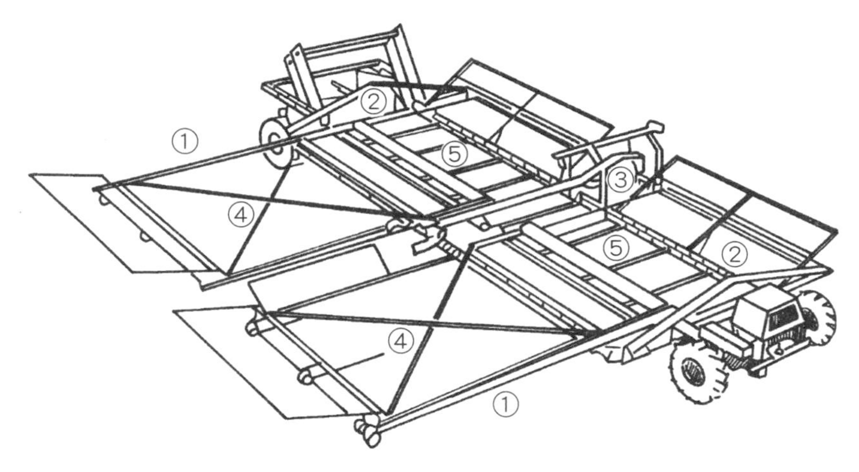

①折疊式承受架　②固定框　③振動器　④緩衝幕　⑤輸送帶

▶ 圖 4–2　番茄振動收穫機。(資料來源：川村登等，1991，《新版農作業機械學》，文永堂，頁 206。)

2. **番茄採收機：**日本開發之 IAM-2 型機，有株基切取器，接地輪，果實連接枝葉者之進流量控制，並具有選別功能，僅需一名操作員及一名助手。採收 10 公畝約需 2 小時。如圖 4–3。

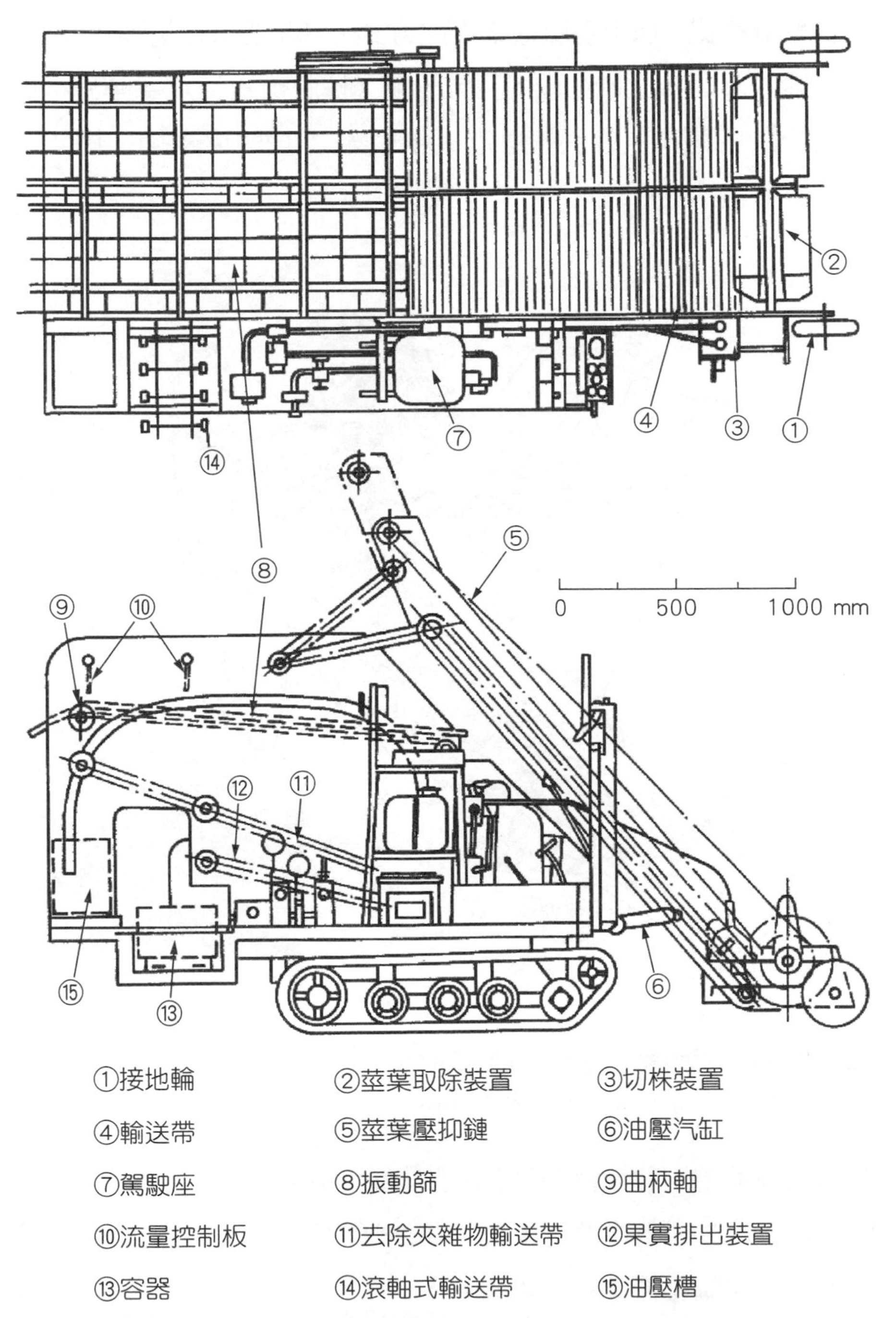

①接地輪　②莖葉取除裝置　③切株裝置
④輸送帶　⑤莖葉壓抑鏈　⑥油壓汽缸
⑦駕駛座　⑧振動篩　⑨曲柄軸
⑩流量控制板　⑪去除夾雜物輸送帶　⑫果實排出裝置
⑬容器　⑭滾軸式輸送帶　⑮油壓槽

▶ 圖 4–3　番茄收穫機。(資料來源：農業機械學會，1984，《新版農業機械ハンドブック》，コロナ社，頁 865。)

3. **馬鈴薯收穫機：**係用曳引機拖曳之方式，其步驟為：莖葉切斷 → 掘取（掘取刀）→ 土砂分離，莖葉分離（柱狀輸送帶）→ 運送（籃式輸送帶）→ 選別（柱狀輸送帶）→ 裝入（小型容器槽），圖 4–4 為馬鈴薯收穫機之一例。

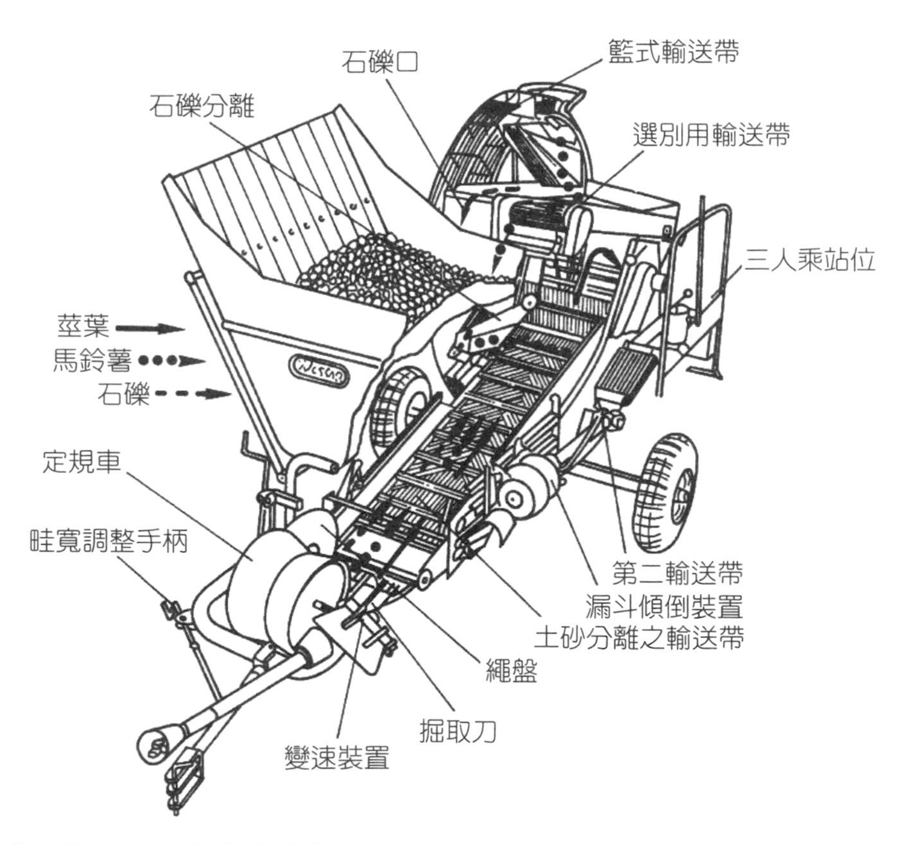

▶ 圖 4–4　馬鈴薯收穫機。（資料來源：農業機械學會，1984，《新版農業機械ハンドブック》，コロナ社，頁 868。）

4. **擺動式洋蔥挖掘收穫機：**依畦寬及畦斷面形狀，設計弧形之挖掘刀，同時可以擺動震落多餘之土壤，並使洋蔥能集中於畦之中央，排成直線狀，俟曬乾後蒐集，如圖 4–5。

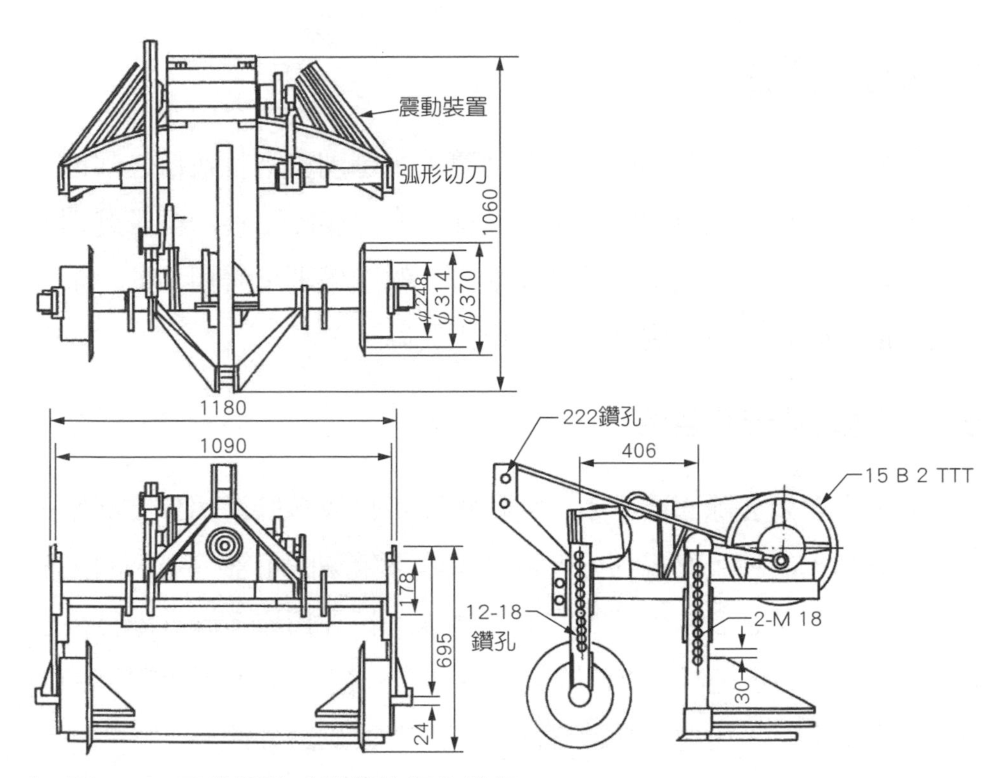

▶ 圖 4–5　承載擺動式洋蔥挖掘收穫機。(資料來源：陳寶川、卓魁彬，1992，〈承載式洋蔥挖掘收穫機之研製〉，《第七屆全國技職教育研討會論文集》。)

第三節　選別與清理

一、選別的意義與目的

一般選別分級、清洗等常是一起作業，選出合格的產品個體而剔除不良品（級外品）是為選別，等級選別與規格選別則屬於分級，於下節中敘述。

辨別外觀品質之優劣，先行剔除不良品（蟲害，不整形，外表損傷，著色不均，發育不良，過熟等可用肉眼觀察，挑除即可)。有時例如過大或過小之級外品亦可加以剔除。

二、選別之方法

例如將產品放置於稍傾斜之選別臺上，選別員則就較低之部位先予以選別，然後放入容器中，再依次使上方之產品下移，再予選別。或用輸送帶之方式，選別員則站在兩旁，輸送帶則呈緩慢移動，至選別員正前方時，將所看到之不良品取出剔除。

三、清理之意義及目的

清理主要是去除園產品中之夾雜物及不良或多餘之部分。例如葉菜類之黃葉，老葉，腐爛部分，帶根採收之蔬菜的根部，過長的果柄或果蒂，甘藍菜之多餘外葉等均加以清除。花卉類如多餘（過長）之莖，多餘之花葉，花蕾予以修除。香蕉則需分把（將果串切成果手），分把於水中進行，可避免乳汁之汙染而影響香蕉之外觀。

四、洗淨

（一）淋洗

如葉菜類可用淋洗之方法，產品於透空之輸送帶上輸送，而上下均有噴頭加以噴洗。

（二）浸洗

例如香蕉可於水槽中浸洗，使附著之泥沙及乳汁溶解洗去。有時於水中加入殺菌劑（如霉敵 TBZ）防止洗後發生腐敗現象，或其他之殺菌劑亦可。

（三）乾洗（刷淨法）

例如：洋蔥、馬鈴薯可用滾動刷，刷去外表之泥沙灰塵，柑桔亦有用乾洗的方法。

第四節　分　級

分級也是選別之一種，可分為等級選別（依品質優劣）及規格選別（依外觀之大小尺寸為準）兩類。

分級用手工分級不需龐大昂貴之設備，在產品數量不多之情況，以手工分級較為經濟，但一般手工之精密度較差，機械分級需有一定的設備，故需有一定的數量才能投資設置，其好處在可以大量處理，速度快，但可能損傷的情形較大。分級通常與水洗、包裝等操作連續進行。

品質之優劣等級通常可分為兩方面：一為外觀之品質，如成熟度是否適當，果形是否完整，著色是否均勻，外觀是否有缺陷或瑕疵（病蟲傷害、風疤、藥傷等），可由外觀加以區別。另一為內部的品質，如糖度、內部顏色、質地、纖維質含量、糖酸比、有無內部瑕疵（內部褐變、水浸狀、後熟不均勻等），則必須用檢測儀器方能測出。

（一）等級選別（品質分級）

成熟度，著色均勻與否，是否有瑕疵等可用人工檢視的方式由外觀判斷，而內部品質則需用儀器檢測。

硬度之測定例如用馬泰氏硬度計 (Magness-Taylor Pressure Meter)，為屬於破壞性之測定，則只能用分批抽檢之方式，糖度用糖度計亦需搾取果汁才能測定，而酸度則需分析其有機酸之含量，亦屬於破壞性之測定。外觀之顏色則可用色差計 (color and color difference meter) 測定，光電色選機 (photoelectric color-sorting machine) 可將檸檬由綠至黃分成幾個等級，亦可將柳橙由綠至橙色分成幾個等級，已臻於實用化階段。以傳送光源測定光密度 (optical density) 之方法則可檢測果實等之內部品質或內部缺陷，而不需破壞果實，如此果實內部葉綠素含量或果肉之水浸狀程度等可用此法測出。品質等級之表示如：特優、優、良級品等。

（二）規格選別（大小等級）

1. **依果形分級：**柑桔類可利用果徑加以分級，其選果方式有：旋轉鼓型、輸送帶型、條間型、鏈狀輸送帶型等各種方式。
2. **依重量分級：**測定果實之重量而依其重量分級，分為槓桿型秤及彈簧型秤兩種。彈簧型較複雜，但常用。
3. **用手選分級：**手選速度較慢，但較不會傷害到果實，例如果實的大小用選果板，各板之孔大小不同，加以比對選別，可增加輸送帶等輔助設施以增進選別之效率，必須人工便宜之情況才適用。

大小之分級如：小 (S)、中 (M)、大 (L)、特大 (LL) 及超大 (LLL) 等。花卉之規格則較複雜，例如：花朵直徑之大小，莖之長度等為其大小之規格，其他則如葉、莖之情況，花瓣之情況，有無病蟲害等均需一併考量，如表 4–1 為日本玫瑰花品質分級之例。

▶ 表 4–1　玫瑰花之規格

評定項目	評定內容	品質等級		
		秀	優	良
花、莖、葉	顏色、鮮度、品種特性、異常	具品種特有顏色，新鮮度極佳，無任何異常	具品種特有色彩，新鮮度良好	通常具有品種特有色彩及鮮度，但較優級次之
花瓣、莖葉、形狀	花瓣數、形狀大小、莖之粗細、韌性、曲直	花瓣、莖、葉及其形狀非常整齊	花瓣、莖、葉及其形狀良好、整齊	一般皆整齊均勻
病蟲害	病害、蟲害	不能有病蟲害	幾乎無病蟲害	可有一點病蟲害
採收期	採收期	適期採收	適期採收	適期採收
其他	日燒、藥害、農藥汙染、裂折	不能有日燒、藥害、農藥汙染及裂折	幾乎無日燒、藥害、農藥汙染及裂折	可有一點日燒、藥害、農藥汙染及裂折
外觀總評	勻稱度 (balance)	全體非常調和，花、莖、葉間排列非常適當	花、莖、葉間之排列形態良好	較優級次之

資料來源：農林廳，1988，《花卉保鮮技術》，頁 6。

第五節　包　裝

一、包裝之意義

包裝是一種保護作用，使產品在輸送及保存期間，其品質及價值得以保持。包裝可分為個別包裝 (item packaging)、內包裝 (interior packaging) 及外包裝 (exterior packaging) 三種。隨著時代之進步，目前利用紙容器、塑膠材料及輕金屬材料之包裝愈來愈多。

二、蔬果包裝需滿足下列之需求

1. 包裝材料需能防止各項處理、運輸及堆積期間之衝擊。
2. 包裝材料需為無任何毒性，使產品不致於產生毒害或不良影響。

3.能符合產品之重量、形狀、大小的需求，包裝需要標準規格化，以便於機械操作。
4.包裝容器可連帶一起冷卻（預冷），並能適度透氣，以減少呼吸作用後二氧化碳等氣體之累積。
5.遇溼或高溼度時，強度不致變化。最好是能適度吸收產品釋出之水分，但又能防止產品乾燥。
6.易於開啟及密封，如此在運銷過程中較方便。
7.有時需為遮光性強，有時需為透明度高。
8.包裝最好能易於陳列展售。
9.最好易於廢棄，或者容易回收，重複使用。
10.具保護性，但費用、價格上盡可能便宜。例如萵苣、番茄、柑桔、葡萄、梨等均常用紙箱包裝，有些產品如蘋果，為了防止擠壓，故用木盒包裝。

三、外包裝

1.外包裝之條件

⑴便宜。
⑵耐用。
⑶不會傷及內容物。
⑷具有保鮮效果。
⑸容易取得。
⑹打包及拆卸容易。
⑺規格應統一化。
⑻容易搬運。
⑼置於店內展售有裝飾性。

⑽使用後容器易於處理。

就上述而言，紙箱較能符合需求，塑膠容器可回收再使用，較為節省資源，葉菜類、玉米、香菇、蓮藕、胡瓜、茄子等可使用。

2.紙箱

紙箱之紙板為三層或五層，如圖 4–6 可有三種：①單面型；②雙面型；③雙層型。中間一層之紙呈波浪狀（或稱瓦楞紙），其波浪之大小、高度、角度、密度則與紙板之強度有關。

紙箱可折疊，堆積時不占空間，包裝作業可機械化，箱輕，運輸方便，表面可印刷，廢紙箱尚可回收成為再生紙。

紙板先剪成如圖 4–7 形態，再折好裝訂即可成為紙箱，紙箱一般怕溼氣，所以若容易潮溼軟化可以塗防水劑，例如石蠟或石油樹脂。以梨之容器為例規格如表 4–2 所示，必須加註收貨人、供應單位、品名、等級、大小、淨重、代號等，如圖 4–8 所示。

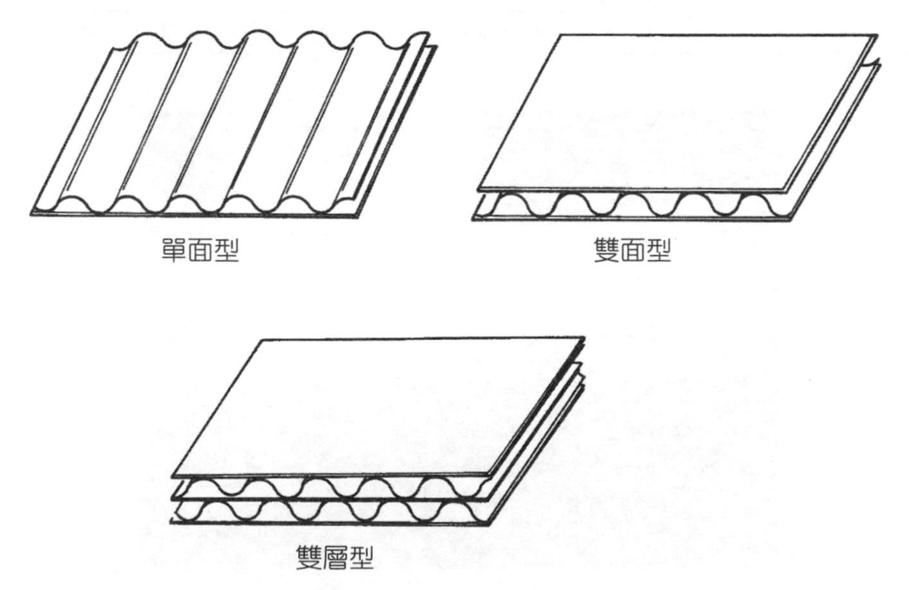

▶ 圖 4–6　紙箱的紙板之類型

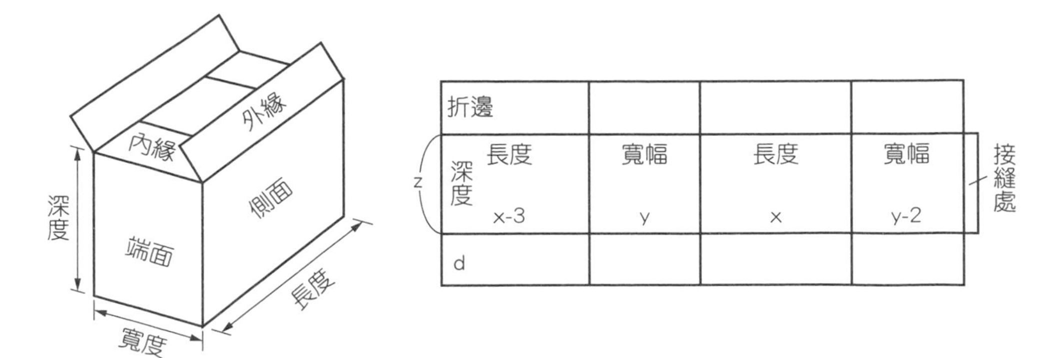

▶ 圖 4–7　紙箱之裁剪。（資料來源：緒方邦安，1985，《青果物保藏汎論》，建帛社，頁131～132。）

▶ 表 4–2　梨之紙箱規格

種類 項目	紙　箱		
容量 (kg)	8	16	20
容器規格 (mm)	長 450× 寬 300 × 高 200	長 450× 寬 300 × 高 350	長 480× 寬 260 × 高 300
標示	收貨人、供應單位及代號，品名、等級、大小、淨重		

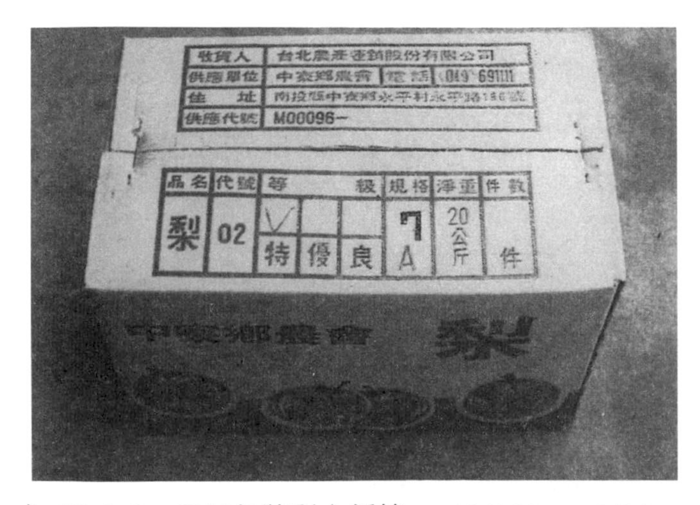

▶ 圖 4–8　用以包裝梨之紙箱。（資料來源：農林廳，1987，《青果分級包裝手冊》，頁 16。）

紙箱之裝箱有自動裝箱（一）機械自動投入、振動、磅秤等動作。此種包裝僅限於較耐衝擊之果實。（二）手動裝箱：有幾種方式，例如：裝袋後放入，整齊排列於紙箱中，固定個體數放入，排於盤中再放入，任意裝填，子母箱裝填等。草莓、枇杷等以子母箱裝填，保護性佳，至市場時不需重新整理選果，只要將子箱直接取出，即可展售。

紙箱中之緩衝材料有塑膠紙、保麗龍盤、保麗龍套、報紙絲、包裝紙、刨木絲、鋸屑、發泡塑膠紙、稻草等。

實習三　採收與處理

一、目的

瞭解選別與分級。

二、設備及材料

1. 果實：柑桔或番茄等果實，尚未分級者。
2. 選果板：依果實之直徑，可分 LL、L、M、S、SS 等五種不同等級。
3. 選別臺。

三、說明

1. 將果實倒入選別臺，實習者在旁邊選別，剔除不整形果，受傷果或腐損果。
2. 利用選果板手工分級分成上述五種大小等級。

四、作業

1. 計算不良果實或缺陷腐損之比率。
2. 計算各等級果實所占之比率。

習題

一、是非題

(　　) 1. 為使果實容易鬆脫，便於機械手臂搖落收集採收，可在採收前噴灑落果劑。
(　　) 2. 清洗主要是去除蔬果中之夾雜物及不良或多餘之部分。
(　　) 3. 洋蔥之洗淨法是以浸洗為主。
(　　) 4. 糖度屬於外觀之品質。
(　　) 5. 糖酸比屬於內部品質。
(　　) 6. 果實著色是否均勻屬於外觀之品質。
(　　) 7. 馬泰氏硬度計測硬度屬於破壞性之測定。
(　　) 8. 包裝材料需能防止處理、運輸及堆積期間之衝擊。

二、填充題

1. 洗淨主要可區分為＿＿＿＿、＿＿＿＿及＿＿＿＿。
2. 果實外觀顏色之測定可用＿＿＿＿測定。
3. 大小等級之區分通常以＿＿＿＿和＿＿＿＿分級。
4. 馬泰氏硬度計乃測定果實之＿＿＿＿。
5. 包裝可分別為＿＿＿＿、＿＿＿＿及＿＿＿＿。
6. 分級之依據大概根據＿＿＿＿、＿＿＿＿、＿＿＿＿、＿＿＿＿、＿＿＿＿及其他項目。

三、問答題

1. 一般園產品採收之原則為何？
2. 手工操作採收蔬果之優缺點為何？
3. 機械採收之好處為何？
4. 玫瑰花之花、莖、葉如何評定其秀、優、良等三級？
5. 包裝之意義為何？
6. 園產品外包裝之條件為何？

第五章　癒傷、催色、脫澀、上蠟及預冷

第一節　癒　傷

一、癒傷的意義

園產品在採收以後，果柄脫落之處或表面因採收或搬運而遭受擦傷，此容易招致腐爛病菌侵入而發生腐敗或水分過度喪失，若將此產品以特定溫度和溼度處理一段時間後即可使其傷口癒合，表皮再產生一層薄膜，如此可延長其保存期限，這種處理叫做癒傷 (curing)。

馬鈴薯、甘薯、洋蔥、胡蘿蔔、蘋果、桃、柑桔等蔬果均可使用，球根花卉中的水仙、百合、唐菖蒲、大理花之球根使用亦有良好效果。

二、癒傷的原理

癒傷原理按已知者有木栓化之形成與活性細胞分裂而產生兩者，茲分述如下：

（一）木栓化

乃於塊莖或根莖傷口部分蠟質之堆積而產生一層有效的保護層，避免水分損失與腐爛病菌之侵入。

(二) 活性細胞分裂

園產品的傷口處，因其周皮活性細胞分裂而產生一新的皮，而產生保護作用。

三、癒傷之處理

(一) 甘藷

癒傷主要是使受傷處產生木栓細胞，在 29 °C 及高相對溼度下癒合甚快，癒傷處理期間的相對溼度通常為 85～90%，若較高的相對溼度 (95～98%) 癒合較快，將塊根置於最適環境下，1～2 日木栓即開始形成，約經 5～6 日發育完成，過高的溫度必須避免，因在 35 °C 或以上癒合發生很少，在較低溫度下癒合發育較慢，但 13 °C 或以下發育完全停止，在 29 °C 經 4～7 天即癒合，但 24 °C 需要 15～20 日才癒合。木栓緩慢形成時，會在保護層良好形成之前使腐壞微生物侵入藷內。

癒傷處理期間及以後貯藏期間在塊根內部也會發生一些變化，如果收穫後塊根曾經癒傷處理數日比未經癒傷處理而立即食用者，其烹調品質較佳，品質的變化主要是澱粉變為糖及糊精 (dextrins)，當癒傷處理期間在塊根內部的變化雖然很小，但在烹調期間澱粉變糖及糊精的作用比未經癒傷處理者為大。

(二) 馬鈴薯

馬鈴薯與大多數塊莖及根菜類一樣，可以癒合其皮傷的部位，淺薄切傷及中等擦傷，將塊莖置於 18 °C 以上 2～3 日，然後逐漸使冷至

7～10 °C，經過 10～12 天即可完成癒傷處理，高的相對溼度對良好的癒傷處理頗為重要，所以相對溼度應維持 90～95%，以加速周皮的生長及防止皺縮，所幸當秋季收穫時周圍溫度尚高，致塊莖置於通風貯藏室通常冷涼緩慢，然而，需要在貯藏室內加點水分維持理想的高相對溼度。

（三）洋蔥

洋蔥最常用的方法是通常烤架垂直向上吹熱空氣 (43～46 °C)，而將裝著洋蔥的網孔袋放置於烤架上，此種處理要經過 8～12 小時，無論對立即運往市場的洋蔥或貯藏而待以後銷售的洋蔥都獲滿意結果。據在德州 (Texas) 所作的一些洋蔥試驗顯示 ， 將新鮮收穫的洋蔥直接暴露於燒瓦斯的紅外線輻射下 6 分鐘比在 48 °C 下用熱空氣癒傷處理 4 小時對防治頸腐病 (neck rot) 的效果為佳，但過度的癒傷處理將造成外部鱗片過量損失，而且癒傷處理時過高溼度或溫度會造成外部鱗片的汙點。

其他有關蔬果之癒傷處理條件常隨種類之不同而有所差異，如甜橙係 21～25 °C 、 72 小時 ， 山藥 32～40 °C 相對溼度 90～100% 進行 1～4 天，木薯 30～40 °C 相對溼度 90～95% 進行 2～5 天。

第二節　人工催色

一、催色之意義

園產品利用乙烯或具有相類似特性之氣體處理，可促進果實細胞之呼吸作用，加速後熟，且果皮細胞中之葉綠素分解，產生消費者所喜愛之橙、紅等色素，稱為催色 (degreening)。催色大都指具綠色之葉綠素消失而言，其中果實之橙、紅等色素並非在催色中產生，而是本來果實中就存在，但因葉綠素存在而使其顏色無法顯現出來，當經催色結果葉綠素分解後其色澤就出現，此現象如同楓葉在秋天就呈現紅色的情形相同。

實習四　甘藷之癒傷處理

一、目的

瞭解園產品癒傷處理之意義和方法。

二、材料與設備

甘藷、冷藏室。

三、方法

1. 取有受傷之新鮮甘藷分成四組。
2. 分別貯放於 12±1 °C、23±1 °C、29±1 °C、36±1 °C 之冷藏室內，室內相對溼度控制在 85～90%。
3. 經過七天後取出，分別觀察各組甘藷傷口之癒合情形且記錄之，並詳加討論。

二、催色之方法

果實人工催色之方法很多，重要者有下列各項：

（一）乙烯催色

使用乙烯催色處理後之果實，轉色均勻，氣味芬芳，品質均一、優良，且果實的損傷少，故廣被使用。使用乙烯催色之例如下：

1. 香蕉

溫度　20～22 °C

溼度　90～95%

乙烯濃度　1000 ppm

2. 芒果

溫度　24～27 °C

溼度　85～90%

乙烯濃度　1000 ppm

3. 甜橙

溫度　21～27 °C

溼度　80～85%

乙烯濃度　200 ppm

（二）乙炔催色

碳化鈣俗稱電石，與水反應可生成乙炔，其反應如下：

$$CaC_2 + 2H_2O \rightarrow C_2H_2 + Ca(OH)_2$$

以香蕉或芒果為例，將香蕉或芒果排列於密閉室中，大約 100 kg 果實用 100～150 g 電石，另外添加少許水，大約 40 小時左右即可。

（三）燻香催色

將果實沿甕、缸或箱子四周排列，中心留一空洞，然後取 3～4 支香插於空洞上，點燃線香，待煙霧彌漫後，以袋子密蓋其口，密閉 2 天後取出，即可使果皮變色，香的量與果實之量成正比。

（四）煤氣催色

用點燃半煙之煤油爐促使檸檬上著色，但煤氣之產生不能過高或過低，且經著色以後，煤氣臭味，殊覺難聞。催色時，煤氣在空氣中之濃度，以 0.3～0.5% 為最佳，溫度 32 °C 左右，溼度 85～90% 左右，且須有適量之通風，普通經過 3～4 日後即能使果實為橙紅色。

（五）酒精催色

此法頗簡單，但很少用，其法將微露黃色之果實，薄薄鋪在地板上，用高粱酒噴之，然後閉門，經過三、四晝夜之後，果實即變為橙黃色，惟顏色較淡，品質亦不及天然成熟者，且不耐久藏。

三、回青 (Rejuvenation)

甜橙於採收末期，當樹的生長進行旺盛時，完全成熟的甜橙在其果皮內會有葉綠素增加的情形，使得果皮中綠色呈現較多，此稱為回青，此回青對果實的食用品質並無影響。

第三節 脫 澀

一、脫澀的意義

一些果實之果肉中，常含有多量的單寧，此種物質在水溶性狀態下食用就會使舌頭感到澀味，但是當單寧因聚合或與其他化學物質反應而變成水不溶性時，舌頭就無法感覺其澀味，故將果實內之單寧由溶解性變成不溶解性，使食用時不覺得澀味稱為脫澀 (deastringency)。

實習五　香蕉之人工催色

一、目的

瞭解果品人工催色之意義和方法。

二、材料與設備

香蕉、香、缸或紙箱、布袋。

三、方法

1. 取一紙箱或缸，其內部之周圍排放香蕉 4～5 kg，中間必須中空。
2. 點燃 3 支香插於中間中空處（可置一片甘藷當插香支用）。
3. 待煙霧彌漫後，以布袋蓋在上面，封住其口。
4. 經 48 小時後開蓋取出香蕉。
5. 觀察果皮顏色，並與未催色前之色澤相比較，記錄之，且討論其催色情形。

二、脫澀之原理

目前已找出柿澀的成分為 diospyrin，其結構如下：

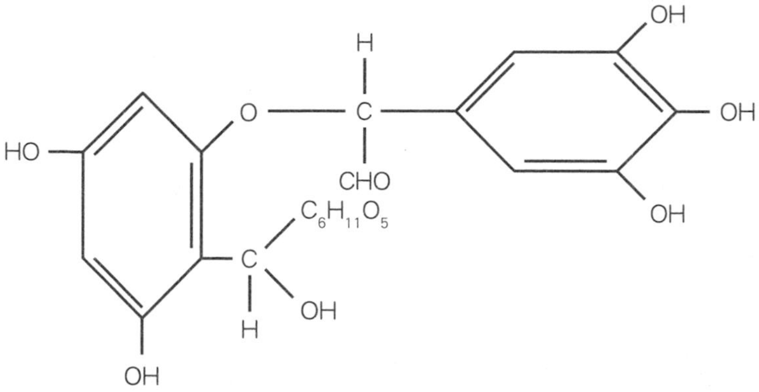

至於脫澀原因推測可能是柿子果實內生成乙醛、丙酮、酒精等物質，這些物質可使 diospyrin 變成不溶性，果實在正常狀況下吸收氧氣營正常有氧呼吸作用，產生 CO_2 及水，如隔絕氧氣，抑制正常呼吸作用，使果實利用本身所含之氧氣繼續呼吸，此為分子間呼吸作用（異常或無氧呼吸作用），生成中間產物，誘導水果脫澀。人工脫澀即在使果實營異常呼吸，產生誘導物質來達脫澀目的。

有人以顯微鏡觀察單寧細胞，不論甜柿、澀柿，在早期未熟時，單寧細胞散布於柿果組織內，對著花萼呈放射狀排列，當水果成熟時，甜柿、澀柿的單寧細胞開始有所區別了，以 600 倍顯微鏡觀察，澀柿的單寧細胞凝結在一起，細胞壁產生明顯的突出物，而甜柿的單寧細胞只是凝結在一起，細胞壁並不產生突出物，但是整個單寧細胞被外面的一層物質所包圍，澀柿則否。此種現象可以解釋為何同樣都有單寧細胞，甜柿不見澀味，而澀柿具有澀味，這是因為澀柿單寧細胞成熟時不像甜柿那樣圓滑，也未被一層物質所包圍，單寧細胞內的單寧仍有機會溶出而呈現澀味。

三、脫澀方法

（一）溫水法

此為最古老的方法，將木桶用草蓆包好，放在室內，加入 60～70 °C 之熱水，俟水溫降至 50 °C 時，放入柿子，然後加蓋，上面再覆蓋草蓆，維持 38～43 °C，並且酌予加溫，溫度不可過高，以避免細胞死亡，脫澀所需分子間呼吸作用停頓，而無法脫澀。脫澀快者 15 小時，慢者 24 小時，隨品種而異。不過以溫水脫澀之果色會褪色呈黃色之傾向，同時由於水分之滲入，商品價值降低，高級品並不採用。

（二）酒精脫澀法

將柿子與酒精放在密閉容器內之脫澀法，果實的風味最佳，自古以來在日本最受歡迎。本法為桶底鋪設木綿，四周圍圍繞報紙，柿子由中心向四周呈放射狀排列，扁平之品種可以放兩層，蒂頭相向，不過蒂頭要剪短以免傷到果肉，容積 40 L 的桶可裝 37～45 kg，需要清酒 540～700 mL、燒酒或 40% 酒精則需 360～500 mL，柿子排好後噴入酒精，桶子蓋緊，以免酒精散逸，脫澀時間隨品種而異，較困難者 20 °C，5～7 天即可；也有使用 0.05 mm PE 袋代替桶子，簡單實用。以酒精法及熱水法脫澀，糖之變化如表 5–1。不論用那種脫澀法，還原醣均增加，如 Ichida 品種自鮮果時之 10.5%，增至 11.6～12.8%，Kayabayashi 品種，則自 7.2% 增至 10.3～10.5%；總糖減少的現象可能是脫澀過程果實代謝作用消耗部分能源（總糖），蔗糖在鮮果時約占 17.5% 以上，脫澀後蔗糖全部轉化成還原醣，葡萄糖增加量顯然比果糖少，可見葡萄糖在脫澀過程中亦擔任某一作用。

▶ 表 5–1　柿子脫澀時糖之變化

脫澀方法及品種	還原醣 (%)	總糖 (%)	果糖：葡萄糖：蔗糖
鮮果			
Ichida	10.5	14.7	34.9 : 47.6 : 17.5
Kayabayashi	7.2	13.5	35.0 : 41.9 : 23.0
酒精法			
Ichida	12.8	13.0	46.0 : 54.0 : 0
Kayabayashi	10.3	11.0	46.5 : 54.0 : 0
熱水法			
Ichida	11.6	12.1	47.7 : 52.9 : 0
Kayabayashi	10.5	12.0	47.1 : 52.9 : 0

酒精法：1 kg 鮮果、10 mL 25% 酒精，20 °C，6 天。
熱水法：45 °C，1～2 天。

（三）香燻法

用可以密閉的玻璃容器，體積共 6 L，除下部為燃香的爐位外，上部恰好裝滿牛心柿、萬年柿各 20 枚，在未處理前於容器之底部爐盤燃著市販之香，燃至所生之濃煙最盛時，放入柿果加蓋，香因氧氣減少立即成濃霧充滿於器內，上部空氣因器內之壓力而向外排出，而後密閉之，此時因氧氣斷絕供給，香自滅熄。

（四）電石處理法

利用電石來發生乙炔，但乙炔之濃度不宜過高，否則對果子有毒害，故按一般之使用標準為容積之 10%，容器亦為密閉的玻璃缸，體積為 6 L，柿各置入 20 枚，約占全體積 4 L，餘下 2 L 按所生之乙炔之克分子量計算之。置電石於燒杯中，注入水約 50 c.c.，而後把二個杯放於柿果上的木板上面，再以棉花條連絡兩杯，因棉花條可引水至電石，故處理後立即蓋密，可見到白煙升起，漸漸充滿於容器內。

$$CaC_2 + 2H_2O \rightarrow Ca(OH)_2 + C_2H_2\uparrow$$

（五）碳酸鈉處理法

此法之設計同電石處理法，所不同者即一燒杯中置入碳酸鈉 (sodium carbonate)，另一燒杯中注入鹽酸 20 c.c.，亦以棉花條為連絡線，所發生之 CO_2 之容積約占全容積 50%，此法係按陳錫鑫氏實驗結果之用法。

$$Na_2CO_3 + HCl \rightarrow NaCl + H_2O + CO_2\uparrow$$

處理之後，立刻把蓋密閉。

（六）石灰水浸漬法

生石灰水之濃度為 4%，先把生石灰 (calcium oxide) 200 g 溶於 5 L 之水中，柿果置入容器後再注入生石灰水至滿，上加一木板以免果子浮起，加蓋密閉，每日攪動 2～3 次，使石灰水不致沉澱。

（七）竹籤插入法

所用之竹籤係燒香之香柄，先洗清潔，每一果實插入 4 枝，插入之部位為果實基部近蒂處，竹枝長約 3.5 cm，粗細為 2～3 mm，插入深度以不穿出果頂之果皮為度，處理後之果實置滿於玻璃缸內，加蓋密閉之。

（八）柏葉填法

選色青綠之柏葉剪成約 5 cm 長之葉叢，先鋪入容器之底部，上排入牛心柿與萬年柿一層，再以柏葉填於果間之空隙，上再鋪以柏葉，反覆排列直至柿子排完為止，最後再以柏葉填充於所有之空間，而後加蓋閉之。

（九）二氧化碳氣體脫澀法

將柿子裝於塑膠袋中並灌入 99.5% 二氧化碳，經三天後可完全脫澀，但是果實易軟化，影響銷售壽命；灌入塑膠袋中之二氧化碳濃度愈高，脫澀效果愈佳，溫度愈高脫澀速度愈快。

（十）乙烯脫澀法

此與利用電石產生乙炔之脫澀法的原理相類似，唯使用乙烯會加速果實之軟化。

四、脫苦澀味

油橄欖果實具有很濃的苦澀味 (bitter astringency)，不能直接食用，在加工時必須經過脫苦澀味，果實脫苦澀味時要求既沒有苦澀味，又要保留油橄欖的特殊風味，不變形也不變色。

果實內的苦味主要是苦葡萄糖苷 (bitter glucoside) 引起，可用鹼類物質將它分解成苦脂和葡萄糖，最常用的是氫氧化鈉和重亞硫酸鈉。

一般用 1.5～2% 的氫氧化鈉水溶液脫苦澀，用量為果實重量的二倍，將果實全部浸於鹼液中，浮在表面的果實可用木板壓下去，這樣才能使苦味全部脫掉，而且保持果實青色（暴露在空氣中的果實易變成黑色），浸泡時間為 12～15 小時左右，因果實成熟度和品種不同，所需時間也不同。浸泡是否充分，只需切開果肉觀察，如果肉已全部發黃，說明鹼液已完全浸透，就可進行漂水（約 2～4 小時）脫鹼，而得未含苦澀味之油橄欖。

五、柿餅之脫澀

經過脫澀處理的柿子，大多供鮮食（水柿、浸柿），而柿餅的製造並無脫澀的步驟，柿餅的脫澀就不是利用無氧呼吸作用，產生乙醛而脫澀，可能是利用柿果本身轉化酵素之作用，使蔗糖轉化成果糖及葡萄糖，藉著水分的脫除，使果膠質及還原醣類濃度提高，因而增加可溶性單寧被果膠質及還原醣類，或包圍或結合之作用，使單寧呈不溶性，因而達到脫澀目的。日本人曾以蜂屋柿及甲州百目柿試製柿餅（乾），可溶性單寧剛開始時為 3.7%，於日曬 7 日降為 0。

蔗糖、還原醣也發生變化，蔗糖在日曬初期因水分之驟減而增加，至第 5 天後就開始減少，這是由於轉化酵素分解之結果，在第 10 天時含量已非常少，而還原醣在前 7 天有下降的趨勢，由於水分驟減理應增加，可見有部分還原醣流到別的反應呈結合態，以還原醣之減少趨勢與單寧減少趨勢互相呼應，可見還原醣在單寧減少即脫澀反應中扮演一個重要角色。

第四節　上　蠟

一、上蠟的意義

果實、蔬菜類食品，在貯藏時期或冷凍貯存時，經常由於呼吸作用或冷凍之關係而逐漸脫水、萎縮，而致於影響其品質，為防止此缺點，便有了所謂上蠟 (waxing) 的提議，它能在果實及蔬菜的表面形成一層膜，以防止脫水及萎縮現象；在一些天然的果實、蔬菜表面亦往往有一層蠟質，其功用即與上蠟之功用相同。

二、上蠟之功用

上蠟之功用主要有下列四項：

（一）降低蔬果類之呼吸作用

蔬果的呼吸作用和動物一樣需要氧氣之供給，上蠟能在蔬果表面形成一層薄膜，將空氣中之氧與組織隔絕，所以可以限制蔬果類的呼吸作用。通常果實類上蠟均在果實 $\frac{9}{10}$ 之面積形成薄膜，而留下 $\frac{1}{10}$ 之面積維持其呼吸作用，或控制蠟之厚度，以能維持其某一程度之呼吸率。

（二）防止蔬果之水分散失

蔬果內的水分自收穫後其組織內之水分即不再增加，但其表面由於呼吸作用產生熱能，而逐漸將水分蒸發出去，終於形成表面萎縮且失去不少重量，上蠟可在蔬果表面形成薄膜而防止水分自表面蒸發出去。

（三）增加蔬果外觀之色澤

一些蔬果經上蠟後，其光澤倍加美麗，且果皮光滑，能增加其商品價值。

（四）具有保護作用，延長產品之保存期限

上蠟後可防止微生物或一些病蟲害之入侵，如此可減少腐敗之發生，進而延長產品之保存期限。

三、上蠟的材料

通常所使用之上蠟材料有：

（一）石蠟 (paraffin wax)

配合 5% 之礦物油或凡士林。

（二）羥乙烯高級脂肪酸酯 (hydroxyethyl fatty acid ester)

常與油酸鈉併用，其用量為含油酸鈉 3% 之乳化劑中加入 10% 之羥乙烯高級脂肪酸酯，以 10～50 倍之水稀釋，而以噴霧方式噴於蔬果之表面。

（三）醋酸聚乙烯樹脂 (acetate polyethyl resin)

用於果實、蔬菜之上蠟，用量無限制。

（四）嗎啡脂肪酸酯 (morphine fatty acid ester)

使用時將 15% 之蠟與含 3% 之嗎啡脂肪酸酯之乳化劑混合起泡後，使用在柑橘類及其他蔬菜類之表面。

四、上蠟之方法

蠟大多為油溶性，使用時均先溶於乳化劑中，再以水稀釋而以噴霧之方式或以浸漬法在食品表面形成一層薄膜，以隔絕空氣中的氧與防止蔬果內之水分蒸發，但蠟本身並無殺菌作用，故通常在蠟中加入少量之化學藥劑，以增加其保護效用。

第五節　預　冷

一、預冷之意義

預冷 (precooling) 乃將水果或蔬菜採收後很快地移去其田間熱 (field heat)，以使產品在運輸或銷售時可降低溫度，減少其代謝速率，期能保持品質較優良之產品。

二、預冷之目的

1. 降低產品之呼吸作用速率。
2. 減少乙烯之產生和其作用。
3. 減少水分之蒸發。
4. 降低產品之代謝速率和腐敗微生物之繁殖。
5. 減少因物理傷害所引發之症狀。

三、影響預冷速率之因子

1. 產品之初溫與欲達預冷後之終溫。
2. 冷媒之溫度。
3. 預冷之方法、設備。
4. 產品之大小與形狀，尤其是表面積與體積之比。
5. 產品與冷媒之熱傳導特性。

四、預冷之方法

（一）室內預冷法 (room cooling)

將產品置於冷藏庫內，使蔬果溫度降低之方法，也是最古老之預冷方法，其優點為較便宜，但預冷速率緩慢為其缺點。

（二）強風預冷法 (forced-air cooling)

此法與室內預冷法相似，唯為改善預冷速率緩慢之缺點而加裝強風運送設備，如此可提高其預冷效果，但可能使園產品之失水率上升。

（三）冰水預冷法 (hydrocooling)

用冷水使產品變冷為預冷快而有效的方法。水是自物質表面傳熱至冷媒（如冰）或冷卻盤管很好的物質，用水流、噴水或浸水等方法均可達成預冷。水流式的預冷是水自上部水池之出口流下，落於下部由輸送帶上通過的產品，此水在輸送帶下面水池內反覆經過冷卻盤管或冰，並藉幫浦的力量送至上部水池內。噴水式的預冷是將吸上的水使經過上部或旁邊的噴嘴將水噴出，而浸水式的預冷是將產品浸沒於流動的冷水中。適當設計的水流式預冷法比噴水式及浸水式預冷效率都高，因為它用大量的水在產品上面很快的移動冷媒，當冷水經過溫暖產品表面並且流動很快而一致時，產品表面的溫度即立刻等於冷水的溫度。產品內部冷卻的速率受內部組織至表面傳熱速率的限制，此速率與產品體積對面積的關係及內部導熱性質有關。影響預冷速率的主要因子（除了產品的大小及性質以外）為①水溫度與產品溫度之差；②在產品上部冷水流動的體積；及③水中產品的曝露面積之大小，在最適當預冷環境下總預冷的完成直接與產品曝露冷水中時間的長短有關。

（四）包冰預冷法 (package-icing)

許多葉菜或花菜類是在兩層蔬菜之間灑上碎冰，或在蓋箱以前在菜上添加碎冰，當冰融化時即以相當快的程度使產品溫度降至冰的融點 32 °F，而融化成的冰水則使產品保持新鮮及脆嫩。1 磅冰可使 4 磅產品冷至 40 °F，當包裝用的冰與產品上部或內部結合時，亦即在運輸至市場期間使良好打碎的冰分布於載運的產品中，可使產品接近最適宜的環境。然而，這種方法只限用於能與冰及水接觸的蔬菜，另外，冰及所用的人工成本昂貴，在今天趨向於較小而易處理的容器情況之下，帶冰包裝容器的大小及重量均增加，且會有水滴出，除非產品之特性許可，否則使用後會大大影響成品之品質。

（五）真空預冷法 (vacuum cooling)

葉菜類一般在密閉的室內因降低大氣壓力 ， 以致降低水的氣化點，進而使之預冷。水氣化點的降低是由降低預冷室內壓力而產生，當水銀柱壓力 4.6 mmHg 時 （正常大氣壓力為 760 mmHg） 能使水的沸點自 100 °C 降至 0 °C，此時水分很快沸騰蒸發，這種蒸發所需的能（每磅水約需 1.000 Btu） 來自產品，最後在水銀柱壓力約 4.6 mmHg 時，如繼續有充分時間保持這種壓力，蒸發即可使產品溫度降至 0 °C。在真空預冷過程，產品溫度每降低 6 °C，會造成產品失重（主要是失水）約 1%。

真空預冷顯著的優點是使適當產品冷卻快速而一致，葉菜類，特別是萵苣用水或空氣不易使之冷卻，但它們可在田間包裝，然後用真空預冷法使快速而一致的預冷。預冷的速率及用真空預冷達到最後的溫度主要受產品表面積對其體積之比，與產品自其組織放出水的難易程度所影響。產品如番茄其面積對體積之比率小，且表皮層 (epidermis) 阻礙水分放出，故不適於真空預冷。

萵苣為採用真空預冷最普通的蔬菜，實際上，所有美國商業上的萵苣現在都用真空預冷法預冷。結球萵苣的許多葉片使它的表面積對體積之比極大，在真空預冷時，水分快速自葉面散失，致預冷時總失重達 4～5%。因此失水率為真空預冷時需考慮的重要因素之一。目前已發展出加溼真空預冷 (hydrovacuum cooling)，於真空預冷過程中，在某一特定時間加溼以減少產品失水。

習題

一、是非題

(　　) 1. 甘藷在 29 °C 左右及高溼度下癒合甚快。
(　　) 2. 甘藷在 35 °C 以上，也可發生良好之癒合作用。
(　　) 3. 甘藷在適溫時，當溼度於 85～98%，則溼度愈高，癒合愈快。
(　　) 4. 山藥於 32～40 °C 及 90～100% 相對溼度下，進行 1～4 天可得良好之癒合作用。
(　　) 5. 通常果實上蠟是全部面積均上蠟。
(　　) 6. 表面積與體積之比愈大，預冷愈快。
(　　) 7. 真空預冷可使葉菜類產品之冷卻快速且一致。
(　　) 8. 果實之面積對體積之比率小且表皮層阻礙水分散出者，均不適用於真空預冷。
(　　) 9. 癒傷具保護作用，可延長園產品之櫥架壽命。
(　　) 10. 以乙烯催色處理之果品，轉色均勻且品質優良。

二、填充題

1. 甘藷在適溫時，當溼度於 85～98%，則溼度愈高，癒合________。
2. 園產品之催色大皆指________之消失為止而言。
3. 乙炔與水作用可產生________和________。
4. 柿澀的成分為________。
5. 果實內的苦味主要是________引起。
6. 預冷之方法可分為________、________、________、________及________預冷法。

三、問答題

1. 癒傷之原理為何？
2. 何謂回青？

3. 柿澀脫澀之原因為何？
4. 上蠟之主要功用有那些？
5. 預冷之目的為何？

第六章　貯　藏

第一節　貯藏原理

一、貯藏的意義

園產品在採收以後，經過洗滌包裝處理，仍係有生命之個體，此種活的生物體，雖不能再有生長機能之再生作用，但卻仍具有呼吸作用、蒸散作用、後熟作用及其他各種代謝作用。

園產品因呼吸作用之進行，其所含之葡萄糖、澱粉將逐漸分解而生成二氧化碳及水，同時放出熱量，伴隨該作用之發生，則有減失重量及生命力衰退等現象。而蒸散作用之進行，卻使水分由園產品表皮之皮孔及角質層蒸散而去，使園產品逐漸皺縮，以致喪失生命力。產生後熟過程中的呼吸高峰稱為「更年期高峰」(climacteric peak)，過了這一高峰的果實，體內已無貯藏的大分子，而使抵禦外界微生物侵入的能力大為降低，於是緊接著就是腐敗死亡了。

除了園產品本身之原因外，園產品也會受到外界種種因素之侵襲或影響而致敗壞，如微生物、蟲類、鼠類以及日光照射等，尤其是微生物的侵襲最甚。一般園產品的貯藏病害是屬好氣性且以常溫為其最適滋長環境，低溫、低氧及高二氧化碳濃度可抑制此類微生物的繁殖。

貯藏，就是要控制蔬果之呼吸、蒸散、後熟及外界之侵襲，來維護產品品質之過程。

二、貯藏的目的

園產品貯藏的目的乃在延長其生命與品質，如此可以調節產品之供需與穩定商品之價格。

三、園產品貯藏應考慮之因素

（一）產品之種類與品種

有些產品可能無法利用貯藏方式以延長其生命，即使同一種類之蔬果，由於品種不相同，其生理特性也可能不一致，此會影響其是否適合貯藏之特性，所以並非所有產品均可利用貯藏方式來延長其生命與品質。

（二）成本

理論上任何園產品均可能有適當方法來達成貯藏之效果，但在商業上則必要考慮成本問題，因產品經貯藏後，若貯藏成本高於其售價，則必失去其經濟價值，而無貯藏意義。

（三）適當的採收與集運

於田間採收及集運之產品必要保持原料良好之品質，如此方適合貯藏，否則產品受到損傷則不易以貯藏方式來維持其品質。

（四）溫度的控制

低溫可以抑制產品之呼吸與水分之蒸散作用，減少產品失重之發生，低溫也可抑制微生物與害蟲之滋長。

（五）空氣之管理

空氣循環之良好管理可使產品之溫度均一，也可減少貯藏環境中乙烯之累積，以降低乙烯對貯藏產品之影響。

（六）相對溼度的控制

可防止產品水分之散失，避免產品過度失重與外表之皺縮。

（七）大氣成分

貯藏環境中大氣之氧氣、二氧化碳、乙烯等成分與貯藏產品之生理特性均有關係，其與貯藏時間均會影響產品之生理特性。

四、貯藏方法

依溫度不同可區分為常溫與低溫貯藏，其方式如圖 6–1。

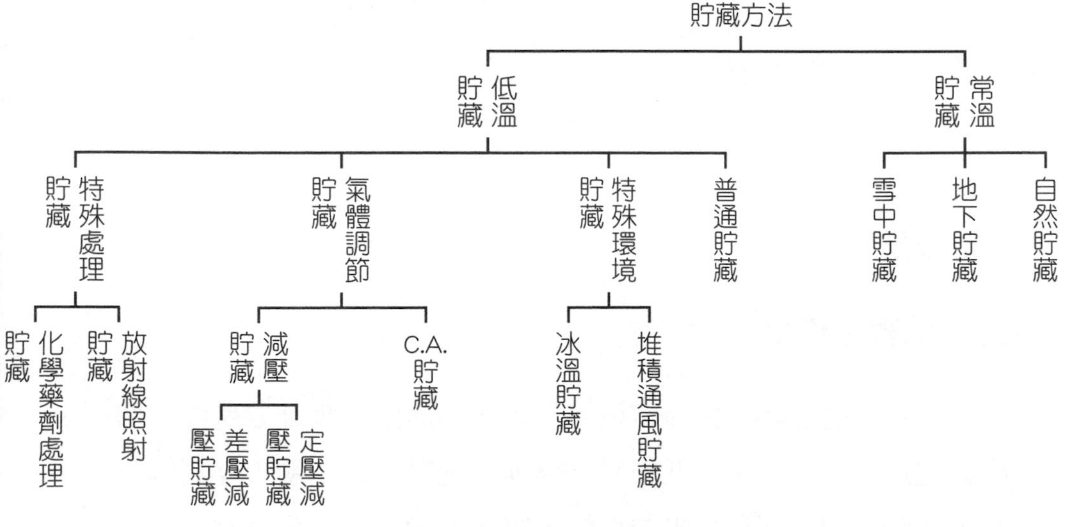

▶圖 6–1 園產品之貯藏方式

第二節　地窖貯藏

一、地窖貯藏

將新鮮蔬果貯藏在地窖中，因土中空氣溼潤，蔬果不致皺縮，且地窖中土之傳熱能力弱，可避免晝夜與春夏間溫度之劇烈變化，其結構簡單，建造方便且管理容易，是一種成本很低的貯藏方法。

二、地窖貯藏之優缺點

（一）優點

1.能利用穩定的土溫，又可以有效利用通風設備來控制室內溫、溼度。
2.產品可以隨時入窖或出窖，並能隨時檢查貯藏情形。
3.構造簡單，費用低廉。

（二）缺點

1.溫度無法調節控制。
2.溼度容易過高。
3.不易通風、排氣。
4.貯藏量少。

三、地窖之建築

貯藏窖的建築要根據當地的氣候條件而定，窖址要選擇地勢高、比較乾燥、地下水位較低和空氣暢通的地點。以中國大陸為例，為了減少北側的迎風面和陽光的直射，窖的方向以南北長為宜。

有的地區以採用半地下式，入土較淺，在地面築土牆，再加棚頂，如果入土過深，則窖溫較高，不利貯藏，有的地區，因氣候較暖，入土僅為 0.5～0.66 m，窖的大部分露出地面，在北緯 40° 以北比較寒冷的地區，多採用地下式，僅窖頂露出地面，這樣保溫較好，可以避免凍害。

窖的寬度和長度可根據窖材的長短及貯藏量而定，一般窖寬為 3～4 m，窖的長度不定，如貯藏鴨梨的棚窖，小窖長為 16 m 左右，大窖長度可達 66 m。棚頂的做法，可根據各地的具體條件就地取材，可用麥稭、稻草、秫秸、玉米秫等，覆蓋之後再用土覆蓋。

如窖為南北長方向，一般是自窖的兩端各距 1～1.66 m 處開始，在窖頂的中央沿著窖長的方向，開一寬 0.6 m 左右通長的天窗；如窖為東西長方向，則當在梁與梁之間的窖頂中央，各開一寬約 0.5 m，長約 2.3 m 的天窗，窖牆的基部，每隔 1.6 m 左右開設一個約 26 cm 見方的窖眼，其主要作用是在果實入窖初期及貯藏後期有助於加強空氣對流，在嚴寒的季節用稻草等將其堵住。還有的在窖兩端的窖牆頂部，各留一個窖眼，以助通風換氣之用，至嚴寒到來時用土封堵，窖內溫溼度主要靠天窗進入冷空氣和排出熱空氣來調節。

四、地窖之管理

貯藏窖的管理主要是掌握和調節窖內的溫度 、 溼度以及氣體成分，其中以溫度的調節最重要。貯藏窖的管理一般可分三個時期：

（一）貯藏初期

這個時期氣溫在 10～18 °C 左右，又加之果實剛入窖，果溫較高，呼吸強度也大，因此，應在晝夜將窖的通風裝置和窖門全部打開，尤其要利用夜間較低的氣溫進行大量通風，使窖溫迅速降低。如白天氣溫較高時，要將通風設備全部關閉，以保持窖內的低溫。

（二）貯藏中期

在這個期間窖外氣溫已低於窖內要求的貯藏適宜低溫，因此，應將通風設備及窖門全部關閉，並覆以草帘等防寒。在此期間的通風，應選擇晴朗較溫暖的中午進行緩慢的、短時間的通風換氣，以排出窖內溼熱空氣。

（三）貯藏後期

開春後氣溫逐漸升高，以至高過窖內所要求的適溫，為防止窖溫的上升，可採用貯藏初期的辦法，利用夜間較低的氣溫，將通風設備和窖門全部打開，進行通風，白天氣溫高於窖溫時，將通風設備和窖門關閉，防止窖外高溫進入窖內。由於氣溫變化較大，因此在果實貯藏過程中，通風口開放的大小和通風的時間，都應該根據窖內外溫度變化情況靈活掌握。

五、冰窖貯藏

利用冰窖貯藏果實，是寒地特有的貯藏方式之一，冰窖貯藏是將果實埋在冰塊中貯藏，它的特點就是藉冰融化的作用，吸收果實的田間熱和呼吸熱，從而達到冷卻的作用。1 kg 的冰融化時，可吸取 80 大卡的熱，1 噸蘋果從 20 °C 降到 0 °C 大約需冰 400～500 kg。用冰冷卻，能夠達到近於 0 °C 的低溫，這個溫度基本上可以滿足果實貯藏時的需要，果實處在飽和相對溼度的冰塊中，也不易產生失水皺縮的現象，而保持新鮮飽滿。

由於冰窖貯藏主要在氣溫較高的夏季應用，因此必須具有良好的絕熱建築，如絕熱性能不好，冰塊很容易融化影響貯藏效果，耗費也大。果實入窖後，主要的管理技術就是經常保持窖內應有的冰量，同時將冰融化成的水及時排出窖外。利用冰窖貯藏，由於冰占庫容大，運輸笨重，耗費又大，因此各種應用的已不多，但這種貯藏方式，在有冰源的地區，還有一定實用價值。在夏季利用冰窖貯藏山楂、白海棠、香果、沙果等效果較好。

第三節 通風貯藏

通風貯藏英文為 ventilated storage 或 common storage 或 air storage，乃利用自然冷空氣（夜間或清晨較冷之空氣）來冷卻貯藏中之產品。

一、通風貯藏的原理

當大氣中之溫度適宜之時，就利用天窗與風扇將室外之空氣吹入貯藏室中，然而，室外空氣之溫度比貯藏室之溫度高時，就利用室內風扇吹動室內空氣，促使室內空氣得以循環，其目的在保持室內於較低之溫度，如此可以獲得保藏之效果。利用此方法必須要注意貯藏室內空氣之流通性，以免產生死角，另外也要注意溼度之控制。

二、通風貯藏之優缺點

（一）優點

1.建築簡單，費用低廉。

2.無需機械設備，貯藏費用經濟。
3.適合農家果園貯藏，減免果實搬運損傷。
4.通風便利，可以避免地窖中之多種生理病害。
5.光線充足，便利果實之檢查取運。

（二）缺點

1.受外界空氣氣溫之控制，溫度在夏秋炎熱之時，無法降低。
2.以通風促進庫內之空氣對流，貯藏室之溼度，難以節制。
3.外界空氣溫度過高之時，不能開啟門窗，入內工作。
4.當選擇適當位置建築，以引入最多量之冷氣，並非隨處可以建。

三、空氣交換

利用一種設備可自動控制外面空氣的進入及用循環的空氣來混合外面空氣，冷涼夜間空氣的最大利用是在秋季冷涼時期及冬季正好有充足之外面空氣可以吸進，並能維持產品的溫度，操作時應使空氣圍繞貯藏室周圍，或經過成堆的產品循環，視空氣循環系統的設計與用法而定。對馬鈴薯曾建議100磅產品，其經常空氣流動速率為每分鐘0.8立方呎。較少的空氣流動會使呼吸熱集聚，並刺激腐壞微生物生長；同時過多的空氣流動可使產品水分過量損失。

第四節　機械冷藏

一、冷藏的原理

熱能自溫暖的物體移向較冷涼的物體，冷凍是創造一個冷的表面或材料，用以吸收熱而借傳導、輻射、或對流將熱傳遞出去，當冷藏水果及在冷藏倉庫維持理想溫度時，所有熱傳遞的方法都發揮作用。冷凍的來源是一種液體冷媒，當它自液體變為氣體時即吸收熱，對大機器而言阿摩尼亞是最普通用的冷媒，它不貴，並在正常壓力下能自氣體變液體，當蒸發為氣體時它吸收大量的熱，每噸約吸 600 Btu 的熱，然而，如果其氣體漏進冷藏室內，會傷害果實，當它與水結合時具有侵蝕性，而且其氣體濃度高達某一程度即有爆炸性，如果濃度很高，並對人有毒，為了這些原因，許多小型及中型機器即以氟碳冷媒 (fluorocarbon refrigerants) 如氟利昂 12 及 22（Freon 12 及 22）代替了阿摩尼亞，因為氟利昂 12 及 22 無毒，且不易燃燒。

機械冷藏系統是一個密閉的循環系統，在此系統內一邊為高壓系統，另一邊為低壓系統，蒸發器 (evaporator) 或冷卻器 (Cooler) 則保持一種低壓而使冷媒蒸發，壓縮機 (compressor) 在其吸入衝程上製造低壓。液體冷媒經膨脹閥 (expansion valve) 流入蒸發器的盤管 (coils)。冷媒通常經由熱膨脹閥 (thermal expansion valve) 自動送進蒸發器，此閥依冷媒需要的多少而開放或關閉。由蒸發器來的冷媒氣體由壓縮機壓縮提高其壓力及溫度，高溫高壓的冷媒氣體由壓縮機進入凝結器，並利用水或空氣使之冷卻，在此冷媒變為液體並集聚於接收器 (receiver)。室內空氣中的熱在蒸發器內被冷媒吸收，致使冷媒由液體變為氣體，然後所吸收之熱被凝結器內之水或空氣吸取，所以又將冷媒自氣體變為液體，如上述冷媒再經膨脹閥送進蒸發器即完成冷媒循環，如圖 6–2（相關知識請參考第十六章）。

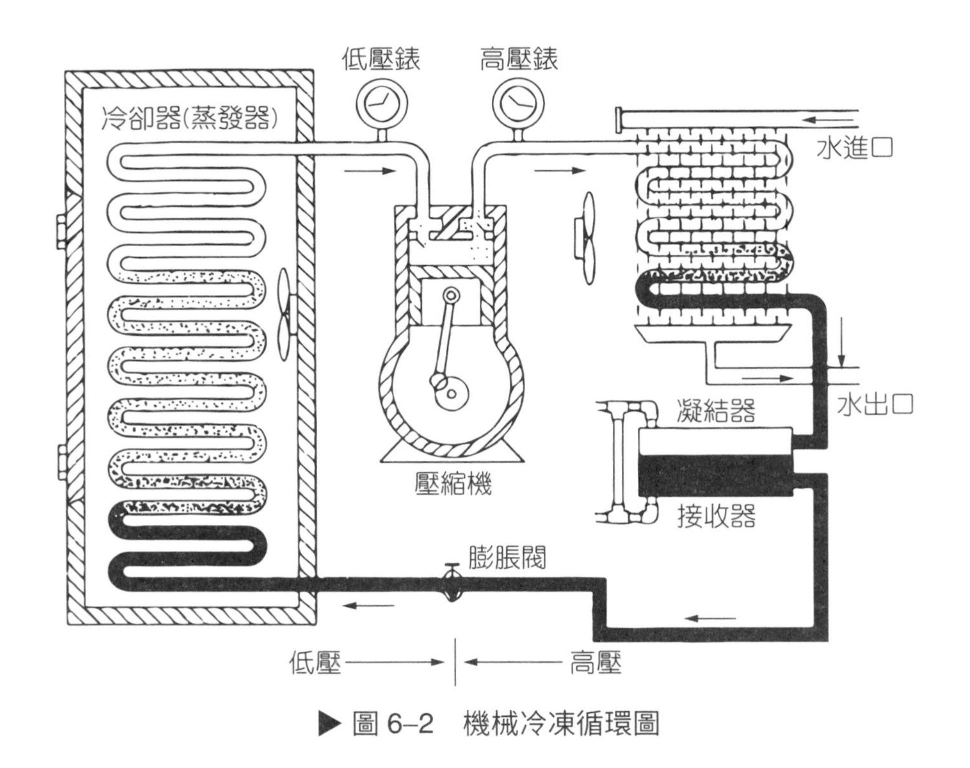

▶ 圖 6–2 機械冷凍循環圖

二、冷藏庫

冷藏庫係以防熱材料作成之倉庫，能防止外部熱之侵入，並保持庫內有均一之溫度，設置冷藏庫應注意事項如下：

1. 建築物料能有耐久性及絕緣能力，圖 6–3 為其結構之一例。
2. 門窗愈小愈好，或不設窗以電燈照明，不用時熄之。
3. 注意送風機，通風攪拌器及工作人員之發熱量。
4. 防止外熱流入庫內，牆壁之總面積愈少愈好，一般以正四角形最好。

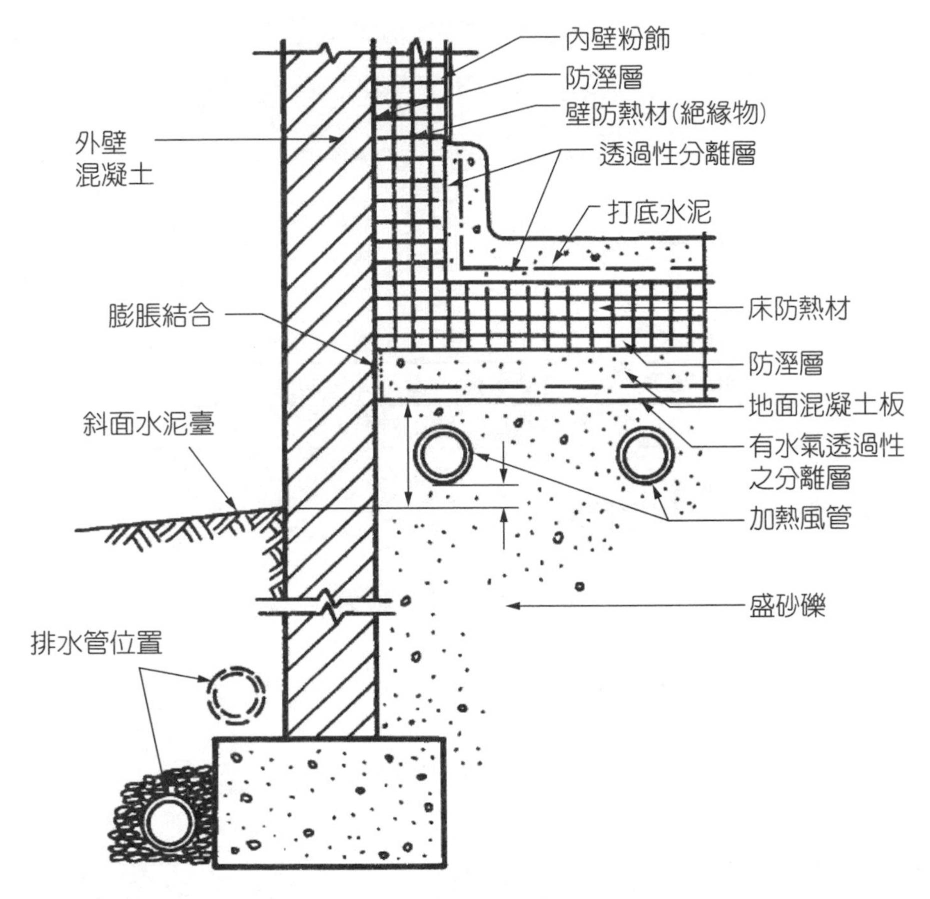

▶圖 6–3 地面混凝土式的構工

三、冷藏能力之考慮

(一) 產品之田間熱

田間熱愈大則需較大之冷藏能力。

(二) 呼吸所放出之熱量

由於各種不同蔬果之呼吸率不同，大概之分類如表 6–1。

▶ 表 6–1 根據呼吸率來分級之園藝產品

等級	5 °C (41 °F) 之呼吸率 (mg CO_2·kg^{-1}·hr^{-1})	園 產 品
很低	< 5	堅果類、棗子
低	5～10	蘋果、柑橘、葡萄、奇異果、洋蔥、馬鈴薯
中等	10～20	杏仁、香蕉、櫻桃、桃、梨、無花果、油桃、甘藍、李子、胡蘿蔔、萵苣、胡椒、番茄
高	20～40	草莓、黑莓、樹莓、酪梨、花椰菜
很高	40～60	朝鮮薊、青花菜、切菜
相當高	> 60	蘆筍、硬花甘藍、洋菇、豌豆、菠菜、甜玉米

(三) 冷藏庫房熱之傳導情形

冷藏庫之隔熱效果愈好則冷藏效果也較好。

(四) 冷藏庫內冷風之對流情形

冷風對流情形較佳者，其冷藏效果將較好。

(五) 設備之負荷

冷藏設備冷凍力、冷藏室面積及貯藏園產品之數量均應考量。

四、冷藏庫之管理

主要有溫度、溼度與換氣，因各種園產品所需貯藏之條件均不太一致，故必要按其適當之條件來控制冷藏庫，一些常見園產品適合之冷藏條件如下表 6–2、6–3、6–4。

▶ 表 6–2　貯藏蔬菜的適當條件

	貯藏溫度 (°C)	相對溼度 (%)	貯藏期限
蘆筍	0～2	95	2～3 星期
玉蜀黍穗	4～7	90～95	7～10 天
利馬豆	0～4	90～95	3～5 月
甜菜根	0	95～100	4～6 月
芽甘藍	0	95	3～5 星期
甘藍	0	95～100	5～6 月
花椰菜	0	95	2～4 星期
芹菜	0	95～100	3～4 月
甜玉米	0	95	4～8 天
黃瓜	10～13	90～95	10～14 天
茄子	7～10	90～95	7～10 天
大頭菜	0	95	2～4 星期
韭菜	0	95	1～3 月
萵苣	0～1	95～100	2～3 星期
秋葵莢	7～10	90～95	7～10 天
荷蘭芹	0	95	1～2 月
防風草	0	98～100	4～6 月
南瓜	1～10	70～75	2～3 月
春天的蘿蔔	0	95	3～4 星期
冬天的蘿蔔	0	95～100	2～4 月
蕪菁甘藍	0	95	2～4 星期
菠菜	0	95	10～14 天
水芹	0	95	3～4 天

資料來源：Hardenburg et al., 1986, *Agriculture Handbook*, No. 66, pp.50～51.

▶ 表 6–3 貯藏水果的適當條件

	貯藏溫度 (°C)	相對溼度 (%)	貯藏期限
蘋果	–1～4	90	3～8 月
杏	0	90	1～2 星期
酪梨	4～13	85～90	2～4 星期
漿果	–5～0	95	3 天
甜瓜	2～4	90～95	5～15 天
小紅莓	0	90～95	2～4 天
無花果	0	50～60	9～12 月
醋栗	–1～0	90～95	2～4 星期
葡萄柚	10～16	85～90	4～6 星期
番石榴	7～10	90	2～3 星期
檸檬	0～10	85～90	1～6 月
萊姆果	9～10	85～90	6～8 星期
芒果	13	85～90	2～3 星期
油桃	–5～0	85～90	2～4 星期
橄欖	7～10	85～90	4～6 星期
香吉士	0～9	85～90	3～12 星期
萬壽果	7	85～90	1～3 星期
桃子	–5～0	90	2～4 星期
西洋梨子	–1.6～–0.5	90～95	2～7 月
柿子	–1	90	3～4 月
鳳梨	7	85～90	2～4 星期
梅子	–1～0	90～95	2～4 星期
石榴	0	95	2～4 星期
草莓	5～0	90～95	5～7 天
橘子	0～3	85～90	2～4 星期

Hardenburg et al., 1986, *Agriculture Handbook*, No. 66, p.30。

▶ 表 6–4 植圃苗和採收後的切花貯藏的適當條件（續下頁）

	貯藏溫度 (°C)	相對溼度 (%)	貯藏期限
百合花	4.4	90～95	1 星期
山茶花	7.2	90～95	3～6 天
康乃馨	–0.6～0	90～95	2～4 星期
菊花	–0.6～0	90～95	2～4 星期
水仙花	0～0.6	90～95	1～3 星期
大理花	4.4	90～95	3～5 天
梔子	0～0.6	90～95	2 星期
劍蘭	4.4～5.5	90～95	1 星期
鳶尾花	–0.6～0	90～95	2 星期
蘭花	12.3	90～95	1～2 星期
牡丹	0～1.7	90～95	4～6 星期
薔薇	0	90～95	1～2 星期
金魚藻	4.4～5	90～95	1～2 星期
豌豆	–0.6～0	90～95	2 星期
鬱金香	–0.6～0	90～95	4～8 星期
蘆筍	0～4.4	90～95	4～5 月
羊齒	–1.1～0	90～95	2～3 月
月桂樹	0	90～95	1～4 星期
木蘭花	1.7～4.4	90～95	1～4 星期
石南花	0	90～95	1～4 星期
喇叭花	3.3～7.2	70～75	5 月
貝母	21.1	70～75	2～4 月
番紅花	8.9～17.2	–	2～3 月
大理花	4.4～7.2	70～75	5 月
劍蘭	3.3～10.0	70～75	8 月
風信子	12.3～21.1	–	2～3 月
鳶尾花	26.7～29.4	70～75	4 月
牡丹	0.6～1.7	70～75	5 月
夜來香	4.4～7.2	70～75	4 月
鬱金香	–0.6～0	70～75	5～6 月

灌木	0～2.2	80～85	4～5 月
薔薇矮樹	0	85～95	4～5 月
草莓植物	–1.1～0	80～85	8～10 月
草本植物	–2.3～–2.2	80～85	–
聖誕樹	–5.5～0	80～85	6～7 星期

資料來源：Hardenburg et al., 1986, *Agriculture Handbook*, No. 66, p.76。

實習六　果實之冷藏

一、目的

瞭解果實冷藏之意義與目的。

二、器材

5 °C、10 °C、16 °C、20 °C、25 °C 之溫度控制箱各一只，誤差 ±1 °C，溫度計，剛採收之成熟釋迦或芒果。

三、方法

1. 取剛採收之上述果實。
2. 均分為 5 等份。
3. 於上述五種不同溫度之冷藏箱內各置入一份果實。
4. 每 1～2 天觀察各果實之變化情形，並記錄之。
5. 兩星期後，比較各組之實驗結果，並與剛放入時比較，詳細討論各組別間之差別。

第五節　人工大氣貯藏

一、人工大氣貯藏定義

人工大氣貯藏是將產品貯藏於精密控制大氣中氧及二氧化碳、氮濃度的一種貯藏方法，亦即在一密閉環境中，其主要氣體成分，氧、二氧化碳及氮之濃度受到精密之控制。一般為低氧高二氧化碳，可減低產品之呼吸率，延長產品之壽命。若將氣體成分一直精確控制在一密閉環境中叫 C.A. 貯藏 (controlled atmosphere storage)，若是剛開始控制其氣體後即讓其進行貯藏而未再精密地控制其成分，或由於蔬果本身之呼吸作用所形成之一氣體環境而有增加其貯藏效果者叫 M.A. 貯藏 (modified atmosphere storage)。

二、人工大氣之形成

(一) 利用呼吸作用法

即利用蔬果類營呼吸作用時所排出之 CO_2 予以收集。正常空氣之組成中，按容積計，O_2 占 20.941%，CO_2 占 0.03%，合計約為 21%，其餘為 78.122% 之 N_2 與少量其他氣體。新鮮蔬菜水果在密閉之冷藏室中，因其呼吸作用，O_2 逐漸減少而 CO_2 增加，但二者之和依然為 21%。

(二) 添加 CO_2 法

燃燒瓦斯等燃料使之產生 CO_2 或直接利用乾冰，以增加貯藏室內 CO_2 之含量。

三、人工大氣貯藏之目的

人工大氣貯藏能延長產品貯藏的壽命遠超過在已知溫度下於普通空氣中貯藏的限度。換言之，如果人工大氣貯藏是值得的，在已知的時間內用人工大氣貯藏後其產品比貯藏於普通空氣中者必有較高的品質，較佳外觀，較佳風味，較好的組織，較少腐壞或較少病害，人工大氣貯藏並不能阻止產品敗壞，但可使其延遲發生，有時延遲 1 天，有時延遲數月，依產品種類而異。

一般而論，大多數人工大氣貯藏應證明對於採後很快敗壞或完全成熟的蔬菜有利才行。前者如蘆筍，因延遲敗壞而使其貯藏壽命延長，後者如番茄，因延遲完熟而使銷售期間延長。對其他果蔬品，人工大氣貯藏因能延長貯藏時期或減少特殊病害而獲得利益，如萵苣的赤褐斑點病 (russet spotting)。當影響貯藏的一個或二個主要變異因子（時間及溫度）對已知的蔬菜不利時，利用人工大氣貯藏最為有效。如萵苣，當貯藏於 32～36 °F (0～2 °C)，在此優良環境下留置 7 天，如再用人工大氣貯藏等於浪費金錢；然而，要是萵苣在運輸途中 30 天，即使是在最適溫度下，用人工大氣貯藏亦頗值得。

四、人工大氣冷藏

人工大氣冷藏，與普通冷藏庫同樣需要低溫，故其建築原理，與普通冷藏庫大致相同。園產品貯存於其內時，應僅餘少量之空隙空間，使 CO_2 與 O_2 之濃度較易調節，如庫室過大，而貯藏蔬果太少，則 CO_2 與 O_2 之濃度，即不易維持，因此，庫室不宜建築過大，以能容貯所產蔬果之數量為合宜。

人工大氣冷藏的冷藏庫，為保持庫內 CO_2 與 O_2 適當之濃度，必須是密閉不漏氣的建築， 但貯藏時由於蔬果之呼吸作用使 O_2 漸漸減少，CO_2 漸漸增加，為要維持 CO_2 與 O_2 之相同含量，則須設有通風口，以行換氣調節，使新鮮空氣得以灌入，增加庫內之 O_2 含量，如要保持 O_2 與 CO_2 不同含量時，還須裝置二氧化碳洗滌機，以洗滌庫內之空氣，再將無 CO_2 之空氣輸入於庫中，以減低空氣之 O_2 含量，又冷藏庫內之密閉不漏氣，能使其內的高溼度較易產生，因而可防止果蔬過於失水。

五、人工大氣冷藏之優缺點

(一) 優點

1. 因冷藏溫度不過高，可減輕或防止某些園產品之低溫障害發生。
2. 冷藏庫空氣溼度較高，可防止果蔬大量失水而減少重量。
3. 可增長冷藏之時間。
4. 冷藏中之品質優良。
5. 冷藏後之耐久性優良。
6. 可防止生霉。

(二) 缺點

1. 操作與管理不便。
2. 氣體成分之保持困難。
3. 設備費高。
4. 冷藏之代價高。

5. 人工大氣之組成因園產品種類之不同而不同。
6. 無低溫兼人工大氣之雙重效果。
7. 用於冷藏蘋果，每易發生燒焦現象。
8. 因種類及成熟度不同，人工大氣冷藏對每一園產品並非全部有效，亦有無效者。

六、果實人工大氣貯藏之條件

人工大氣貯藏大多用於需要長期貯藏的果實，因此，必需選擇質量最好的果實進行貯藏，無論是外觀或是內在品質都必須屬於最優等的果實，經貯藏之後才能獲得高的經濟效益，果實的採收期不能過早或過遲，要在最適宜於貯藏的採收日期進行採收，這樣才能獲得最長的貯藏壽命，表 6–5 為蘋果之人工大氣貯藏條件，由於品種不同其條件也不一致，故要做人工大氣貯藏時必要找其最適當之條件，以得較佳之貯藏產品。

▶ 表 6–5　一些國家建議的蘋果人工大氣貯藏條件

品　種	國　家	溫度 (°C)	% CO_2	% O_2
赤　龍	美　國	0	2～3	3
考特蘭	美　國	3.5	2.5	3
橘　蘋	丹　麥	4	<2	2～3
橘　蘋	英　國	3～3.5	5	3
元　帥	澳大利亞	0	2.5	5
元　帥	美　國	0～1	1～2	2～3
元　帥	義大利	3	1～2	3～5
元　帥	英　國	0～1	5	3
金　冠	美　國	–1～0	1～2	2～3
金　冠	比利時	1.5～2	5	3
金　冠	德　國	4	6	3.5
金　冠	瑞　士	3～4	3～6	2
金　冠	荷　蘭	4～5	6～7	13～14
金　冠	法　國	3	3～5	2～3
金　冠	英　國	0	8	–
紅　玉	美　國	0	5	3
紅　玉	比利時	3.5～4	3	3
紅　玉	荷　蘭	4～5	5～6	14～15
紅　玉	義大利	3～4	3	2.5～3
紅　玉	英　國	3.5	6	3
旭	美　國	3.5	2.5	3

資料來源：農學社，1988。

第六節　低壓貯藏法

一、前言

低壓或減壓貯藏法 (hypobaric storage) 是一種新的貯藏技術，此種技術可以利用在延長水果、蔬菜、鮮花、肉類、魚類的貯藏期限，已有相當的效果， 而此保存方法的條件也因材料種類之不同而有所差異，例如一些蔬果，利用低壓，使乙烯氣體很快自組織中擴散移去而延長貯藏期限，魚、肉類在氧氣含量占空氣的 0.2% 時，可有效的抑制好氣性及嫌氣性微生物的生長，而魚類尚可藉此減少腥臭味及油脂氧化而達到延長貯存期限的目的。

二、低壓貯藏法之特徵

低壓貯藏的特徵為：①壓力變小後，O_2 的分壓也變小，而使 O_2 有較低的濃度。②由於 O_2 的濃度降低，可以抑制園產品的呼吸作用。③微生物與酵素的活動也受到抑制。

低壓貯藏的儀器設備比傳統的 C.A. 貯藏複雜，低壓貯藏的缺點就是加入 CO_2 量不容易控制，想要從環境（大氣）中獲得 5% CO_2（在 $\frac{1}{10}$ 大氣壓下），就必須有 50% CO_2 從空氣中進入低壓貯藏室，而我們能獲得的最大量大約只有 15% CO_2 從空氣中進入（或 1.5% CO_2 在低壓貯藏室）。除此之外，21% O_2 在 $\frac{1}{10}$ 大氣壓下 O_2 的量為 2.1%，其優點就是低量的 O_2 (0.5%) 對於梨子的貯藏很容易且維持性高。

三、生理與病理上的影響

許多水果和蔬菜藉由降低 O_2 分壓來延遲老化的時間， 也延長貯藏時間。在生理學上，低 O_2 可以降低呼吸率及乙烯的生成，亦可由 O_2 濃度來控制代謝速率，延長貯存時間。在低壓貯藏，所有不同氣體的分壓（包括水氣）都降低，此外，由組織中向外擴散的不同氣體也都加快速度。少量濃度乙烯能夠對水果的後熟和組織老化有加快的作用，一般認為乙烯以 C.A. 貯藏在低於 4.5 °C 溫度之下，對水果的後熟和老化作用會降低；由貯藏環境中移除乙烯會影響後熟並對蘋果 C.A. 貯藏有所改善，貯藏時低壓貯藏影響乙烯生成，僅與 O_2 在貯藏環境的低分壓有關，然而，後期貯藏的延長對於後熟與乙烯生成則與後熟抑制劑的不活性化以及乙烯生成促進劑的減少有關。

由於有毒的揮發性代謝物如乙醛、乙醇的蓄積，降低分壓同時也降低了低壓貯藏毒性代謝物的沸點，因此加速揮發也促進貯藏組織對於氣體的移除，香蕉、萊姆和葡萄柚貯藏在 5 °C 220 mmHg 可以減少寒害， 然而在 380 mmHg 下的葡萄柚結果則不同， 因此貯藏於 220 mmHg 的香蕉、酪梨、萊姆、胡瓜、番茄等可見寒害有所緩和。

低壓貯藏在高相對溼度下，可能會造成真菌生長環境以及腐敗，越橘貯存於 80 mmHg，2.5 °C 下 5～16 週比貯藏於傳統冷藏更少具致病性。

四、商業上的利用

就蘋果而言，低壓貯藏延遲軟化，葉綠素損失減少，並含較多量的酸度和糖分，可控制貯藏時的病變，減少腐敗以及增加貯存壽命，低壓貯藏的缺點乃離開貯藏之後，香氣易散失，室溫中易失果香，從低壓貯藏室移出的蘋果缺乏香氣，最主要可能是高壓以及低壓貯藏間歇期仍會產生香氣。我們所注意到 McIntosh 蘋果在低壓貯藏甚至在一週後室溫下，一直到低壓貯藏 4 個月內，都保持在很新鮮的硬度，在 8 個月 0 °C 76 mmHg 貯藏之後才腐壞掉，可能高一點溫度對此種蘋果較適合，就像 C.A. 貯藏，使寒害減到最少。最適合的低壓貯藏條件是 80～100 mmHg 壓力，溫度要求 0～1 °C，相對溼度 90% 至飽和。

梨最佳貯藏條件為壓力 102 mmHg ， 溫度 0 °C ， 相對溼度 90～95%，可貯藏 Bartlett 梨至 8 個月之久。此種 “non-ripe full mature” 梨子，藉由低壓貯藏前景被看好，一般對於低壓造成蘋果香氣流失，而梨子也一樣，在 5% O_2 可能有改善效果，而對於加入 CO_2，則有人認為不實用。

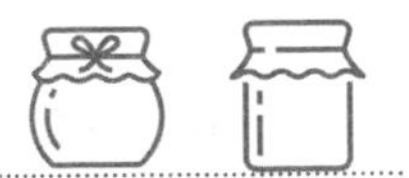

習題

一、是非題

( ) 1.各不同品種蘋果人工大氣貯藏條件均一致。
( ) 2.人工大氣冷藏無低溫兼人工空氣之二重效果。
( ) 3.冷藏庫內冷風對流情形較佳者，具冷藏效果較好。
( ) 4.氟利昂 12 及 22 無毒且不易燃燒。
( ) 5.通風貯藏乃利用自然冷空氣來冷卻貯藏中之產品。
( ) 6.園產品貯藏之目的乃在延長其生命與維持品質。
( ) 7.地窖貯藏之窖址要選地勢高、較乾燥、地下水低與空氣暢通之地點。
( ) 8.貯藏窖之管理主要是掌握和調節窖內之溫度 、 溼度及氣體成分。
( ) 9.冷藏庫管理之主要工作是調節溫度、控制溼度與通風換氣。
( ) 10.氨是常用冷媒中價格較貴、安全性較佳者。

二、填充題

1.貯藏窖之管理上最重要的乃＿＿＿＿之調節。
2.減壓貯藏由於設備運轉之不同可分為＿＿＿＿與＿＿＿＿式。
3. 1 公斤的水要融化時，可吸取＿＿＿＿大卡的熱。
4.冷藏庫之隔熱效果愈好，則冷藏效果較＿＿＿＿。
5.田間熱愈大之產品所需之冷藏能力較＿＿＿＿。
6.洋蔥之呼吸率比青花菜＿＿＿＿。
7.甜玉米之呼吸率比馬鈴薯＿＿＿＿。
8.蘆筍之呼吸率比棗子＿＿＿＿。
9.人工大氣之形成主要係靠＿＿＿＿及＿＿＿＿。
10.貯藏依溫度之不同可區分為＿＿＿＿與＿＿＿＿貯藏。

三、問答題

1. 影響園產品貯藏之因素為何？
2. 試說明園產品之貯藏方法。
3. 地窖貯藏之優缺點為何？
4. 通風貯藏之優缺點為何？
5. 機械冷凍循熱之途徑如何？
6. 人工控制大氣冷藏之優缺點。
7. 低壓保藏法之特徵為何？

第七章　採收後之病蟲害防治

第一節　病蟲害發生之原因

一、概說

園產品從田間採收至消費者之間，遭受到病菌與害蟲的為害是相當迅速與嚴重。尤其在高溫多溼如熱帶及亞熱帶地區更適合病菌及害蟲的繁殖與生長。據估計每年收穫前在田間受到病蟲害的損失為35%，而收穫後因病蟲害之損失亦高達10～20%之鉅，此不得不令吾人關心與留意，又某些地區或國家的特定農業產品因採收後病蟲為害之損失更有高達50%以上者。

另外由於病蟲害引起蔬果產品腐敗而導致乙烯產生，更加速蔬果類在運輸或貯藏期間的成熟或老化，進而波及健康產品的汙損。因而除去腐敗及變壞所遭受的實際損失外，在銷售上必須重新選別和包裝，也造成經濟上的莫大損失。

二、病害的定義

植物的型態或生理發生反常的現象，均稱為病害 (disease)，其中由真菌 (fungi)，細菌 (bacteria) 或病毒 (virus) 等病原引起的病害，稱為傳染性病害 (infectious disease)。因此病原可到處傳播再危害新的蔬果。而由氣象、土壤等物理及化學不利條件，以及人為在田間耕作不當所引起的病害，稱為非傳染性病害 (non-infectious disease)，此病害一般僅發生於局部地區，因氣象及土壤不良條件無法到處傳播所致。

雖然傳染性病害與非傳染性病害時常交互運用，然而其發病原因不同，防治方法當然亦有所差異。

三、病原 (Pathogen)

引起植物的生理、型態及質地發生變化的動植物及病毒，均稱為病原。蔬果採收後所發生的病害，其病原估計在一百五十種以上，而其中大多數為真菌和細菌。至於病毒 (virus) 很少在收穫後發現，蔬果除了馬鈴薯之菸草環節病毒 (tobacco rottle virus) 和甘藍之蕪菁嵌紋病 (turnip mosaic virus) 外。重要的真菌和細菌列述於下：

（一）真菌 (fungi)

1. *Alternaria* 屬（番茄黑心病菌屬）
2. *Botrytis* 屬（灰黴菌屬）
3. *Colletotrichum* 屬（木瓜炭疽病菌屬）
4. *Diplodia* 屬（乾腐病菌屬）
5. *Monilinia* 屬（褐腐病菌屬）
6. *Penicillium* 屬（青黴菌屬）
7. *Phomopsis* 屬（蒂腐菌屬）
8. *Rhizopus* 屬（根黴菌屬）
9. *Sclerotinia* 屬（菌核病菌屬）

（二）細菌 (bacteria)

1. *Erwinia* 屬（愛爾文氏菌屬）

2. *Pseudomonas* 屬（假單孢菌屬）

上面所列之真菌和細菌，大部分其病原性 (dathaqeicity) 為弱的病原菌，它們大都在蔬果受到傷害或老化後才會侵入為害，但 *Colletotrichum* 屬菌和 *Sclerotinia* 屬菌卻能直接侵入正常蔬果組織中造成病害。

每種病原其寄主植物多寡，差異甚大，如 *Penicillium digitatum* 之綠黴病菌僅在柑桔類上發生。而 *Colletotrichum gloeosporiodes* 之炭疽病菌則可在香蕉、芒果、木瓜及番石榴的果實上為害。

四、病菌的生理與生態

（一）侵入蔬果類的途徑

一般病原菌侵入植物組織內部的途徑，包括下列三種：

1. 由表皮直接貫穿進入。
2. 由自然開口（如氣孔、水孔、皮目、蜜腺等）進入。
3. 由傷口侵入，通常以傷口侵入最為普通，而植物體上傷口的產生包括：
   (1)颱風時，枝葉相互摩擦所產生的傷口。
   (2)動物及昆蟲之食痕。
   (3)田間操作或採收時的損傷。
   (4)收穫後處理作業之損傷。

這些傷口雖然有些很細小，但卻是病原菌侵入植物體內的最佳途徑，尤其 *Erwinia* 屬細菌全部由傷口侵入而導致蔬菜類之軟腐病 (soft rot) 產生。

（二）疾病的傳染

病原菌的傳播途徑包括：土壤傳播，水傳播，昆蟲及動物傳播，接觸傳播，空氣傳播，種苗傳播，嫁接傳播及汁液傳播等。果實、蔬菜及花卉採收後之病害的病原，大都為土壤傳播，接觸傳播及空氣傳播所造成。

五、採收後蔬果類病害感染過程 (Infection Process)

（一）採收前感染

園產品採收前，在田間受感染可能有下列途徑：

1. **直接侵入：**病原貫穿寄主植物表皮，侵入內部組織為害者。再者由寄主植物之自然開口，即氣孔、皮目、水孔及蜜腺等侵入感染而為害者。
2. **潛伏感染：**有數種真菌性病原起初侵入花或健全的水果表皮，然後即停止而保持不動；等到園產品採收後，其病害的抵抗性減弱（如果實的後熟作用或組織老化）或適合其生長的有利情況下，伺機而動引起病害的發生。這種方式的病害在熱帶以及亞熱帶地區的許多水果類特別顯著，例如芒果、木瓜之炭疽病，香蕉之軸腐病，柑桔之蒂腐病等。

（二）採收後感染

1. 由健全表皮侵入：例如 *Colletotrichum* 屬菌和 *Sclerotinia* 屬菌。
2. 由傷口侵入：例如 *Botrytis* 屬菌，*Penicillium* 屬菌和 *Rhizopus* 屬菌等。

3. 由田間已產生的病斑上病原繁殖後再感染，或採收前已潛伏感染，但病害尚未發生，然採收後獲得發病的有利環境而加速發生。

六、病原的生長環境與發病之關係

病原、寄主和環境構成一個等邊三角形關係如下：

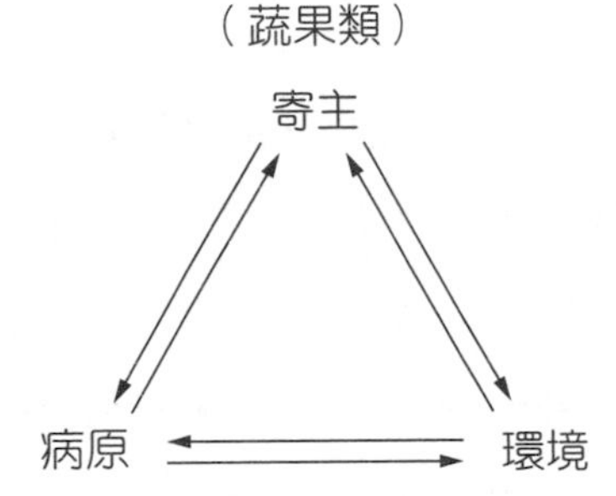

三者之關係形成一個連環，一個病害能否發生，端賴病原是否有能力侵入寄主的生長發育期，而寄主植物的生長發育期是否適宜病原侵入，環境條件中心溫度是否適宜病原的發育，溫度的高低及維持時間的長短，亦影響病原能否順利完成侵入感染。一個病害的發生與否，輕微抑或嚴重，以上三種因子的關係，非常錯綜複雜，茲分述如下：

（一）寄主（園產品）

1. **傾病性：**園產品於生育或貯運期間，受環境因子的影響，使其容易感受某種病原侵入為害的特性。
2. **遺傳上之固定潛在特性：**園產品本身在形態上、生理上對病原的抑制力、抵抗力或阻礙等特性。

（二）環境

1. **溫度：**真菌菌絲之發育適溫大部分為 20～30 °C，然細菌的生育溫度較真菌範圍廣，一般細菌和真菌在 40 °C 以上溫度，維持時間較長時便可致死。在低溫 (0～10 °C) 貯藏情況下，細菌的忍受力及發病能力較真菌強。通常大部分的細菌和真菌在 10 °C 時，其生長就受到抑制，除非某些園產品因受低溫、生理上發生障礙才使其發病能力增加。

2. **溼度**：一般病原微生物所能生長的最低水活性，細菌為 0.90 以上，真菌為 0.80 以上。因此在貯運期間降低溼度，可抑制病原之生長發育，減少發病，但實際上卻不能降低溼度來控制病害的發生。
3. **大氣組成分**：一般而言空氣中低氧濃度及高二氧化碳濃度均對抑制病原的生長有效果，若兩者配合將可增強抑制效果。
4. **光線**：光線的強弱，照光時間的長短，對真菌形成孢子有促進或抑制的作用。

（三）病原

一個病害的發生，除了寄主或環境外，尚有重要的一項，即病原是否屬於具有侵入感染寄主植物的發育時期。若是屬於休眠狀態下，雖病原的數量很多，病害亦無法發生。

七、園產品之主要病害

青果蔬菜採收後之主要病害，見表 7–1，至於臺灣地區蔬果之收穫後病害可參考《臺灣農業便覽》、《臺灣農家全書》、《植物保護手冊》或其他農業性雜誌之專題報告。

▶ 表 7–1　新鮮果蔬主要收穫後病害示例

果蔬名稱	病害 (disease)	病原 (pathogens)
蘋果、梨	皮孔病 (lenticel rot)	*Phylctaena vagabunda* (=*Gloeosporium album*)
	青黴病 (blue mould rot)	*Penicillium expansum*
香蕉	軸腐病 (crown rot)	*Botryodiplodia thoobromae*
		Thielaviopsis paradoxa
		Fusarium spp.
	炭疽病 (anthracnose)	*Colletotrichum musae*
		(=*Gloeosporium musae*)
柑桔	青黴病 (blue mould rot)	*Penicillium italicum*
	綠黴病 (green mould rot)	*Penicillium digitatum*
	蒂黴病 (stem-end rot)	*Diplodia natalensis*（黑色）
		Phomopsis citri（褐色）
		Alternaria citri
葡萄、蘋果、梨、草莓、葉菜類	灰黴病 (gray mould rot)	*Botrytis cineria*
番木瓜、芒果、桃、櫻桃	炭疽病 (anthracnose)	*Colletotrichum gloeosporiodes*
	褐腐病 (brown rot)	*Monilinid fructicola*
		(=*Sclerotinid fructicola*)
桃、櫻桃、草莓、鳳梨	腐壞病 (Rhizopus rot)	*Rhizopus stolonifer*
	軟腐病 (soft rot, black rot)	*Ceratocgtis paradoxa*
		(=*Thielaviopsis paradoxa*)
馬鈴薯、葉菜類	細菌性軟腐病 (bacterial-soft rot)	*Erwinia carotovora*
	乾腐病 (dry rot)	*Fusarium* spp.
甘藷	軟腐病 (soft rot, black rot)	*Ceratocystis fimbriata*
葉菜類、胡蘿蔔	菌核病 (watery soft rot)	*Sclerotinia sclerotiorum*

資料來源：農林廳，1992，《植物保護手冊》，頁 109～159。

花卉種類繁多，僅就臺灣主要切花之收穫病害整理如表 7–2，其他的病害可參考相關性之書籍及雜誌。

▶ 表 7–2 切花主要收穫後病害示例

切花名稱	病　名	病　原
菊花	莖腐病 (basal stem rot)	*Pythium* spp.
		Rhizoctonia solani
	灰黴病 (gray mold)	*Botrytis cinerea*
	白鏽病 (white rust)	*Puccinia horiana*
康乃馨	萎凋病 (Fusarinum wilt, Phialophora wilt)	*Fusarium oxysporum f. dianthi*
		Phialophora cinerescens
	莖腐病 (stem rot)	*Rhizoctonia salani*
		Fusarium roseum
玫瑰	白粉病 (powdery mildew)	*Spaerothecd pannosa*
	灰黴病 (gray mold)	*Botrytis cinerea*
	鏽病 (rust)	*Phragmidium disciflorum*
菊花	灰黴病 (gray mold)	*Botrytis cinerea*
	黑腐病 (black rot)	*Pythium ultimum*
	病毒 (virus)	*Cymbidium* Mosaic Virus
		Odontoglissum Ringspot Virus
唐菖蒲	灰黴病 (gray mold)	*Botrytis gladiolorum*
	赤斑病 (red spot)	*Curvularia lunata*

資料來源：農林廳，1992，《植物保護手冊》，頁 342～350。

八、由生理障礙所引起之病害

1. 生育期間植物體養分之吸收失調，某種元素缺乏或過多而產生病徵，影響商品價值。
   (1)缺鈣：例如蘋果之苦痘病 (bitter pit)，萵苣之頂燒 (top burn) 和番茄之蒂腐病 (blossom end rot) 等。
   (2)缺硼：例如芹菜之莖裂開，甘藍的主莖內部有黑色的斑點，花椰菜的花蕾表面褪色等。
   (3)砷過多：如鳳梨果實木質化。

2. 呼吸之障礙：收穫後之園產品在人工大氣貯藏時，在船艙中、在包裝容器中，其大氣組成分的不適當，就會產生不正常的呼吸，且引起病徵。

⑴氧氣不足：例如馬鈴薯黑心病 (black heart) 等。

⑵二氧化碳濃度過高：例如蘋果褐心病 (brown heart) 和萵苣之葉中筋變淡紅 (pale midribs) 等。

3. 溫度的障礙：

⑴熱傷 (heat injury)：

⒜在田間因太陽光太強或地溫太高，常引起日燒病，使其組織受到灼傷導致軟化且褐變，甚至崩解：例如番茄、甘藍、馬鈴薯、酪梨、香蕉、鳳梨、荔枝及大蒜（蠟質崩解）等。

⒝貯運期間溫度過高，導致園產品的萎凋或病變：例如香蕉之青膨病。

⑵凍傷 (freezing injury)：園產品在冰點以下的溫度時，在組織內部細胞間隙中形成冰晶體。因水結冰後體積增加 9%，所以冰晶使蔬果細胞內膜遭到破壞，造成蔬果凍害。解凍後蔬果汁液外流，失去商品價值。

4. 其他的障礙：

⑴氨害：在低溫貯藏室中，由於冷藏設備的氨氣外洩，而使園產品產生氨害。其症狀為褐色或黑色之病變，且組織軟化而崩解：例如洋蔥、香蕉、葡萄、柑桔類、芒果、馬鈴薯、番茄等。

⑵市場障礙 (market disorder)：收穫後之園產品產生一些不希望出現或不易出售之症狀，影響商品價值，如萎凋、萌芽、發根、黃熟、金齒（即香蕉在遠距離運輸中未經催熟之黃熟現象）和老化等。

5.肥料傷害及藥害 (phytotoxicity)：即施肥及施藥不當，引起植物產生肥傷及藥傷的現象，輕者只產生斑點，重者會引起整株枯萎。

九、害蟲之種類

1.同翅目害蟲：

(1)蚜蟲類。

(2)介殼蟲類：包括有殼、無殼及粉介殼蟲三類。

(3)其他：葉蟬、粉蝨、木蝨及膠蟲等。

2.半翅目害蟲：包括椿象及花偏蟲。

3.鱗翅目害蟲：包括蛾蝶類。

4.鞘翅目害蟲：包括天牛、金龜子、象鼻蟲及金花蟲等。

5.雙翅目害蟲：為害最嚴重者為果樹之果實蠅及蔬菜之瓜實蠅。

6.纓翅目害蟲：主要為薊馬類。

7.蟎類：包括葉蟎、偽葉蟎及癭蟎等三類。

8.軟體動物：包括蝸牛及蛞蝓二種。

9.其他：鼠、線蟲等。

十、害蟲之特性

1.**適應力強：**在夏季能抵抗高溫，在冬天能夠越冬以度過嚴寒，並且還能適應乾燥之環境。

2.**食性複雜：**昆蟲依其寄主（園產品）可區分為：

(1)單食性：寄主只限於一種植物。

(2)寡食性：寄主包括一科或相近幾科植物。

(3)雜食性：寄主包括數個不同科的植物。

3. **繁殖力強**：每一母蟲產卵數多，又完成一代所需時間短，故其繁殖力相當驚人。例如薊馬，夏季完成一代只需 10 日左右，冬天稍長，然一年中可產生 15～20 世代。

4. **分布廣泛**：害蟲大部分都是世界性的，現有的害蟲很難杜絕，新的害蟲又不斷地侵入。

5. **抗藥性強**：植物對害蟲為害之容許度低，因此殺蟲劑的用量甚高。由於用藥頻繁結果，未被農藥殺死的害蟲，對相同殺蟲劑抗性相當高，導致防治更加困難。

十一、影響園產品害蟲發生之環境因素

（一）溫度

昆蟲及蟎類是變溫動物，體溫並不固定，隨周圍環境溫度之升降而有變化。害蟲正常活動及發育之溫度範圍稱為有效溫度，在此一範圍內，每種害蟲發育繁殖速度並不相同，各有其所屬最適溫度。大多數害蟲的最適溫度介於 22～30 °C 之間，不活動溫度範圍則為 0～15 °C 或 35～40 °C。

由此可知，我們可利用害蟲不能忍受的高溫或低溫來防治或抑制其繁殖及活動。

（二）溼度

害蟲對環境中溼度的反應並不一致，然而大多數的害蟲喜好較乾燥的環境。相對溼度介於 70～90% 為其最適合的生長範圍，過高或過低的溼度皆不利害蟲之發育。

（三）光線

不同的害蟲對光線有不同的反應，有的害蟲具趨光性，會向光亮處聚集，如蛾類等之成蟲在夜間撲向燈火。害蟲的趨光性可利用為防治方法。

另外，害蟲對光線的反應還表現在對顏色的喜好上，不同種類的害蟲對顏色有不同喜好的程度，並被其喜好的顏色所誘引，如花薊馬喜好藍、白色，溫室粉蝨喜好黃色等。亦可利用此一特性大量捕殺害蟲。

十二、收穫後園產品的主要害蟲

（一）蔬果類

請參考表 7–3。詳細害蟲可參考農林廳編印之《植物保護手冊》，和農委會編印之《臺灣農家全書》。

▶ 表 7–3　一些果蔬收穫後主要蟲害示例

害蟲學名	害蟲中名	寄主（果蔬）
Dacus dorsalis	東方果實蠅	柑桔類、芒果、枇杷、番石榴、楊桃、蓮霧、李、荔枝、龍眼等
D. cucurbitae	瓜實蠅	瓜果類、番茄、芒果
Aphanostigma piri	梨瘤蚜	梨
Aonidiella aurantii	赤圓介殼蟲	柑桔類、芒果、番木瓜
Lepidosaphes beckii	牡蠣介殼蟲	柑桔類
Planococcus citri	桔粉介殼蟲	柑桔類、葡萄、芒果
Dysmicoccus brevipes	香蕉粉介殼蟲	香蕉、鳳梨
Cylas formicarius	甘藷蟻象	甘藷
Araecerus fasciculatus	棉長鬚象（蒜頭蛀蟲）	蒜頭、紅豆
Sternochaetus mangiferae	芒果子象	芒果
Acrocercops cramerella	荔枝果實蛀蟲	荔枝
Hellula undalis	菜心螟	蘿蔔
Helicoverpa armigera	番茄夜蛾	葉菜類、番茄、甜玉米、瓜類
Maruca testulalis	豆莢螟	豆類
Aulacophora femoralis	黃守瓜	瓜類
Phyllotreta striolata	黃條葉蚤	葉菜類
Artogeia rapae	白粉蝶	葉菜類
Plutella xylostella	小菜蛾	葉菜類
Spodopterd litura	斜紋夜盜蟲	葉菜類
Phthorimaea operculella	馬鈴薯螟蛾	馬鈴薯、番茄、茄子
Lobesia botrana	葡萄螟蛾	葡萄
Thrips palmi	南黃色薊馬	瓜類、豆類
T. tabaci	蔥薊馬	洋蔥、蔥、韭、蒜
T. hawaiiensis	花薊馬	香蕉、芒果、柑桔類
Scirtothrips dorsalis	姬黃薊馬	柑桔類、芒果、葡萄、草莓
Frankliniella intonsa	臺灣花薊馬	蘆筍
Panonychus citri	柑桔葉蟎	柑桔類、楊桃、棗、番木瓜、梨、葡萄、桃等
P. ulmi	歐洲葉蟎	梨、蘋果、桃等溫帶果樹

資料來源：農林廳，1992，《植物保護手冊》，頁 215～340。

（二）切花類

請參考表 7–4，詳細害蟲可參閱王清玲博士著《花卉害蟲彩色圖說》。

▶ 表 7–4　一些切花主要蟲害示例

害蟲學名	害蟲中名	寄主（花卉）
Frankliniella intonsa	臺灣花薊馬	菊花、夜來香、唐菖蒲、玫瑰
Thrips hawaiiensis	花薊馬	康乃馨、玫瑰、大理花、菊花、夜來香
T. simplex	唐菖蒲薊馬	唐菖蒲
Liothrips vaneeckei	百合薊馬	百合
Aphis gossypii	棉蚜	菊花、百合、玫瑰、康乃馨
Rhodobium porosum	玫瑰蚜	玫瑰
Myzus persicae	桃蚜	康乃馨
Aleurocanthus spiniferus	刺粉蝨	玫瑰
Chrysomphalus ficus	褐圓介殼蟲	蘭花
Diaspis boisduvalii	蘭白介殼蟲	蘭花
Parlatoria proteus	黃片盾介殼蟲	蘭花
Spodoptera litura	斜紋夜蛾	菊花、玫瑰、唐菖蒲、夜來香、大理花、康乃馨、蘭花
S. exigua	甜菜夜蛾	菊花、唐菖蒲、夜來香、康乃馨、滿天星
Orgyia postica	小白紋毒蛾	玫瑰
Anomala expansa	臺灣青銅金龜	大理花
Adoretus sinicus	長金龜	玫瑰
Liriomyza trifolii	非洲菊斑潛蠅	菊花、滿天星、大理花
Tetranychus cinnabarinus	赤葉蟎	康乃馨
T. kanzawai	神澤葉蟎	玫瑰、唐菖蒲、夜來香
T. urticae	二點葉	菊花、大理花、滿天星、唐菖蒲
Rhizoglyphus spp.	根蟎	唐菖蒲、蘭花
Incilarid spp.	蛞蝓	蘭花

資料來源：王清玲，1991，《花卉害蟲彩色圖說》，頁 152～155。

第二節　病蟲害之防治

一、防治方法

防治貯藏病蟲害發生方法主要是①防止病原菌感染及害蟲之侵入，②消滅侵入之病原菌及害蟲，③抑制病原及害蟲在寄主上之進展。

二、採收前病蟲害之防治

寄主受病原菌潛伏性及休止性感染將很困難防治，因病原菌已受寄主組織之保護，雖然，熱處理對某些病原菌有效，但最好的辦法是在蘋果生長期噴藥防治病原菌之感染。如芒果的炭疽病可在開花期每星期噴有機藥劑，開花後則噴含銅之殺菌劑一直到採收期以防止。一些系統性藥劑如萬力 (Benlate)、霉敵 (TBZ) 對防止炭疽病有特效，錳乃浦 (Maneb) 亦有效。

蟲害防治方面儘量避免田間有害蟲侵入，或在卵期、蛹期收集燃燒或噴撒低毒性農藥加以防除，但必須在採收之安全期限前實施。

三、採收後病蟲害之防治

(一) 物理防治

1. 熱處理

熱處理分為溫燙處理及熱風處理二種方式。在不使果實發生燙傷之溫度下行熱處理，對感染之病原菌有殺菌或延遲其蔓延之功用。如把柑桔置於 48 °C 之熱水中 2～4 分鐘殺死感染之 *Phytophthora* 屬病原菌，桃子在 51.5 °C 熱水中浸 2～3 分鐘或 46 °C 熱水中 5 分鐘可防

止在桃子外層 $\frac{1}{8}$ 吋內菌核菌絲之生長及殺死未發芽之孢子。甘藷於 41～43 °C 之溫度大氣下貯藏 24 小時，可顯著減少黑腐病 (black rot)，木瓜、芒果行溫燙處理可防止炭疽病 (anthracnose)，香蕉可防止軸腐病 (crown rot) 等。

但是熱處理並非十分完美，它雖不傷及產品，但會加速後熟或老化，也可能引起別種病原菌之入侵，如蘋果以 45 °C 溫燙處理 10 分鐘，可減少皮孔腐爛病之發生，但會引起果心軟化。

2.冷處理

有些產品的害蟲在低溫下維持一段時間即不能生存，利用此一原理使產品預先冷藏一段時間，而把害蟲殺死。在臺灣地區外銷日本之椪柑使用冷處理之溫度為 1 °C，時間為 14 天，熱帶及亞熱帶生產之青果，當預先貯藏於 7.2 °C 或以下，經過數天即遭寒害，因此不適用冷處理。

3.放射線處理

⑴前言

自 1943 年，美國的 Procter 發現牛肉餅經 X 射線照射就可以久存的事實以後，世界各國的科學家就陸續展開放射線於食品之研究，其中以 1973 年在日本北海道的商業化馬鈴薯照射廠之成立最為著名，而這也是世界上第一個成功的食品照射廠。

一般用在殺菌、防蟲害或用在抑制水果、蔬菜之萌芽、長根，而施以食品放射線照射均稱為食品放射，商業上經照射過後之食品不會具有放射性，也沒有殘存物質遺留，且該技術優於傳統方法之處是可在包裝後或新鮮狀態下處理，而不需提高溫度，然受到原子彈放射線傷害人類的影響而使得這項技術至今受到存疑，應用腳步變慢，但著眼其優點，仍有大力推廣之處，而國內核能研究所過去與食品工業發展研究所亦有對馬鈴薯、洋蔥、大蒜、薑進行抑制發芽的實驗。

(2)放射源及特性

目前被利用在照射的放射線只有三種，即 X 射線、電子線、γ 射線，前兩者係由特定設備（加速器）通以電流而得，而後者係由放射性同位素如 Co-60 或 Cs-137 之自然分裂衰退而得，三者之中以 Co-60 之 γ 射線被利用最多，而 X 射線則最少，其共通特性如下：

(a)波長很短，介於 10^{-9}～10^{-15} m。

(b)具輻射高能量以破壞共價鍵，對生化物質、病毒及生物體，可造成影響或破壞。

(c)將高能量轉移到目的物時，無顯著升溫現象。

(d)具有滲透力，以 γ 射線最強。

而目前可利用於食品照射的放射規定：

(a)由 Co-60 或 Cs-137 產生之 γ 射線強度小於 1 Mrad。

(b) 5 MeV 以下之 X 射線。

(c) 10 MeV 的電子線。

(3)防蟲

0.25 KGy 之照射劑量可抑制果蠅之繁殖，故對新鮮蔬果而言，應視為有效之檢疫處理。但須改變檢疫規則，因法令規定產品上寄生物之所有生命狀態都被殺死之檢疫處理才算有效。但照射能成為檢疫處理之標準，應根據昆蟲之繁殖能力而非死亡率，因為殺死蟲卵和幼蟲，以及引起成蟲不孕和其他正常情形之照射劑量，足以終止昆蟲之繁殖，大部分新鮮蔬果可忍受達 0.25 KGy 之劑量，而產品品質無明顯不良影響。

⑷收穫後疾病之控制

照射用來控制收穫後疾病之應用，則視微生物對照射之敏感性及蔬果對所需照射量之容忍度（即對品質無明顯之不良影響）而定。照射當作殺菌或抑菌之效果，視病菌之生長階段及蔬果組織上之活菌數而定。

（二）化學防治

1.燻蒸處理

葡萄早在 1930 年時，就開始使用二氧化硫來燻蒸果實，以防治灰黴菌之病害，此病會使葡萄發生成團狀的腐爛及落粒。在葡萄採收後以 1% 二氧化硫燻蒸 20 分鐘，而後在貯藏期每 7～10 天再以 0.25% 處理一次，以防止葡萄之腐爛。但需注意 SO_2 產生之酸性會使貯藏庫之金屬生鏽。

三氯化氮 (NCl_3) 亦被用過在檸檬上之燻蒸，但因其對設備有腐蝕性質，故而漸少使用，NCl_3 遇水氣則生成 HOCl，可抑制侵入之病原菌孢子發芽及菌絲滋長， 多酚類 (polyphenol) 對多種軟腐性病原菌有抑制作用，如柑桔之果腐病 (fruit rot)，炭疽病 (anthracnose)，青黴病 (blue mold rot)，綠黴病 (green mold rot) 及蒂腐病 (stem-end rot) 對葡萄之灰黴病 (gray mold rot)，桃之褐腐病 (brown rot)、軟腐病 (soft rot) 及黑腐病 (black rot) 等皆有效， 此藥劑使用方式是將紙條或包裝紙浸漬於該溶液中，而後置於紙箱或用於包裝果實，聯酚會緩慢揮發於紙箱中，使用方便，但因其有不悅之味道及易使病原菌發生抗性，近年來的使用已漸減少。

2.化學藥劑的處理

採收後化學藥劑之處理方式有直接浸漬，溶於洗滌水內或混於蠟中，其施用情形有配成溶液、懸浮液及乳化液等。最早被人們使用的藥劑是硼砂、碳酸鈉，溶於熱水中後浸漬柑桔以供長程運輸用，處理溫度大約在 48 °C 左右，硼砂效果較佳，但對處理後之水質有汙染作用，已禁止使用。1950 年代 SOPP (sodium O-phenyl phenate) 廣泛在柑桔上使用，其殺菌種類很廣，在蘋果、桃上亦用之，一般在 200～400 ppm 使用有較佳之殺菌能力，因未溶之 SOPP 在此濃度下含量多，未溶之 SOPP 殺菌力強，而溶解的 SOPP 亦會導致藥害發生，hexamine 常與 SOPP 共同使用，以減輕藥害，如佛羅里達推荐使用 2% SOPP，1% hexamine 及 2% 的 NaOH 處理柑桔，1% SOPP 亦可加入於乳蠟或水蠟中使用， SOPP 可用於桃之褐腐病 brown rot (Monilinid)， 但對 *Rhizopus* 效果較低， 在甘藷上 SOPP 可用於防治黑腐病及軟腐病 。DCNA (2, 6-dichloro-4-nitroaniline) 對桃及甘藷之軟腐病之控制十分有效， 但對桃之褐腐病則效果不好， 如果實殘餘量達 2～3 ppm DCNA 時，即有控制之效果。

實習七　園產品採收後病蟲害的觀察

一、目的

瞭解某些園產品採收後所感染病蟲害之情形。

二、方法

1. 前往鄰近果菜或花卉市場，購回有腐害或蟲害之產品帶回學校。
2. 以學校現有之設備利用物理或化學方法來處理有病害或蟲害之產品，放置 3～5 天後觀察其情形。

三、結果與討論

1. 列出產品名稱，說明病害或蟲害之種類、特徵並以圖畫出受害之情形。
2. 將其處理後，放置 3～5 天，觀察其結果並與未處理者比較。
3. 詳細討論處理之成效為何？

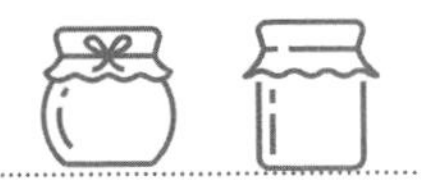

習題

一、是非題

(　　) 1. 在高溫多溼如熱帶及亞熱帶地區，較適合病菌及害蟲的繁殖與生長。

(　　) 2. 病蟲害引起蔬果產品腐敗，而導致乙烯產生，加速產品在運輸或貯藏期間之成熟與老化。

(　　) 3. 甘藍之蕪菁嵌紋病屬於病毒。

(　　) 4. 蔬果採收後所發生之病毒中，大多數為真菌和細菌。

(　　) 5. 一般而言，空氣中低氧濃度及高 CO_2 濃度對抑制病原之生長有效果。

(　　) 6. 天中、金龜子、象鼻蟲、金花蟲，屬於鞘翅目害蟲。

(　　) 7. 薊馬類屬於蟎類害蟲。

(　　) 8. 薊馬之繁殖力很低，一年只可產生 1～2 世代。

(　　) 9. 害蟲對光線之反應不會表現在對顏色之喜好上。

(　　) 10. 昆蟲及蟎類是溫體動物，體溫保持恆定。

(　　) 11. α、β、γ 放射源中以 γ 之滲透力最強。

二、填充題

1. 防治園產品貯藏病害發生方法主要是_______、_______和_______。
2. 害蟲最適生長環境之相對溼度為_______。
3. 影響園產品害蟲發生之環境因素主要有_______、_______和_______。
4. 一般細菌生長之最低水分活性為_______以上。
5. 一般真菌生長之最低水分活性為_______以上。
6. 香蕉收穫後之病害主要為_______和_______。
7. 甘藷收穫後之病害主要為_______。
8. 玫瑰收穫後之病害主要為_______、_______和_______。
9. 園產品採收後可能遭受溫度障害包括_______、_______和_______。

10.害蟲之食性可區分為________、________和________。

三、問答題

1. 何謂病害？
2. 病菌侵入蔬果類之途徑為何？
3. 園產品由生理障礙所引起之病害有那些？
4. 害蟲之特性為何？
5. 採收後病蟲害如何防治？

第八章　運　銷

第一節　貯運流程

一、意義

運銷係農民出售產品及消費者購入產品的時間內，所作的種種服務；此運銷過程中產品之價值提升乃由於時間、地域、形狀和使用之所有人的轉換或投入而來。

二、運銷流程

運銷流程大致如圖 8–1 所示，由生產者經販賣商、批發商、零售商或農會、加工業者至消費者手中，或由其他途徑出口。

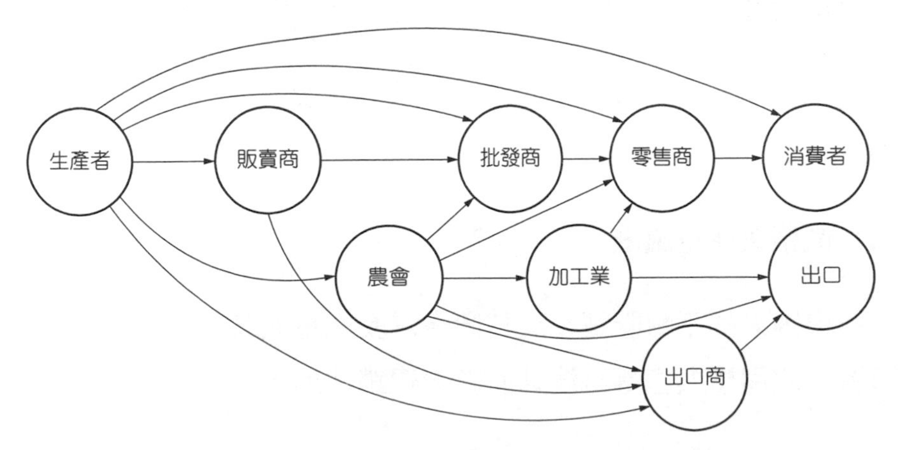

▶ 圖 8–1　臺灣現行之果蔬運銷流程

三、運銷過程

運銷活動主要含有集中，均衡和分散三個程序，集中的程序主要為集貨和預先措置，由地方代理商自各地農場上收集農產，送往消費地區附近的大批發中心集中。食品加工者由這些集中處收購大量農產品後加工。均衡的程序係使生產與消費互相配合，包括空間均衡與時間的均衡兩種。就空間（或地區間）的均衡言，運銷商將產品自多餘地區運銷到不足的地區，使區域的分配均衡。就時間的均衡言，因農產品的生產大多有季節性，而消費則全年一致，故加工商、批發商及零售商，必須在適當地點儲存貨品，以便隨時應付顧客的需要。分散的程序與集中相對，集中係將貨品由無數小單位，積集使成大單位；分散係將這些大單位的貨品通過各種批發商再行分開，藉以分配於各類消費者。運銷為將某種商品通過前述種種主要運銷程序，便構成運銷過程。圖 8–2 就是目前所使用之香蕉運銷過程。

四、影響蔬果運銷之主要因子

（一）損壞性

蔬果大都不耐貯藏而易於腐敗，越易腐敗之產品其運銷越需加以保護。

（二）價格與產量風險

蔬果因大都不耐貯藏，故其價格常受產量與其他替代性產品價格之影響，故價格與產量易波動而影響運銷情形。

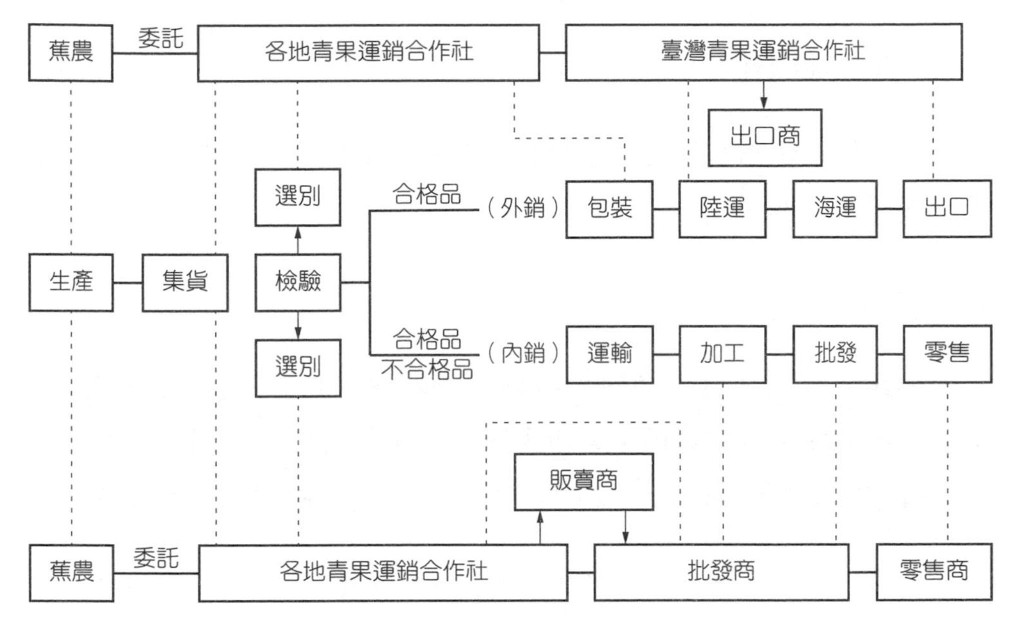

▶ 圖 8–2　臺灣省香蕉運銷過程圖

(三) 季節性

蔬果產品具季節性，也常受天災、氣候之影響，致使其品質與價格均有波動而影響到運銷。

(四) 替代性產品

某種蔬果若價格太貴或品質不佳則常有其他替代性之產品出現，故替代性產品也會影響到運銷情形。

(五) 體積大

蔬果含水分多，故體積大，單位體積之重量也較小，故使得運銷費用上升，直接影響到產品之單位成本。

(六)生產地域性

蔬果的生產常有地域性之限制，尤其是水果更為明顯，由於地域性之關係，使得運銷之特性也有所差別。

五、運銷成本

運銷成本所包含的乃運銷流程中各階段一切費用加上毛利潤而言，於各階段之成本費用主要包含運費，包裝材料費，損耗，營業費用，僱工工資或外加稅金，表 8–1 為結球白之運銷成本可供參考。

▶ 表 8–1　結球白之運銷成本（續下頁）

運銷費用項目	金　額（元／百公斤）	占運銷成本比率(%)	占零售價格比率(%)
產地價格(1)	520.00		25.33
營業費用	24.18	1.58	1.18
運輸費用	22.54	1.47	1.10
工資費用	12.33	0.80	0.60
材料費用	24.88	1.62	1.21
倉儲費用			
損耗	83.89	5.47	4.09
毛利潤	376.32	24.55	18.33
小　計(2)	544.14	35.50	26.50
販運價格	1064.14		51.83
營業費用	12.78	0.83	0.62
運輸費用	1.77	0.12	0.09
工資費用	8.62	0.56	0.42
材料費用	3.65	0.24	0.18
倉儲費用	0.68	0.04	0.03
損耗	140.38	9.16	6.84
毛利潤	245.96	16.04	11.98

小　計(3)		413.83		27.00		20.16
批發價格		1477.98				71.99
營業費用	9.17		0.60		0.45	
運輸費用	44.89		2.93		2.19	
工資費用	72.37		4.72		3.53	
材料費用	15.37		1.00		0.75	
倉儲費用	0.10		0.01		0.00	
損耗	345.92		22.57		16.85	
毛利潤	87.20		5.69		4.25	
小　計(4)		575.02		37.51		28.01
零售價格(5)		2052.99				100.00
運銷價差 (5)－(1)		1532.99		100.00		74.67
運銷總成本 (2)＋(3)＋(4)		1532.99		100.00		74.67

資料來源：行政院農業委員會補助研究計畫報告（79 公務預算一統一05）

第二節　運　輸

一、運輸的意義

運輸的職能是將農產品從邊際效用較低的地區，運送到邊際效用較高之處，由於自然資源的限制，技術的集中和工具的不同，某一區域常生產某種產品，因而形成很多生產中心或農區，都市地區人口集中，其鄰近常不能獲得適當食品供應，便形成消費中心；生產地區和消費地區間的距離愈大，買者和賣者市場的距離愈遠，則需要運輸職能愈切。

二、成功運輸之基本要求

(一) 要迅速

如運輸時間及各階段之停滯均要迅速。

(二) 環境要控制好

如溫度、大氣成分、溼度均要妥善控制。

(三) 避免機械傷害

如路況、運輸工具、包裝等均需良好、安全，以免損傷園產品。

在運輸中採用冷藏車、船或集裝箱運輸新鮮園產品，都是以維持產品適宜的低溫、保證產品品質為首要目的，裝載園產品時，必須在車箱內留有足夠的通風道，使冷空氣在包裝之間順利通暢，從而保持箱內各部位的溫度均勻，否則堆積過緊，包裝之間冷空氣不能循環流動，就有造成部分產品發熱腐爛的危險，特別是未經預冷的產品裝載太緊密和堵塞通風道，都發揮不了冷藏車、船的作用。

合理的冷藏運輸，應在貨物裝運之前在產地附近的預冷站先進行預冷，將產品降到一定的低溫後，再裝入冷藏車箱或船艙。

成熟度過高的果實，釋放出乙烯，有可能刺激其他果實進一步成熟，影響運輸和貯藏質量，過熟的果實不宜混雜在正常果實中作遠途運輸，此外，不同種類品種的果實，要求的運輸溫度不同，某些果實、蔬菜或花卉容易釋放乙烯，促使另一些產品後熟，都不宜混裝在同一車箱、船艙或集裝箱內運輸。

任何方式的運輸，都必須做到輕裝輕卸，避免任何原因造成的產品機械損傷，否則，即使是最優越的運輸工具和條件，也難以保證不破損產品和質量。

三、運輸途中溫度之控制

（一）冷藏系統

1. **機械冷藏：**最常使用，利用壓縮機壓縮冷媒達到降溫的效果。
2. **冰塊冷藏：**利用包冰或加冰塊於產品上部之方法。
3. **冷劑冷藏：**使用固態二氧化碳、液態氮之揮發而達冷卻效果，利用於空運最多，但要特別控制冷劑之量，此方法之預冷效果很快。

（二）空氣流通系統

使用空氣流通之方法來防止產品間溫度上升，因空氣流向阻力最小的方向，故產品間空間之安排必要適當，以利空氣之流通。

四、運輸之方法

（一）火車運輸

陸地上較大量且長距離之運輸園產品大多使用火車，此種火車上必須要有冷卻保溫設備，即在每車車箱底部裝置空地板欄柵，以利空氣流通，車頂與車身有隔熱裝置、車箱兩端設有冰庫。

（二）公路運輸

包括卡車，拖車與貨櫃車之運輸，以上述車輛運送園產品，堪稱方便，因其無一定路線，可以隨時裝運，極為妥善便捷，但容量小及容易震盪壓傷產品為其缺點。短距離運輸，無需冷藏設備但要有防雨防日曬裝置，長途運輸必須要有冷藏設備，較簡單之方法是使用冰塊直接加在園產品表面，或裝置冷凍機以吹風方式使果蔬冷卻，以上述車輛裝運新鮮園產品，震盪較烈，容易受損，故要注意裝箱及堆積時之穩固，以防行進途中之移動震盪。

（三）海上運輸

輪船運輸數量大，費用低，國際間之園產品運輸皆用之，園產品在船艙中裝積，時間較久，必須要有冷藏設備，否則因呼吸作用發出之熱量，將使船艙溫度升高，加速園產品腐爛。此外，船艙之通風亦甚重要，在船艙內要有足夠之風扇及通風管，才可降低溫度，減低艙內二氧化碳之存積量。

（四）空中運輸

時間上最短，故可保持較好之品質，但相對地費用卻較高；但因高空上飛行而壓力較小，新鮮產品容易失水，此為空中運輸所必要防止者。

五、園產品運輸的趨勢

（一）托板化，單位化

以利於運輸作業之方便進行。

（二）冷藏貨櫃之使用

保持較佳之品質。

（三）國際運輸

因國際貿易之發達，國際間之運輸勢必更加暢行。

第三節 販 賣

一、販賣之意義

生產不過是一種手段，其目的為利潤，而利潤則來自販賣（或稱銷售），無論私人與私人之間的交易，國與國之間的貿易，常以其個人或本國利益為前提，美國運銷專家曾為銷售下一定義：「銷售是一種最大的人為力量，這種力量可使美國的經濟得以前進。」

銷售實為各種運銷職能中最重要的一種職能，銷售職能可以減低運銷費用，下列四種費用更可減少：

（一）儲藏費用的減少

因銷售良好，貨品周轉快，存貨少，可以節省儲藏費用。

（二）運輸費用的減少

有計畫的銷售是貨品整車（使成為運銷單位）的銷售，當可節省運輸費用。

（三）退貨費用的減免

由於銷售技術的優良，顧客退貨的情形減少。

（四）廣告及宣傳費用的節省

因銷售技巧靈活，顧客對商店有信心，可以減少廣告宣傳。

二、定價與折扣

銷售時另一重要工作為定價與折扣，適當的定價與折扣，可使運銷商在無形中擴大營業數量，增加利潤收入，農產品進入超級市場後，此一問題日趨重要，常見之定價法如下：

（一）平均抬價法

根據貨品的成本再加上平均百分數而定貨價，其利有二：第一、可得預期的淨盈餘。第二、可以彌補無法預計的跌價損失，這種平均「抬價」百分數，常按全部營業數量為標準而計算。

（二）習慣與便利價格

有許多貨品定價格依從習慣與方便，即售價已在當地社會形成習慣，如欲增加，困難很多。

（三）奇數定價

貨物以單數定價，現頗流行，有許多商店對貨品定價均用此法，有的用於一部位或一種貨品，奇數定價的理由有三：第一，奇數定價有一種心理作用，例如貨物定價為 17 元者，比較定價 14 元者易於出售，此因顧客心理中，17 元可能為 20 元之減價，14 元為 15 元之減價，自以前者吸引力為大，第二，奇數定價可以防止售貨員的舞弊，因奇數需要找零，必須使用記帳機，第三，找還零數時顧客需要等待，可能引起購買其他貨品的動機，奇數定價價格末尾數字，如在 5 元以內者末尾可定為 1.99 元、4.98 元等，如貨價超過 100 元者，可定為 117 元或 103 元，其尾數仍用單數。

（四）低價政策

將貨品降價銷售以便競爭，此種價格常負相當風險，遇經濟情況改變成本增加時，則一向以低「價距」營業的運銷商，將無盈餘以彌補意外損失。

（五）高價政策

定價較高的目的希望在營業年度終了時，可以獲得較多盈餘，高價政策者常以為高價可以累積資金，利於營業周轉，並減少向外借款利息負擔，有時消費者認為高價代表「高級」產品，此亦為主張高價者的理由之一，實際採用此法者較少，因高價的缺點多於優點，消費者仍喜獲得價廉物美的貨品，如售價過昂，極易失去銷路。

折扣：在國際貿易中「折扣」的解釋，即當基價與計算後售價間如有差額且減少時，稱為「折扣」。吾人日常應用的折扣，大概有貿易職能、連鎖、數量、現金交易、預付等折扣。

三、販賣過程中各場所或商號之術語

（一）集貨市場

臺灣主要蔬菜產地的鄉鎮，均設有集貨市場，供附近菜農集中出售其產品，同時也供本地或外地的蔬菜集貨商集貨後，就地整理、分級、包裝，並湊成經濟的運銷單位，再運往各主要消費地區的批發市場。集貨市場是一種化零為整的交易場所，與消費地區化整為零的批發市場，在運銷職能上，適得其反，惟一律以「果菜批發市場」稱之。集貨市場的交易方式，由菜農與集貨商自由議價，並根據每年交易數量之多寡，分成等級。

（二）場外交易

場外交易係指菜農將產品不在市場內出售，而逕自在菜園或市場以外地點，售予集貨商或其他菜販，場外交易包括買青、契約收購等。

（三）貨主

貨主有兩種：一為產地集貨商，另一為產地果、菜農，均對貨品擁有所有權，貨主每日常將產地蔬菜、水果包裝，交由運輸公司運往消費地區的批發市場，或委託行口代為批售，或交由市場代為拍賣，集貨商為貨主時，蔬菜水果的起運點多在產地的集貨市場；菜果農為貨主時，蔬菜、水果起運點則在生產者的菜園、果園。

（四）行口

「行口」為消費地區果菜批發市場中的一種職能批發商，其主要業務是在批發市場中的規定時間內， 批售產地貨主所委託出售的蔬菜、水果，通常對貨品並不取得所有權，僅按貨值向貨主抽取佣金，每個「行口」在市場中，只占據小面積的攤位，就地陳列貨品，任由買者選購。「行口」必需正式向市場登記，並為蔬菜、水果商業同業公會的會員。

（五）承銷人

凡在果菜市場中從事買賣活動的商人均稱為承銷人，市場承銷人受管理規則管理，但其職能與身分，各地區與各級市場間頗不一致；產地集貨市場中，收集貨品之集貨商便屬承銷人。

（六）零批商

零批商是介於「行口」與零售商之間的一種商販，此種商販以臺北市最多，亦屬批發市場中的中間商，其貨源大部分是向行口整件批購而來，間有以現金直接向產地貨主販購者；零批商銷售方法是將蔬菜、水果拆件後，零批給零售菜販、水果販、大消費戶及一般消費者。

（七）零售商

零售商是市區內各消費市場的蔬菜、水果零售商，其主要業務是向行口或零批商人批購蔬菜、水果後，零售給最後消費者。

四、零售商的型態

零售商對最後消費者供應商品與勞務，以滿足其需要與慾望。各種型態的零售商，一方面接觸批發商（或製造商），另一方面接觸最後消費者，執行各種不同的服務，零售商供應商品於消費者時，必須在適地、適時，以合理價格供應適宜種類和適當數量的成品，故零售商店的位置，最好在買者容易到達的地方，尤其銷售日常用品及農產品的商店為然，居住都市的消費者與生產地區直接接觸的機會較少，生活必需品幾乎全部自零售商店購得，故零售商是運銷工作中最難執行與費用最大的部分，需雇較多人員，受到批評亦較多。

零售商因買賣商品種類、銷售數量、執行勞務、服務區域、管理形式及法定組織形式之不同，可以分為若干種型態，茲擇其重要者說明於後：

（一）百貨商店

百貨商店是大規模的零售商店，銷售商品種類繁多，包括農產品、衣著、日常用具及家庭設備等。

（二）連鎖商店

連鎖商店係聯合許多商店組織而成的大規模零售商店，該店由中央組織集權管理，使每一連鎖商店銷售同一規格的商品，廣告與人事政策亦集中處理，以達到高度的一致性。連鎖商店的經理都屬雇用性質，無任何決策權，僅負責「銷售」職能，就地理區域言，連鎖商店可分為地方性連鎖商店，區域性連鎖商店及全國性連鎖商店，地方性連鎖商店設於都市四周，區域性或全國性連鎖商店則分布全國各地。

（三）超級市場

超級市場是零售組織中最新型態，其經營方法如下：①為增加銷售數量起見，銷售價格為所有食品商店中最低者；②商品排列一致，分門別類，並單獨成一部門，以便消費者採購；③出售商品種類繁多，並全部陳列以吸引消費者；④店中設廣大通路，並供給商品容器（常為手推車），以便顧客大量採購運送；⑤用自助方式，由消費者自由採購，因此可節省人工開支，超級市場的經營，係採取獨立商店與連鎖商店種種優點，加以改進而成，也可說是百貨商店。

（四）消費合作社

消費合作社也是零售商店的型態，惟店主與經營原則不同而已。消費合作社係消費者按照合作原理，基於生活的需要，自動結合組成的商店，藉以從事買賣活動，以謀社員生活的改善。消費合作社有很多不同型態，普通分為地方（或單位）合作社和聯合社。聯合社的業務有：①批發，②大規模公用業務，③間或舉辦生產業務。

（五）小規模零售商店

小規模零售商店均係獨立組織，經營各種雜貨的零售服務，吾國現有零售商店中，也有連鎖商店，超級市場亦多，故所有零售商店型式仍以上述四種商店為代表，此類商店設置地點不定，有設於小市鎮中，亦有設立在大都市的營業中心，大多數為獨資經營或合夥性質。

實習八 園產運銷流程與成本

一、目的

瞭解園產品於各交易市場中的運銷流程與各過程中之成本。

二、方法

到鄰近之水果、蔬菜或花卉交易市場，以二至三種商品為對象，實際瞭解各產品之交易流程，並探知各產品基本單位之運費、包裝材料費、損耗、營業費用、傭工工資及毛利潤。

三、結果與討論

以流程圖說明各產品在各不同交易市場之運銷流程，並明確地計算該產品於交易市場之運銷成本。

習題

一、是非題

(　　) 1.蔬果含水分多，故體積大，單位體積之重量也較小，故運銷成本較高。

(　　) 2.銷售良好，貨品周轉快，存貨少，可以節省儲藏費用。

(　　) 3.奇數定價可防止售貨員於金錢之舞弊。

(　　) 4.空中運輸時間上最短，可保持較好之品質。

(　　) 5.空中運輸之園產品較不易失水。

(　　) 6.同時間園產品海上運輸數量大、費用低。

(　　) 7.公路運輸之容量小及容易震盪壓傷產品。

(　　) 8.不同種類、品種之果實，要求的運輸溫度、溼度不同，乙烯之釋放也不一樣，不宜混裝在同一車箱。

二、填充題

1.各運銷階段所需花費主要為________、________、________、________、________、________及________。

2.陸地上較大量且長距離之運輸園產品大多使用________。

3.成功運輸之基本要求為________、________和________。

4.運輸之方法包括________、________、________、________運輸。

5.銷售只能減少________、________、________、________及________等費用。

6.消費合作社有很多不同型態，普通分為________和________。

7.生產是一種手段，其目的為求得利潤，而利潤則來自________。

8.平均抬價法之優點乃________與________。

9.公路運輸包括________、________與________。

10.當基價與計算後售價間如有差額且減少時，稱為________。

三、問答題

1.運銷之意義為何？
2.影響蔬果運輸之主要因子為何？
3.園產品運輸之趨勢為何？
4.請說明常見之定價法。
5.超級市場經營之特色為何？
6.何謂「集貨市場」、「行口」、「場外交易」？

第九章　園產加工

第一節　園產加工的意義及範圍

一、園產加工的意義

園藝作物可供食用、藥用、香料用及觀賞用，為集約栽培的庭園植物（詳見第一章第一節）。在此定義下，可食蔬菜（包括菇蕈類）、果樹、花卉、香辛植物及咖啡、可可、橡膠植物及聖誕樹等均是園產品。園產加工即是針對這些園產品，而以果實及蔬菜等新鮮物為主，施予任何操作或處理，防止腐敗或變質，提高其食用價值及利用價值（包括觀賞價值）之技術。果實、蔬菜與其他農產物不同，水分含量特別高，不易保存，在貯藏及加工上必須對此特性加以注意。

二、園產加工的範圍

（一）依原料劃分

1. **蔬菜類加工：**以新鮮蔬菜之根、莖、葉、果實等為原料，製成罐頭（包含瓶裝、袋裝）、脫水蔬菜、冷凍蔬菜、醃漬蔬菜、蔬菜汁、蜜餞加工品等。
2. **水果類加工：**以水果為原料，經處理後，製成罐頭、果汁、果醬、蜜餞、脫水水果或糖果等。

3. **花卉類加工：**以花朵為原料，經處理後，製成香精、色素、乾燥花、壓花及永生花等特殊產品。
4. **觀賞葉加工：**以葉片為原料，經浸漬、蠟製等製成可供觀賞用的葉片。

（二）依加工方法劃分

1. **罐裝、瓶裝：**利用加熱殺菌與密封，殺滅微生物，並隔斷容器內外，使產品得以長期貯藏。
2. **鹽藏、糖漬：**利用高濃度物質（食鹽、糖等），抑制微生物的活動，防止其增殖。
3. **乾燥：**降低水分含量以抑制微生物的活動，防止其增殖。
4. **冷藏、冷凍：**利用低溫抑制微生物的活動，防止其生長。
5. **放射線照射：**利用放射線照射的方式，防止微生物的增殖，抑制酵素活性及其他生理作用，以維持品質。
6. **發酵：**利用有用微生物的活動，改善製品品質與保存性，同時賦予製品特殊風味。

第二節　園產加工之重要性

容易腐敗的果實與蔬菜，除可以生鮮物狀態利用外，經由第一節中所述的各種加工處理後，可以擴大及延長其用途，此對原料生產而言十分有利，對消費者而言，除了生產季節可得到生鮮物的供應外，隨時均可得到欲得之加工品，豐富了食生活的內容，也提高了生活水準。具體言之，園產加工有如下重要性：

一、保存性的提高

園產品經加熱殺菌、糖漬、鹽漬、乾燥（脫水）、試藥處理、放射線照射等手段後，使微生物生長受到抑制，而保持了長久可食的狀態，具有貯藏性。

二、品質的改善

（一）可食性提高

加工時去除了不可食部分、有毒物質或異味，並經加工改善後使得原本不能鮮食者變成可食用。

（二）嗜好性提高

經加工後改善色、香、味和質地，可得到與原料不同的更美好食味。

（三）營養性提高

加工後可提高消化吸收率、改善營養素的利用性且可強化其營養（藉添加）。

（四）衛生安全性提高

加工時去除或消滅了劣變因素，保持食品品質及衛生安全。

三、經濟價值的提高

（一）商品性提高

加工後提高市場上的商品價值，增加吸引力，促進購買意願。

（二）調節供需、穩定價格

於大量生產期中加以收購，經處理、加工，使可耐久貯，此具有穩定生產期價格及調節市場供需的功能。

（三）運輸性提高

加工處理後，去除了不必要的部分或脫水，減少體積及重量，降低運輸成本，且方便運輸至各地。

四、簡便性的提高

園產品經加工處理後，節省家庭中前處理的手續，有些製品更節省了食用前之烹調操作。

五、發展地區特色

可就各地區盛產之蔬果，加以加工處理，冠以該地區名稱，自創品牌，銷售各地或成為觀光特產品，提高地區聲譽。

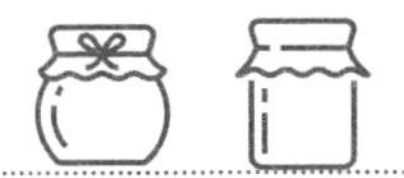

習題

一、是非題

(　　) 1. 所有園產加工品都可供食用。
(　　) 2. 蔬菜、果實因水分含量高，故容易腐敗。
(　　) 3. 放射線照射可防止微生物增殖，抑制酵素活性。
(　　) 4. 永生花是一種花卉加工品。

二、填充題

1. 觀賞葉係以葉片為原料，經________、________等加工而成。
2. 乾燥係利用________抑制微生物的活動，而冷藏、冷凍則是利用________防止之。
3. 發酵是利用________的活動，改善製品品質與保存性，同時賦予製品特殊風味。

三、問答題

1. 園產加工的重要性有那些？
2. 園產加工的方法有那些？其原理為何？

第十章　製　罐

第一節　罐裝之原理

一、罐頭發展之歷史

人類自古以來即知道使用乾燥、鹽藏、糖漬等方法來保存食物，但將食物裝填於容器，經加熱處理後密封，使之得以長期貯藏的罐頭製造方法，則是在距今約兩百多年前，法國糖果商人尼可拉斯亞伯特 (Nicolas Appert) 所發明。他於 1795 年著手研究，將食物放入玻璃瓶中，塞以軟木塞後，於水中加熱，去除瓶內空氣後再加以密封，而使食物貯藏成功。因此發明，他於 1809 年獲得拿破崙一萬二千法郎的獎賞。惟亞伯特非科學家，僅知其然不知其所以然。但自此開端後，1810 年，英國的彼得都蘭 (Peter Durand) 使用鍍錫的薄鐵板作成罐頭容器，稱之為 tin canister，目前稱罐頭為 can，即為 canister 的略稱。1812 年英國依都蘭的專利，設立了世界第一座罐頭工廠。1819 年罐頭傳入美國，之後有了馬口鐵、沖壓罐及蒸汽殺菌裝置等的發展，但直到 1864 年法國科學家路易士巴斯德 (Louis Pasteur) 發現細菌後，才在 1873 年證實了亞伯特罐頭製造法的科學性。1896～1898 年間，美國罐頭業者發明了液體封口膠及封口膠塗布機，並將以此法製成的罐頭稱為衛生罐 (sanitary can)。進入 20 世紀後，馬口鐵加工技術大為發展，也有鋁製易開罐之開發，同時也面臨複合罐、塑膠包裝等競爭性發展。

臺灣的罐頭工業則由家庭式小廠應用手搖封罐機及架疊蒸籠殺菌下發端成長，歷經各種演進盛衰興替之過程及不斷革新改進與整頓發展，迄今已近百年歷史，一般分成下列七個階段：

1. **1900～1921 年：**創業階段，於高雄鳳山設立鳳梨罐頭工廠，談不上正式外銷，但啟發了罐頭事業的發展根基。
2. **1922～1930 年：**進展階段，二重捲封罐取代手工銲錫罐，工廠設備機械化，並建立鳳梨罐頭輸出檢驗制度。
3. **1931～1942 年：**統制階段，設立共同販賣會社，生產、加工與販賣一貫作業，自由競爭進入統制階段，此時躍居世界鳳梨罐頭產銷量第三位（次於夏威夷與馬來西亞）。
4. **1943～1949 年：**沒落階段，受世界大戰影響，設施破壞，原料、人事不定，資金周轉困難，缺乏一貫整頓作業而終歸沒落。
5. **1950～1960 年：**復興階段，更新設備，建立自我檢驗制度，成立「臺灣省罐頭食品同業公會」，實施計畫產銷。
6. **1961～1981 年：**發揚階段，洋菇罐頭、蘆筍罐頭外銷成功，產銷量均創新峰，居世界第一位。
7. **1982 年以後：**向高層次轉型階段，國內外環境急遽變遷，食品工業面臨了原料與勞力成本激增的苦境，罐頭食品外銷量銳減，主要以番茄、竹筍、水產、果汁、飲料為主，此時惟有提升加工層次，以技術密集取代勞力密集，更新罐頭工業體質，才能突破困境更上層樓。

二、罐頭製造的原理

舊式罐頭的製造方法，係將食物裝入罐內，加蓋密封後於蓋上穿一小孔，以蒸汽或熱水蒸煮，待罐內空氣逸出後，再將該小孔銲塞，阻斷空氣流通，使食品得以長期保存。新法則是將食物裝入可密閉的容器（包括金屬罐、玻璃瓶、殺菌袋等）中，經脫氣箱脫氣、捲封機密封、殺菌釜殺菌等過程後，使食品得以長期保存。新舊方法雖有操作程序先後、機械效率高低、製品品質良好與否及生產力大小之別，但都是利用加熱來殺滅微生物，同時獲得罐頭之真空，更藉由密封來阻斷容器內外，保持真空，防止微生物再汙染，其方式雖然不同，但製造原理則是相同的，而脫氣、密封與殺菌則是罐頭製成的三個主要步驟，將在第四節製罐步驟中加以說明。

第二節　罐之種類

基於罐頭的定義，金屬、玻璃、紙、塑膠等均可供作製罐之材料，茲將各材料製成的罐頭容器之特性與優劣敘述如下：

一、馬口鐵罐

（一）馬口鐵皮

兩面鍍錫的鋼片稱為馬口鐵皮，其結構如圖 10–1 所示，由中層往外之次序為鋼板、錫鐵合金層、錫層、氧化錫膜、油膜。

（二）馬口鐵皮的製造方法

典型馬口鐵的製法如圖 10–2 所示，其中鍍錫的方式有兩種。其一為以錫為陽極，鋼片為陰極，通以電流時，陽極的錫溶解成為二價的錫離子而進入錫液中，然後鋼片表面析出金屬錫的電鍍錫法；另一則是將馬口鐵皮浸漬於熔融錫中，使鋼片表面附上錫層的熱浸法。電

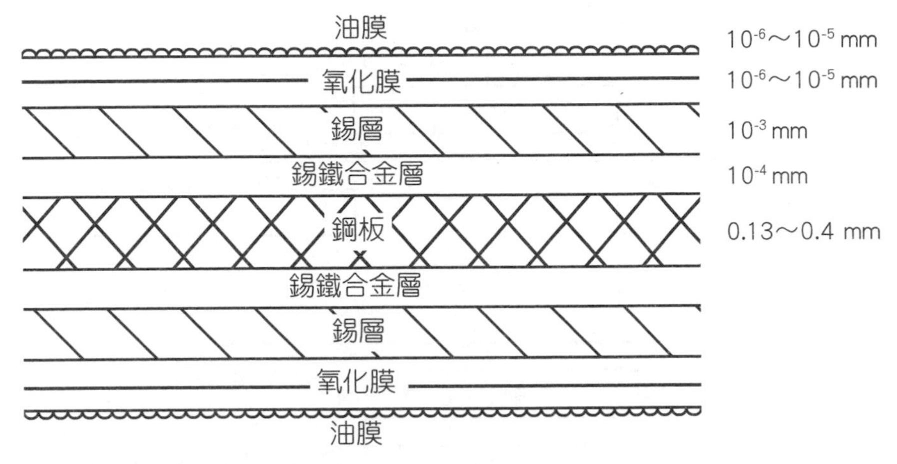

▶ 圖 10–1 馬口鐵皮的切面圖

鍍馬口鐵具有①鍍錫量可任意調節，可得薄鍍錫量而節省錫用量，②鋼片兩面可行差異鍍錫，作成兩面不同鍍錫厚度的容器，③鍍錫量一致，鍍錫表面狀態均一而安定，④外觀美麗、生產性高、價格較低等優點，故目前工業上都採用此法。

(三) 空罐的製造

目前使用最廣的食品空罐為圓筒形捲封罐，其有分為罐身、罐蓋與罐底三部分的三片罐 (three-piece can) 以及罐身和罐底（或罐蓋）形成一片，與另一片罐蓋（或罐底）計兩片形成之兩片罐 (two-piece can) 兩型式，其製造方法如圖 10–3 所示。空罐製造時，因係利用二重捲封法將罐身、蓋及底密接，無銲錫及銲接溶劑浸入罐內之虞，非常衛生，所以一般也稱之為衛生罐。兩片罐較三片罐少封一端，因此密封性可提高。依罐身之接合方式，可將罐分成銲錫罐、電銲罐及黏合罐。又欲使蓋或底與罐身得到完全密封，罐蓋與罐底捲緣內部均塗布有膠質物。為加強罐之耐壓，也常在罐的周圍附上連續溝紋，稱之加強環罐 (beaded can)。

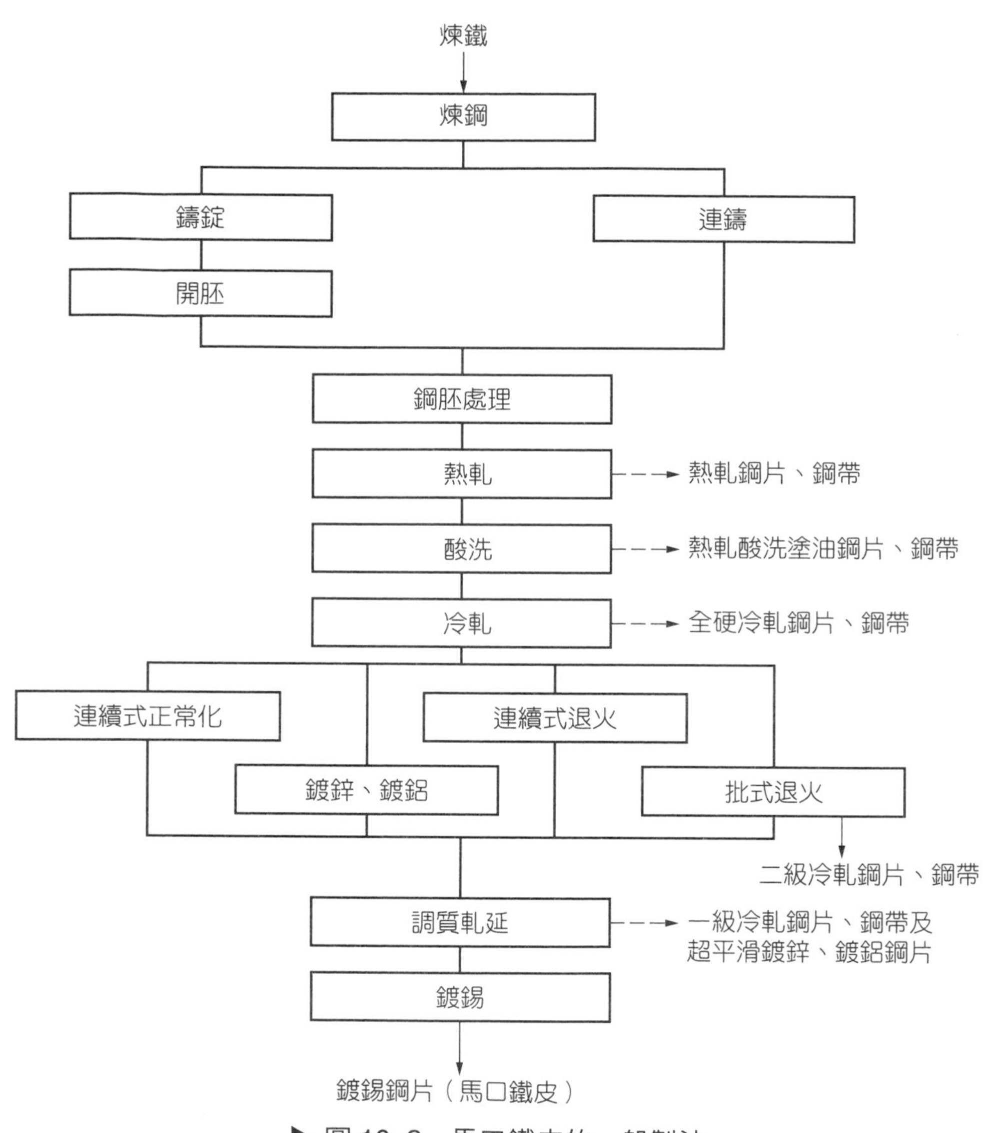

▶ 圖 10–2　馬口鐵皮的一般製法

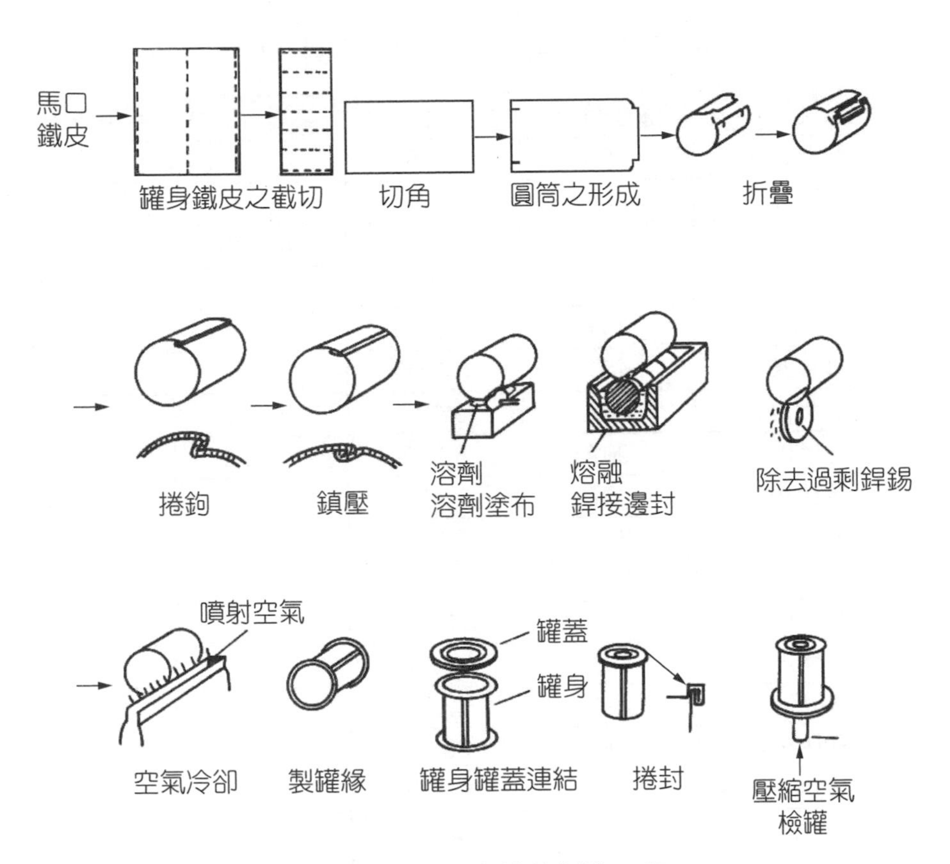

▶ 圖 10–3　空罐的製造工程

(四) 常用罐型

罐依直徑可標示 603、401、307、301、211、202 等罐徑，表示其直徑為 $6\frac{3}{16}$、$4\frac{1}{16}$、$3\frac{7}{16}$、……吋。同一罐徑，依罐之高度又可區分成許多罐型，表 10–1 為常用之罐型及其規格。

▶ 表 10–1 臺灣常用之罐型及其規格

罐型	罐徑標號	直徑 (mm)	罐高 (mm)	容積 (cm^3)
特 1 號 (#spc1)	603	156.54	222.00	3994.00
新 1 號 (#N1)	603	156.54	177.37	3153.00
1 號 (#1)	603	156.54	168.75	3011.80
1 號 B (#1B)	603	156.54	114.00	1005.28
2 號 (#2)	401	102.00	119.13	863.40
2 號 B (#2B)	401	102.00	101.50	734.80
特 3 號 (#spc3)	307	86.26	160.00	838.80
3 號 (#3)	307	86.26	113.26	588.70
3 號 B (#3B)	307	86.26	90.50	459.20
4 號 (#4)	301	76.84	113.26	462.30
4 號 B (#4B)	301	76.84	101.50	407.40
5 號 (#5)	301	76.72	81.51	326.80
6 號 (#6)	301	76.72	58.28	234.40
7 號 (#7)	211	68.00	101.50	316.70
7 號 B (#7B)	211	68.00	69.85	211.80
平 1 號 (flat1)	401	101.94	68.81	472.40
平 2 號 (flat2)	307	86.20	52.93	257.40
鮪 2 號 (tuna2)	307	86.20	46.00	219.00
攜帶罐 (P.C.)	301	76.64	53.00	202.10
250 公克 (250 g)	202	54.00	132.80	258.90
200 公克 (200 g)	201	54.00	104.60	201.30
小型 1 號 (2 oz)	202	54.00	57.15	104.40
150 公克 (150 g)	202	54.00	88.00	150.00
高 205 號 (tall 205)	205	59.00	183.30	436.70

(五) 空罐之塗漆

空罐塗漆，具有下列作用：

1.內部塗漆可防止罐內容物與空罐金屬（錫及鐵）直接接觸時，發生罐內壁腐蝕及變色。
2.內部及外部塗漆可保護耐蝕性不良的電鍍馬口鐵。
3.外部塗漆可防止在高溼度、氣溫變化大的地方製造或長期貯藏時，罐外部之生鏽。

罐內面之塗漆料，因內容物不同，在使用上亦有所區別，主要的有下列四種：

1.**油性塗料 (oleoresinous lacquer)：**乾性油與樹脂高溫煉製後，溶於溶劑，塗於罐上，以 200～210 °C 燒烤而成，適用於果實、蔬菜及調味魚類罐頭之用。
2. **C-漆料 (C-enamel)：**氧化鋅粉末分散於油性塗料而成，適用於含多量蛋白質的魚貝類、蟹、肉類等罐頭，可防止罐內壁及內容物黑變。
3.**酚 (phenol) 系塗料：**將熱硬化性的酚甲醛樹脂溶於高級醇中，塗於罐上後以 190～195 °C 燒烤而成，魚貝類、肉類等罐頭使用之。
4.**乙烯基 (vinyl) 塗料 ：**主要係以氯化乙烯及醋酸乙烯之共聚合物製成，通常塗於油性塗料之上，生成強的皮膜，啤酒、碳酸飲料、日本酒等適用之。

二、鋁罐

以鋁為材料製成的空罐，1918 年即有使用。

(一) 優點

1.質輕，鋁的比重約為馬口鐵的 $\frac{1}{3}$，運輸費用低。

2. 外表不腐蝕。
3. 不因硫化物而產生黑變。
4. 富成型性，以兩片罐製成，減少漏罐之可能性。
5. 對中性食品安定，內容物極少變化，不會發生金屬臭、罐臭；對啤酒等製品的風味不會造成傷害，無毒性。
6. 開罐容易，方便又安全。
7. 外表美觀，不生鏽，表面處理容易，易於印刷。

（二）缺點

1. 銲接性不良。
2. 強度小，質軟易變形，不耐壓，欲得與馬口鐵同樣強度時，至少需使用比馬口鐵厚 20% 的材質。
3. 殺菌時要特別注意罐內外壓力之平衡。
4. 對酸性高的食品而言，耐蝕性比馬口鐵低得多，易穿孔或氫氣膨罐。
5. 無磁性，在現在的製罐生產線上有各種問題，製罐速度慢，廢罐亦較多。
6. 價格比馬口鐵為高（約 3 倍）。

（三）空罐的形式

採用兩片罐製法，可分成沖壓罐 (drawn can)、複沖罐 (drawn and redrawn can) 及沖擠罐 (drawn and ironing can)。前兩者係鋁皮經沖床一次或數次沖壓成型，罐身及罐底（蓋）之厚度相同。沖擠罐則是鋁皮經沖床沖壓成杯狀後，再經幾次抽擠成型，罐身鋁皮厚度較薄，約為底部之 $\frac{1}{3}$，二片罐製法均為一體成型。

三、玻璃容器

(一) 玻璃容器的化學組成

SiO_2	72.7%	Na_2O	13.6%	CaO	10.4%
Al_2O_3	2.0%	K_2O	0.4%	F_2	0.2%
FeO	0.06%	SO_3	0.3%	BaO	0.5%

(二) 玻璃容器的製造方法

1. **原料調合**：將矽砂、石灰石、白雲石、碳酸鈉等原料，依容器使用目的以各種比例攪拌調合。
2. **熔解**：在熔解窯中以 1500 °C 左右的高溫加熱熔解。
3. **成形**：以下列各種不同方式成形。
   (1)吹製 (blowing)：以壓縮空氣在金屬模中吹入熔融的玻璃而製成。
   (2)拉製 (drawing)：以模子或滾子使熔融的玻璃成形，以拉輾及溫度控制成品大小及形狀。
   (3)壓製 (pressing)：用柱塞 (plunger) 在固定模子中壓製熔融玻璃以成形。
   (4)鑄製 (casting)：以重力或離心力使熔融玻璃在模中成形。

(三) 玻璃容器的優點

1. 玻璃不易與罐頭內容物起化學反應，幾無腐蝕、劣變現象發生，合乎衛生要求，適於食品保存。
2. 玻璃具有不透性及無孔性，不透氣、不透水。
3. 玻璃具有透明性，可以透視並察覺所裝內容物，易受消費者歡迎。

4. 玻璃具有很大的強度。
5. 玻璃瓶開閉、再密封容易，使用方便。
6. 玻璃無異味，貯藏性安定，可延長貯存期。
7. 玻璃可製成各種形狀、大小，可任意著色，外觀美麗。

（四）玻璃容器的缺點

1. 玻璃具透光性，易使內容物發生受光線照射而起分解、氧化現象。
2. 質脆易破碎，安全性較差。
3. 導熱性差，殺菌較不容易。
4. 笨重，包裝及運輸費較高。

四、殺菌袋 (retort pouch)

殺菌袋為近年來開發，可以加壓殺菌釜殺菌的袋狀包裝容器，此容器除了需具備一般食品包裝材料的機能外，還要能耐 100 °C 以上的加壓殺菌及長期保存中可防止食品變質的特性。此軟質包裝材料的基本材料有①聚烯烴材料 (polyolefins) 如聚乙烯 (polyethylene; PE)、聚丙烯 (polypropylene; PP)、聚苯乙烯 (polystyrene; PS)、聚氯乙烯 (polyvinylchloride; PVC) 及聚偏二氯乙烯 (polyvinylidene chloride; PVDC) 等，②縮合聚合物 (condensation polymer) 如聚醯胺－尼龍 (polyamide-nylon)、聚乙酯 (polyester; PET) 等，③天然纖維素 (cellulose) 如紙、玻璃紙等，④金屬箔如鋁箔 (aluminum foil)、金屬化薄膜 (metalized film) 等。這些材料可以單層使用，也可經延伸、積層等二次加工改善其特性，擴大適用範圍。

五、紙容器

紙容器系列通常係以紙為基材加以積層而成，可有紙／PE／鋁箔／紙／PE、蠟／紙、紙／PE／鋁箔／PE 等各種不同積層方式。代表性的紙容器有 pure pack 及 tetra pack。Pure pack 係美國 Ex-Cell-O 公司於 1935 年開發的屋頂型 (gable top type) 液體用紙容器之商品名稱，外觀美麗，也有相當強度。此容器的容量自 250 mL 至 2 L 均有，現在已開發出生產能力達 9000 個／小時以上的大型充填機及無菌充填裝置。除了用以包裝牛乳之外，也可用於醬油、醬料、果汁等液狀食品之包裝。Tetra pack 為瑞典 Tetra Pack 公司開發的三角錐正四面體的液體飲料用紙容器，普及於世界各地。三角型的正四面體為標準型，此外尚有如磚型的 tetra brick 等，俗稱利樂包，此型已取代四面體而廣被使用，因其在紙上面加塗有聚乙烯及鋁箔，障蔽性強，可以防止光及氧之作用，使產品更耐久貯。

第三節　封罐方法

罐頭係將食品裝入容器，密封後防止容器內外空氣流通，微生物無法由外界侵入容器，再利用加熱殺滅容器內存在之變敗微生物，因此密封與加熱殺菌都是罐頭製造上最重要的工程。

一、馬口鐵罐與鋁罐的密封

馬口鐵罐與鋁罐等金屬罐均使用二重捲封 (double seaming) 的方式密封，將食品裝入空罐後，以二重捲封使成氣密而成。

（一）二重捲封機 (double seamer) 的種類

二重捲封機即封罐機，依其原動力可區分為手動式捲封機、半自動式捲封機及自動式捲封機三大類。此三類捲封機之構造與性能雖各有差異，但均是在於將罐身與罐蓋嵌合，形成的捲封構造並無不同，表 10–2 為各型捲封機種、機構及能力一覽表。

▶ 表 10–2 捲封機機種、機構與能力一覽表（續下二頁）

機 種	驅動方式	能力（罐／分鐘）	轉軸數	捲輪數	捲封時罐的狀態	捲封罐型	托盤的型式	捲封時的外壓
家庭式捲封機	手動式	3～5	1	2	罐迴轉	圓形罐專用	自由迴轉型	常壓
semitro 捲封機	半自動式	15～18	1	2	罐迴轉	圓形罐專用	自由迴轉型	常壓
Adriance 捲封機	半自動式	10～15	1	2	罐固定	萬能型	固定型	常壓
O 型衛生真空捲封機	半自動式	10～15	1	4	罐固定	圓形罐專用	固定型	真空
321 型衛生真空捲封機	半自動式	10～15	1	4	罐固定	萬能型	固定型	真空
4-DS 型二重捲封機	自動式	75～85	2	2	罐固定	圓形罐專用	固定型	常壓
Canco 400 型二重捲封機	自動式	180～200	4	4	罐固定	圓形罐專用	固定型	常壓
Canco No.1 高速真空捲封機	自動式	60～120	1	4	罐固定	圓形罐專用	固定型	真空
5 M-A 型真空捲封機	自動式	40～45	1	4	罐固定	圓形罐專用	固定型	真空
13 M 真空捲封機	自動式	20～25	1	4	罐固定	圓形罐專用	固定型	真空
14 M・C 真空捲封機	自動式	70～80	1	4	罐固定	圓形罐專用	固定型	真空

15 型旋轉真空捲封機	自動式	120～160	4	4	罐固定	圓形罐專用	固定型	真空
301-A 型真空捲封機	自動式	40～45	1	4	罐固定	圓形罐專用	固定型	真空
805-A 型真空捲封機	自動式	40～45	1	4	罐固定	圓形罐專用	固定型	真空
358-A 型廣用型真空捲封機	自動式	30	1	4	罐固定	萬能型	固定型	真空
7 型西式橢圓捲封機	自動式	50～60	1	4	罐固定	橢圓罐專用	固定型	常壓
M 8-A 型廣用型真空捲封機	自動式	30	1	4	罐固定	萬能型	固定型	真空
16 M-3 V 型高速旋轉真空捲封機	自動式	180～250	3	4	罐固定	圓形罐專用	固定型	真空
M 18 廣用型真空捲封機	自動式	50～60	1	4	罐固定	萬能型	固定型	真空
605 M 真空捲封機	自動式	80～100	1	4	罐固定	圓形罐專用	固定型	真空
F 24 C 充填捲封機	自動式	150～300	4	2	罐迴轉	圓形罐專用	強制驅動型	蒸汽噴氣
F 36 C 充填捲封機	自動式	300～500	6	2	罐迴轉	圓形罐專用	強制驅動型	蒸汽噴氣
354 捲封機	自動式	300～350	4	2	罐迴轉	圓形罐專用	強制驅動型	蒸汽噴氣
21 M 捲封機	自動式	120～360	4	2	罐迴轉	圓形罐專用	強制驅動型	蒸汽噴氣
450・HCM	自動式	230～500	6	2	罐迴轉	圓形罐專用	強制驅動型	氣體・蒸汽噴氣
417 型二重捲封機	自動式	230～500	6	2	罐迴轉	圓形罐專用	自由迴轉型	氣體噴氣
30 M・HCM	自動式	500～800	8	2	罐迴轉	圓形罐專用	強制驅動型	氣體・蒸汽噴氣
449・HCM	自動式	400～1000	10	2	罐迴轉	圓形罐專用	強制驅動型	氣體・蒸汽噴氣
649・HCM	自動式	300～1400	12	2	罐迴轉	圓形罐專用	強制驅動型	氣體・蒸汽噴氣

Canco 4 R	自動式	250～360	4	2	罐迴轉	圓形罐專用	自由迴轉型	氣體・蒸汽噴氣
Canco 6 R	自動式	400～500	6	2	罐迴轉	圓形罐專用	自由迴轉型	氣體・蒸汽噴氣
Canco 8 R	自動式	500～800	8	2	罐迴轉	圓形罐專用	強制驅動型	氣體・蒸汽噴氣
Canco 12 R	自動式	1200～1500	12	2	罐迴轉	圓形罐專用	強制驅動型	氣體・蒸汽噴氣
Angelus 40 P	自動式	200～275	4	4	罐固定	圓形罐專用	固定型	蒸汽噴氣
Angelus 60 L	自動式	400～500	6	2	罐固定	圓形罐專用	自由迴轉型	氣體・蒸汽噴氣
Angelus 61 H	自動式	450～600	6	2	罐固定	圓形罐專用	強制驅動型	氣體・蒸汽噴氣
Angelus 80 L	自動式	600～800	8	2	罐固定	圓形罐專用	強制驅動型	氣體・蒸汽噴氣
Angelus 120 L	自動式	1200～1500	12	2	罐固定	圓形罐專用	強制驅動型	氣體・蒸汽噴氣

（二）捲封機的構成要素與作動方式

二重捲封機包含軋頭 (chuck)、托盤 (lifter)、第一捲輪 (first operation seaming roll) 及第二捲輪等四要素，其相關位置如圖 10–4，其作動方式則如圖 10–5 所示，裝載罐蓋的罐身受軋頭與托盤支持，第一捲輪水平運動接近軋頭，罐緣捲曲後退開，接著第二捲輪同樣地以水平運動接近軋頭，將第一捲輪捲曲之蓋緣壓平而完成捲封。第一及第二捲輪完成捲封後的狀態如圖 10–6 所示。

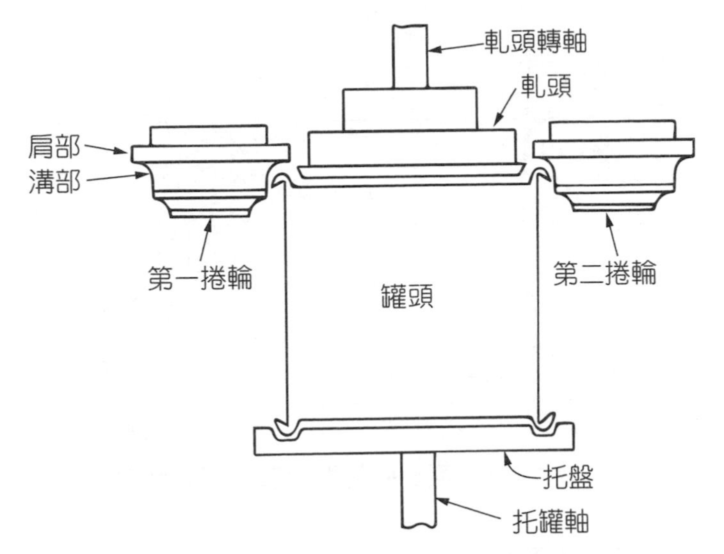

▶ 圖 10-4 二重捲封機之要素與相關位置

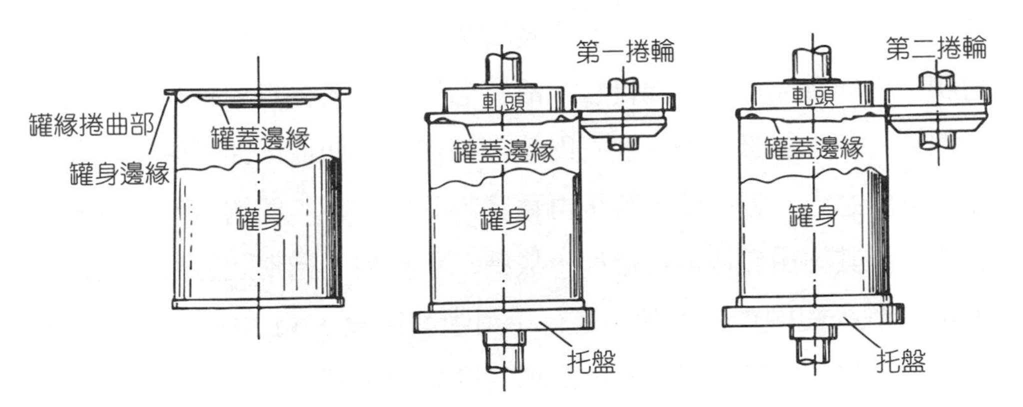

▶ 圖 10-5 二重捲封之作動

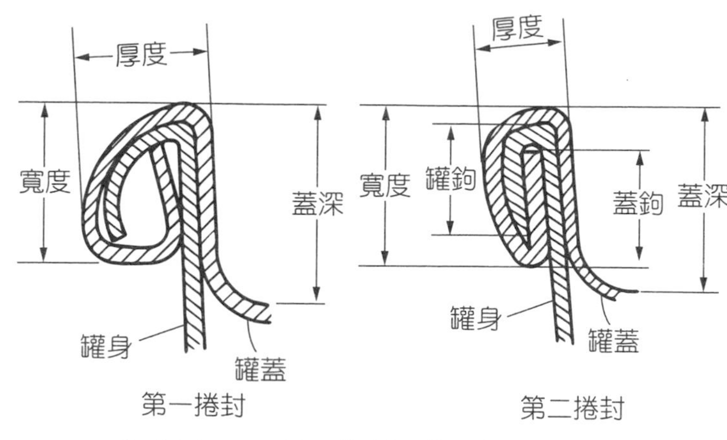

▶ 圖 10–6　第一捲封與第二捲封之狀態

（三）二重捲封的檢查

馬口鐵皮罐係由罐身、罐底及罐蓋三部分組成，底、蓋均塗有密封膠，內容食品不與銲錫接觸，故又名衛生罐。罐身與罐蓋連接密封的部分，由二層罐身鐵皮及三層罐蓋鐵皮嵌合而成，即蓋外緣捲曲部嵌入罐緣之內，經捲輪壓緊後再藉密封膠之存在，使捲封部保持密封狀態，因其經由二個捲封過程，故稱二重捲封。捲封狀態是否良好、正常，除外觀檢查外，尚需進行捲封斷面檢查，圖 10–7 為捲封斷面圖各部名稱之相關位置，其檢測項目則包含下列各項：

1. **捲封厚度 (T)：捲封厚度可以下式大約估計：**

$$T = 3t_c + 2t_b + 0.1(3t_c + 2t_b) = 1.1(3t_c + 2t_b)$$

　其中 t_b 為罐身鐵皮厚度，t_c 為罐蓋鐵皮厚度。

2. **捲封寬度 (W)：** 捲封寬度也稱捲封長度，通常應較蓋深小 0.13～0.20 mm。

3. **蓋深 (C)：**蓋深指捲封頂端至蓋面的深度，為軋頭嵌合的部分。

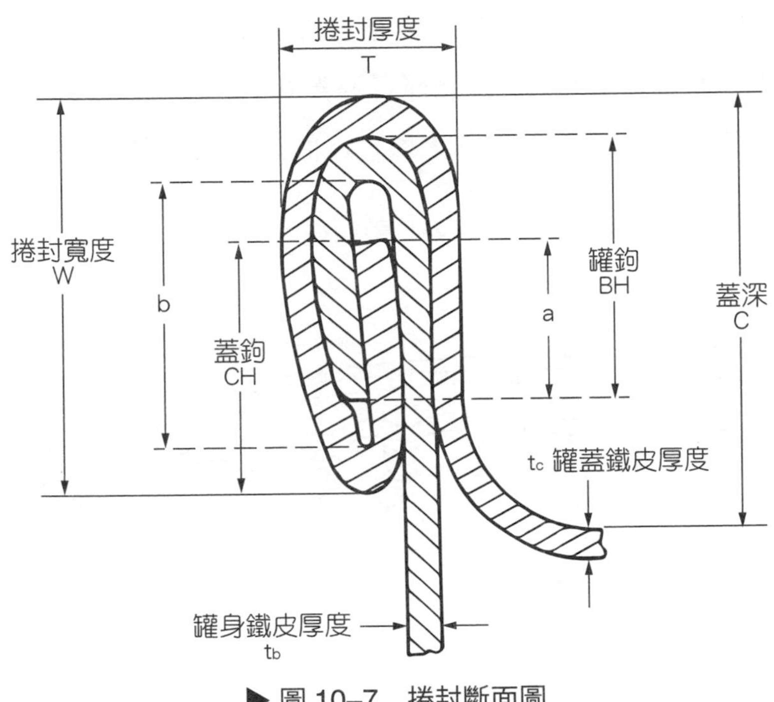

▶ 圖 10–7 捲封斷面圖

4. **罐鉤 (BH)：**罐緣嵌入蓋捲曲部內之部分。

5. **蓋鉤 (CH)：**蓋捲曲部嵌入罐鉤與罐身間的部分。

6. **鉤疊長度 (OL)：**罐鉤與蓋鉤重疊部分之長度，通常 OL 不得小於 1.02 mm，其計算式如下：

$$OL = BH + CH + 1.1t_c - W$$

7. **鉤疊率 (OL%)：**鉤疊長度對理論上能完全鉤疊之長度的百分率，可查鉤疊百分率計算表得知，或由下式計算。一般而言 OL% 應不得低於 45%。

$$OL\% = \frac{BH + CH + 1.1t_c - W}{W - (2.2t_c + 1.1t_b)} \times 100$$

8. **皺紋度 (WR)：**皺紋度為判斷捲封緊度的主要因素之一，如圖 10–8 所示，WR 通常依蓋鉤長度分成十級，完全無皺紋者為 0 度，皺紋擴展至蓋鉤全長者為 10 度。又依罐徑要求不同，罐徑大於 101.6 mm 者 WR 應為 0，小於此罐徑者應為 0～2 度，WR 大於 4 或鋁蓋鉤之 WR 大於 1 者表示捲封太鬆，在商業產品中表示密封不安全。

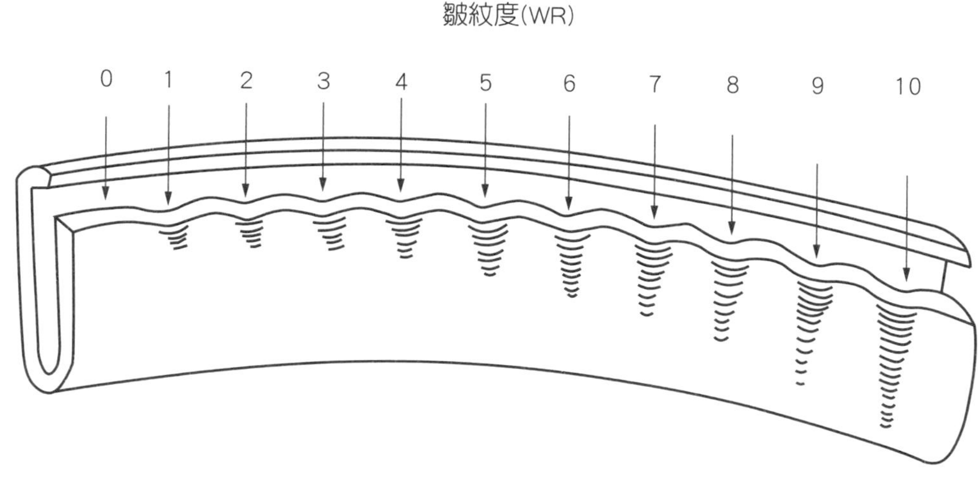

▶圖 10–8　蓋鉤皺紋度圖

二、玻璃瓶的密封

（一）王冠蓋 (crown cap)

如果汁、汽水瓶蓋等，係使用馬口鐵沖壓，墊入膠質軟墊或塗膠軟木片，在瓶蓋機之壓力下，波紋狀之外圍同時內縮而密封，王冠蓋如圖 10–9。

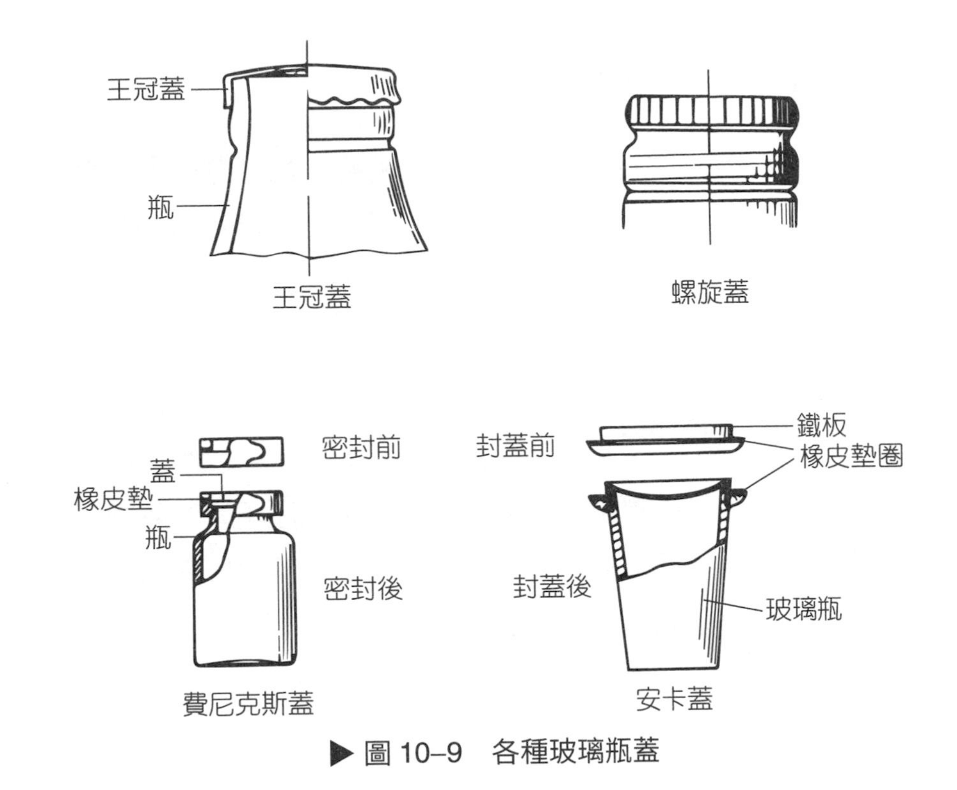

▶ 圖 10–9 各種玻璃瓶蓋

（二）螺旋蓋 (screw cap)

螺旋蓋可由鋁、馬口鐵皮或塑膠材料製成，其外觀如圖 10–9 所示，在蓋內側與瓶口外側均有螺旋紋，蓋內與瓶口相接處有墊圈，此蓋型可用於低溫殺菌，不可用於高溫殺菌。

（三）費尼克斯蓋 (phoenix cap)

如圖 10–9，乃利用定型的金屬圓箍蓋與橡皮墊套於瓶口，置瓶於機臺上，使瓶上升則橡皮墊被壓縮，同時用滾輪將蓋之下緣向內曲折於瓶口之周緣而得氣密性。

（四）安卡蓋 (anchor cap)

如圖 10–9 所示，其係利用鐵板製之瓶蓋，周緣有橡皮墊圈，瓶如玻璃杯，口徑較大，食品裝入覆蓋後，放入封瓶機內以托盤上升，軋頭將蓋嵌下， 利用外側之顎 (jaw) 將橡皮墊圈及蓋緣壓成三角形而密封。

（五）扣封蓋 (white cap)

鐵皮蓋內緣裝有橡膠圈，當瓶蓋在瓶口垂直壓下時，將圓稜形之橡膠圈擠成扁狀而扣緊密封。封蓋時可利用蒸汽噴射脫氣法，將瓶中內容物上部之空氣驅除，同時將蓋壓緊即成，可自動大量封瓶，美國大陸白蓋公司 (Continental White Cap Co.) 開發有此瓶型之自動真空封瓶機。

三、殺菌袋及柔軟包裝的密封

殺菌袋等柔軟包裝之密封法有結束法、接著劑法、熱熔封法及軋頭法等，其中熱熔封法最常用。塑膠材料的熱熔封性為金屬、木材等包裝材料所缺少，熱熔封係因塑膠受熱軟化，在流動性增大的狀態下壓著，使兩片塑膠膜的構成分子擴散而得。熱熔封法有如下若干方式。

（一）熱封法 (heat sealing)

一般亦稱之熱板封法 (bar sealing)，其係將軟袋置於加熱至一定溫度的熱板上而壓著的方法，此裝置構造簡單，價格低廉，但需預熱，溫度、壓力、時間的控制難，密封部易變形，厚膜的熱封不易等為其缺點。熱封法有如圖 10–10 所示的若干壓著方式。

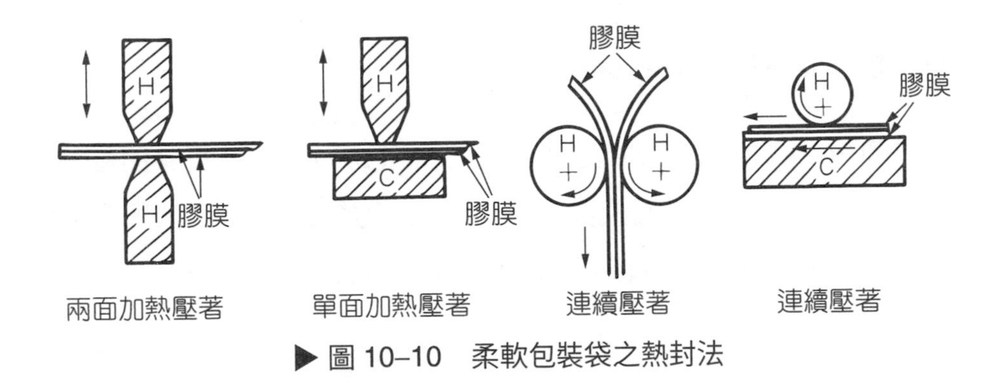

▶ 圖 10–10 柔軟包裝袋之熱封法

(二) 瞬間封法 (impulse sealing)

如圖 10–11 所示，將軟袋壓著於冷的鋼鉻合金帶後，瞬間通以大量電流，使之發熱而密封，於帶冷卻後膜即脫離的方法。

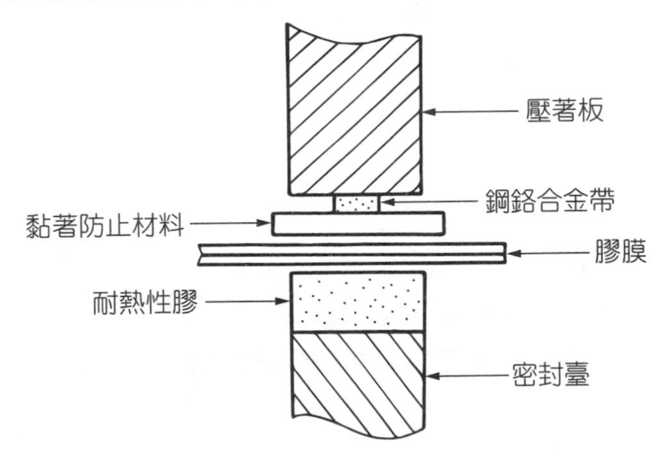

▶ 圖 10–11 柔軟包裝袋之瞬間封法

(三) 高週波封法 (high frequency sealing)

將高週波照射於絕緣物上，因構成分子振動摩擦而使膜內部發熱而密封的方法。

（四）超音波封法 (ultrasonic sealing)

如圖 10–12 所示，於膜上施予超音波振動，因接著面摩擦發熱而密封的方法，通常使用週波數 20～40 KHz 的發振器。此法與高週波封法一樣，因發熱集中於接著部而可得優美而強力之接著。

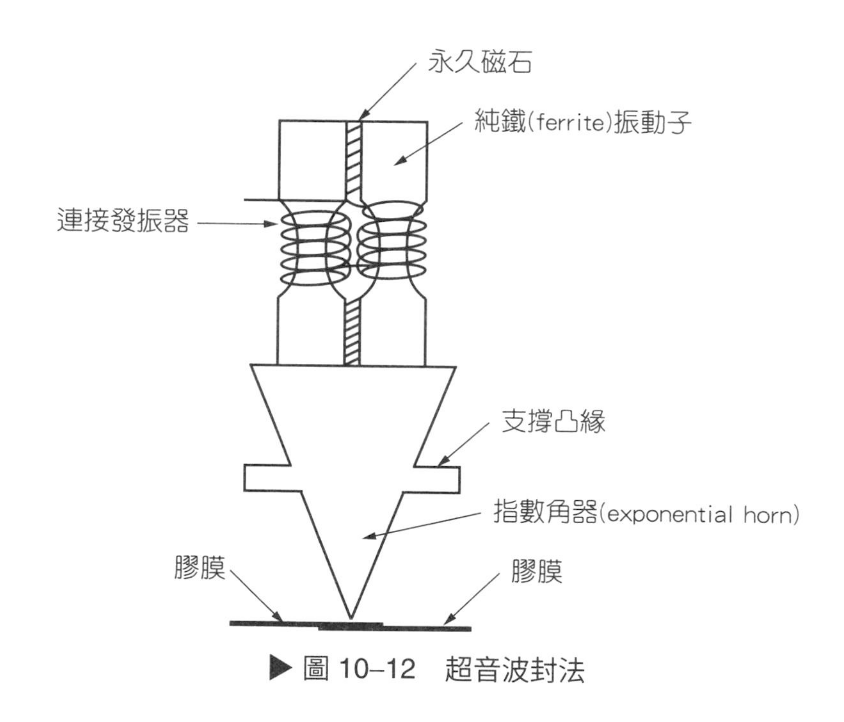

▶圖 10–12　超音波封法

第四節　製罐步驟

一、罐頭的製造原理

舊式罐頭的製造方法係將食物裝入罐（玻璃瓶）內，加蓋密封後於蓋上穿一小孔，以蒸汽或熱水蒸煮，待罐內空氣逸出後，再將該小孔銲塞，阻斷空氣流通，使食品得以長期保存。新法則係將食物裝入可密閉的容器（包括金屬罐、玻璃瓶、殺菌袋等）中，經脫氣箱（或真空）脫氣、捲封機密封、殺菌釜殺菌等過程後，使食品得以長期保存。新舊方法雖有操作程序先後、機械效率高低、製品品質良否及生產力大小之差別，但都是利用熱來殺滅微生物，同時獲致罐頭之真空，更藉密封來阻斷容器內外，保持真空，防止微生物再汙染，其方式雖異，但原理均同。

二、罐頭的一般製造程序

如前所述，將食物裝入各種可密閉的容器內，經密封後施以加熱等處理，而得以長期貯藏的製品，均可稱為罐頭。罐頭之製成通常須經下列流程，即原料 → 前處理 → 調理 → 脫氣 → 密封 → 殺菌 → 冷卻 → 成品，其中脫氣、密封、殺菌對罐頭製品的安全性與品質影響甚鉅，故一般以此三步驟為罐頭製造的三大工程。茲依製罐步驟敘述如下：

（一）原料

原料品質良好與否，對罐頭品質影響甚大，水產原料須注意鮮度，而農產原料則須注意加工適用品種與恰當的成熟度。

（二）前處理

罐頭食品加工之前處理，依產品種類而會有所不同，大致包含洗滌、選別、去皮、除核、截切、殺菁、漂水等操作。

1. **洗滌：**原料在加工前，需經洗滌以去除附著在原料上的砂土、灰塵、微生物、藥劑及昆蟲等雜物，以減少汙染，降低產品腐敗率，提高產品品質。洗滌可用浸漬洗滌法、攪拌洗滌法、加壓噴洗法及振盪洗滌法，各法之效果各有優劣，需依原料特性選用之。

2. **選別：**食品原料選別的基準包括品種、成熟度、形態、大小、色澤等條件，應依規格要求剔除不適用者，使製品標準化，並提高作業效率。

3. **去皮、除核、截切：**因原料特性、加工層次及消費者要求等之不同，魚類有時需經去除頭部、皮、骨、內臟及血液等操作；果實、蔬菜有時需去除皮、種子、心部等不可食部分。食品原料亦常需依罐型、片型等而截切成一定長短或大小。

4. **殺菁：**殺菁係果實蔬菜類在罐頭製造、乾燥、冷凍等加工前所作的一種預熱處理。其目的如下：

⑴使組織收縮、軟化而易於裝罐或剝皮等調理。

⑵排除果實蔬菜組織內的氣體，具有脫氣效果。

⑶破壞食品原料中的酵素，防止加工操作中之變質、變色。

⑷去除不良氣味。

⑸去外皮蠟質、雜物，亦有進一步清洗的作用。

⑹殺滅部分微生物。

殺菁通常以熱水或蒸汽處理，使用溫度約 82～93 °C，時間 30 秒～5 分鐘，殺菁是否妥適，可以過氧化酶 (peroxidase) 或觸酶 (catalase) 之殘存活性為指標。

5. **漂水：**將剝皮或殺菁後的原料，施以流水浸漬、冷卻、洗滌等的作業，其可把引起不良風味或品質變化的因素除去，如蜜柑罐頭製造時，漂水可以除去酸鹼處理去瓣膜後的酸鹼成分及造成白濁的橘皮苷 (hesperidin)，又如竹筍之漂水，乃是為了去除澀味及造成白濁的酪胺酸 (tyrosine)。

（三）調理

前處理後之調理包括裝罐、稱量、注液等操作，均需依規格所需進行，注加液有食鹽水、糖漿、醬油、沙拉油、番茄泥或調味醬料等，裝罐後的原料，在以後的加工過程中會因收縮、吸液等現象而影響固形量，此亦是裝罐時應考量的因子。

（四）脫氣 (exhausting)

脫氣係指排除罐頭內食品中含有的空氣或上部空隙中所含的空氣，為加工食品製造時的一重要過程，其作用如下：

1. 阻止好氣性微生物增殖。
2. 避免內容物色澤、香氣、味道惡變。
3. 防止加熱殺菌時罐內空氣膨脹而導致罐頭破損。
4. 防止罐內壁腐蝕。
5. 防止維生素及其他營養素變質或破壞。

脫氣操作有下列方式：

1. 加熱式脫氣法——脫氣箱。
2. 機械式真空脫氣法——真空捲締機密封。
3. 蒸汽噴射脫氣法——蒸汽噴射於上部空隙並直接捲封。

（五）密封 (sealing)

使容器內容物與外界（氣體、水分）隔絕，罐頭、瓶裝、殺菌軟袋等保藏食品，均需要嚴密的密封，以防止微生物、氧氣等侵入，密封技術為現代食品保存上不可或缺的要件，密封的方法詳見本章第三節所述。

(六)殺菌

1.罐頭殺菌之分類

(1)絕對殺菌 (absolute sterilization):使罐頭完全無菌的殺菌處理,但細菌孢子之耐熱性大,達到完全無菌時,食品之質地、顏色、香味等均將劣變而失去其商品價值。

(2)商業殺菌 (commercial sterilization): 殺死所有會危害到消費者健康的微生物,即凡病原菌及毒素產生菌必須完全殺死,而在一般貯藏條件下不能回復活性的微生物殘存之殺菌處理。

(3)低溫殺菌 (pasteurization): 100 °C 以下的殺菌處理,屬於商業殺菌的一種,但必須在低 pH(< 4.6)、高糖度、高鹽分或成品貯藏於低溫 (0～4 °C) 的條件之一下方可採行。

2.罐頭殺菌的裝置

(1)殺菌裝置:罐頭殺菌裝置有如下多種方式,其中以臥式靜置式高壓蒸汽殺菌釜及立式靜置式加壓水煮殺菌釜最常見,水果罐頭亦常用連續低溫殺菌機殺菌。殺菌裝置的型別有下列多種:

(a)臥式靜置式高壓蒸汽殺菌釜:如圖 10–13 所示。

(b)立式靜置式加壓水煮殺菌釜:如圖 10–14 所示。

(c)連續低溫殺菌機。

(d)快速旋轉殺菌機。

(e)螺旋式殺菌機。

(f)水封式殺菌機。

(g)火燄殺菌機。

(h)靜水式殺菌機。

(i)迴轉式殺菌釜。

(2)金屬罐與玻璃瓶裝殺菌設備之不同點：

(a)瓶裝食品必須在水中殺菌及冷卻。

(b)瓶裝食品殺菌必須有壓縮空氣供應。

(c)溢流管必須加裝釋壓閥以保持釜內壓力。

(d)釜內之溫度與壓力必須分別控制。

(3)殺菌袋食品與罐裝食品殺菌之不同點：

(a)加熱殺菌、冷卻期間要特別注意袋內、外壓力差。

(b)殺菌裝置有空氣加壓蒸汽式與熱水式二種。

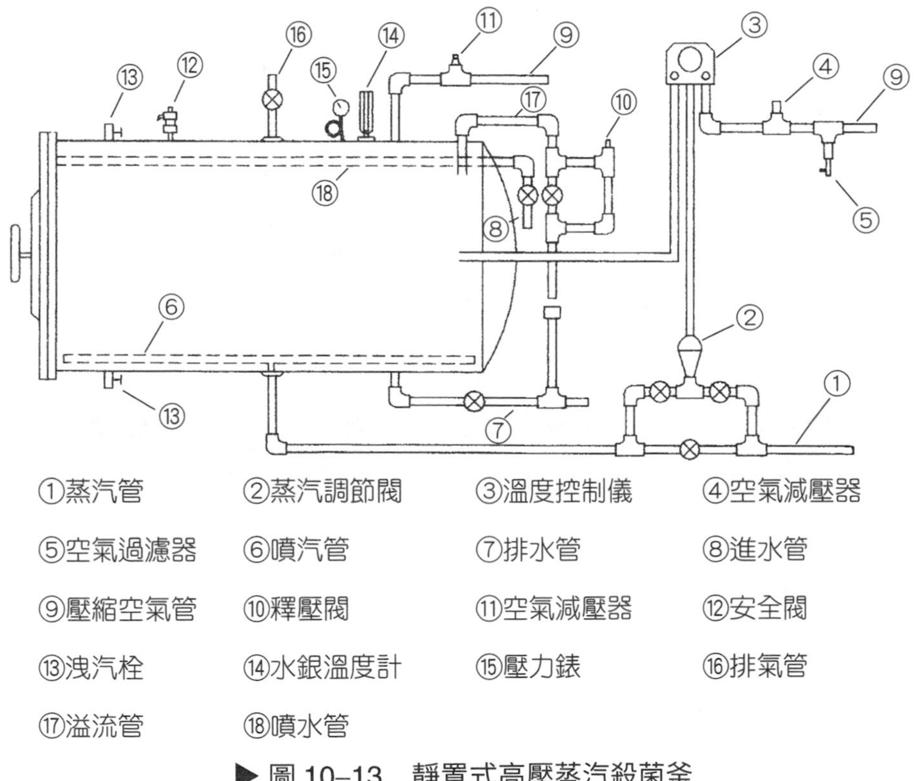

▶圖 10-13 靜置式高壓蒸汽殺菌釜

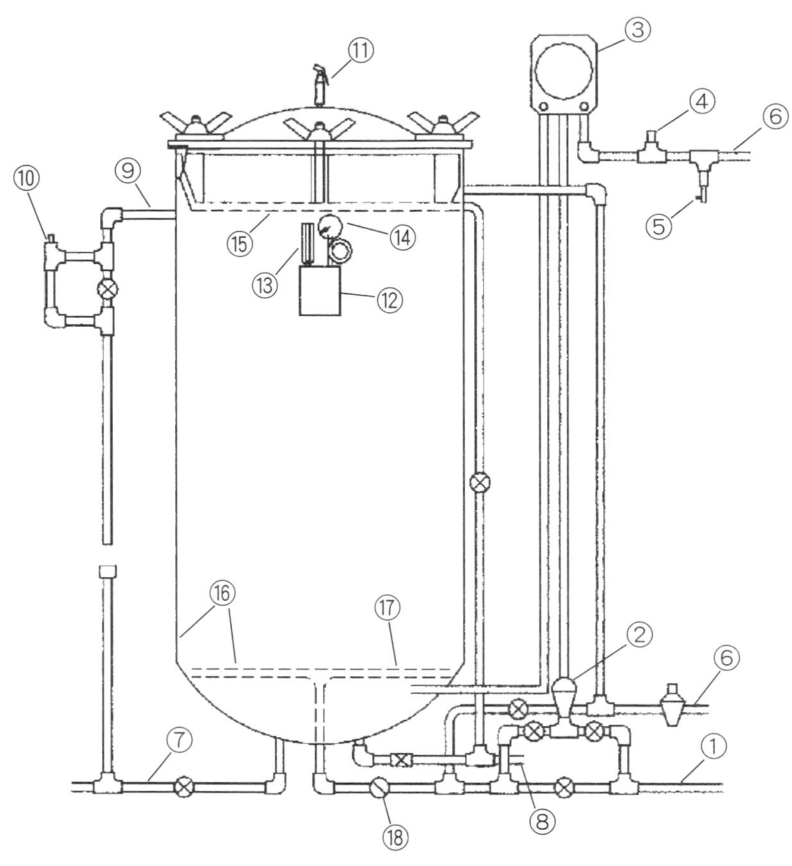

①蒸汽管　②蒸汽調節閥　③自動溫度控制儀　④空氣減壓器

⑤空氣過濾器　⑥壓縮空氣管　⑦排水管　⑧進水管

⑨溢流管　⑩釋壓閥　⑪安全閥　⑫溫度井

⑬水銀溫度計　⑭壓力錶　⑮噴水環　⑯盛罐籃支架

⑰噴汽管　⑱止回閥　⊗人工操作閥

＊③項之自動溫度控制儀以能設置為佳

▶ 圖 10–14　靜置式加壓水煮殺菌釜

(4)無菌裝罐法 (aseptic canning)：食品以高溫（300～350 °F 或 150～175 °C）殺菌數秒，再經冷卻，於無菌條件下，裝填於業已殺過菌的罐內，並以殺過菌的罐蓋密封。此製品的風味、色澤、維生素殘留量等均較普通罐頭製造法為優。細菌孢子之死滅，溫度每上升 10 °C，增加 10 倍，但是引起品質劣化的化學反應，溫度每上升 10 °C，僅增加 2 倍，所以高溫短時滅菌法 (high temperature short time sterilization) 對品質保持有利。圖 10–15 為無菌充填罐頭製造系統之一例。

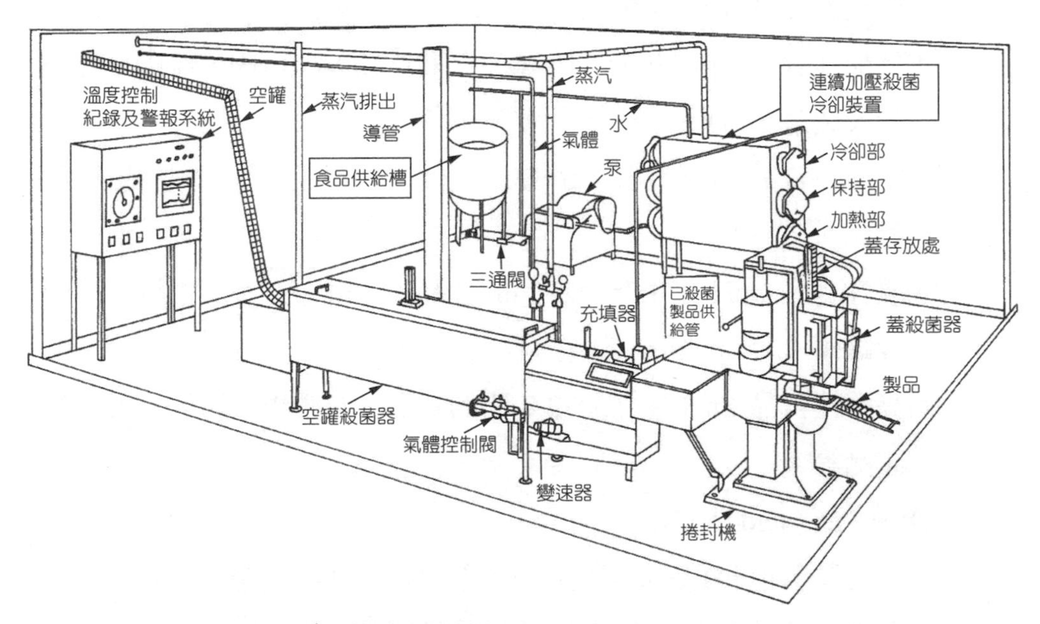

▶ 圖 10–15　無菌充填罐頭製造系統 (aseptic canning system)。（資料來源：芝崎勳，1983，《新食品殺菌工學》，光琳出版社，東京，頁 215。）

3.罐頭食品的分類

(1)依原料種類分類：

(a)果實類罐頭——以果實為原料。

(b)蔬菜類罐頭——以蔬菜為原料。

(c)水產類罐頭——以魚、貝、海藻等為原料。

(d)畜產類罐頭——以家畜、家禽等為原料。

(2)依微生物汙染及其殺菌有關之酸度分類：

(a)鹼性食品：pH 高於 7.0，如傳統的蛋、蝦、蟹等水產品、特別處理的四季豆及鹼處理的玉米等。

(b)低酸性食品：pH 介於 5.0～6.8 之間，如肉、魚肉、雞肉、乳製品及蔬菜等罐頭。

(c)中酸性食品：pH 介於 4.5～5.0 之間，如麵類、無花果、甜椒等罐頭。

(d)酸性食品：pH 在 3.7～4.5 間的食品，如桃、洋梨、柑橘、番茄等罐頭。

(e)高酸性食品：pH 在 2.3～3.7 間的食品，如漿果、醃菜、果醬類製品等。

(3)酸性食品 (acid foods)：

(a)加工學上指 pH 等於或低於 4.6 的食品。其與殺菌有密切關係，酸性食品於 100 °C 以下的溫度殺菌即可，否則必需採用 100 °C 以上的加壓殺菌。

(b)營養學上依食品燃燒後的灰分（即無機質）之組成來決定酸性食品、中性食品或鹼性食品，灰分中的磷、硫、氯等形成酸基的陰離子類較鈉、鉀、鈣、鎂等形成鹽基的陽離子類為多者，稱為酸性食品。

4. 使罐頭保有充分加熱殺菌條件應注意的事項

(1)罐內有充分的上部空隙。

(2)脫氣密封前食品要保持高溫。

(3)密封前脫氣。

(4)脫氣之處理溫度。

(5)真空密封。

5. 低酸性罐頭食品腐敗的因素

(1)非微生物之腐敗：

(a)氫氣膨罐：食品中的酸與罐頭的作用而產生。

(b)亞硝酸鹽膨罐：亞硝酸鹽分解成氮氧化物及氮氣而起。

(c)二氧化碳膨罐：砂糖與胺基酸間褐變反應而起。

(2)微生物之腐敗：

(a)殺菌前已腐敗 (incipient spoilage)。

(b)殺菌不足 (gross underprocessing)。

(c)漏罐 (leaker spoilage)。

(d)好熱性菌腐敗 (thermophilic spoilage)。

(e)熱處理不足 (insufficient heat treatment)。

6. 加工資料：低酸性罐頭食品向 FDA（Food and Drug Administration；美國食品藥物管理局）申報之加工資料。

(1)殺菌方法。

(2)殺菌釜的種類。

(3)最低初溫。

(4)殺菌溫度與時間。

(5)殺菌值或其他相當之證實適當殺菌之科學數據。

(6)與殺菌有關之重要因素。

(7)殺菌方法之來源與訂定之時間。

7.低酸性罐頭食品殺菌方法之決定

(1)訂定之根據資料：

(a)腐敗微生物的種類與耐熱性。

(b)殺菌開始前這類微生物的數量。

(c)產品殺菌時的熱穿透速度。

(2)殺菌條件之決定過程：

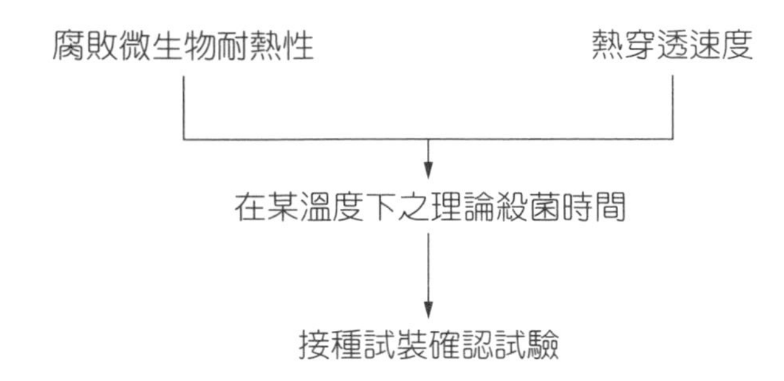

（七）冷卻

1.冷卻的目的：罐頭經殺菌後應迅速冷卻，如冷卻慢或不充分，則罐內容物之色澤惡變，組織軟化，風味受損，如汙染耐熱性孢子菌 (thermophilic spore bearing bacteria) 時，高溫易促進孢子發芽，導致腐敗，故一般殺菌時，應迅速使罐內溫度降低。

2.冷卻用水：罐頭的密封膠，在加熱殺菌處理中呈半流動狀，冷卻後才會固化。加熱處理後冷卻前，罐內呈加壓狀態，底、蓋稍呈膨起，冷卻後，罐內蒸汽凝結而呈半真空狀態，底、蓋收縮成扁平狀，但冷卻開始的瞬間，因密封膠呈半流動狀，捲封部的構造又稍有變化，故罐頭置入水中冷卻時，水中腐敗細菌有時仍可侵入罐內而汙染食品，因此冷卻用水應該符合飲用水的標準。一般食品工廠的用水均使水中保持 2～7 ppm 之殘氯量，適當控制細菌數或不含細菌，以防止漏罐汙染造成之經濟損失。

3. **冷卻後罐頭之品溫：**冷卻後製品的品溫以 35～40 °C 為宜，冷卻過度時，附著在罐外壁的水分不易蒸發，容易生鏽；冷卻不充分時，40 °C 以上可發育的細菌孢子無法殺滅，故 pH 5.0 以上的低酸性食品易起變敗。此外高粘度的食品，雖然以手觸摸罐頭感覺充分冷卻了，但罐中心部仍可能維持高溫，此點必須注意。

4. **冷卻的操作與注意事項：**一般食品工廠罐頭的冷卻大都採用水槽冷卻法、殺菌釜內無壓冷卻法及空氣或蒸汽加壓冷卻法。低溫殺菌法加熱處理後，立即排氣注入冷水冷卻並不會發生問題，故前二冷卻法均可採行。但高溫殺菌法加熱處理終了，釜內蒸汽導入停止時，容器內部的壓力達到最高點，但罐內壓力與釜內蒸汽壓保持均衡。此時若隨即打開排氣閥洩壓，則有罐內外壓力差超過物理強度界限，而導致罐底或蓋凸起的永久變形之虞，此變形稱之為凸角 (buckling)。又冷卻水導入時，由於蒸汽冷凝，釜內壓力亦會瞬間下降，此時小型罐因有壓力環故不致凸角，但大型罐則仍有發生之可能。為防止此現象，故在冷卻水導入的同時壓入空氣（加壓冷卻），此必要的空氣壓力視罐的大小、真空度、上部空隙、罐的物理強度而定，一般而言，3 號罐以上的罐頭，約需維持比殺菌時高 0.12～0.15 kg/cm^2 的壓力。但冷卻至適當程度後，必須停止加壓，並開啟排水口，若一直維持冷卻初期的加壓狀態，則容器會受外在壓力而發生變形，此變形稱為凹罐 (panelling)。

第五節　果實罐頭

果實罐頭係水果原料經去皮、除心、除核、切斷等前處理，除去不用的部分，整型成容易利用的形態後，注加糖漿液 (syrup) 製造而成。一般而言，水果含多量有機酸，pH 低，在罐頭中屬於比較容易殺菌的製品，製造時亦應盡可能保持水果原有的風味、色澤，且不損及其營養價值。以下即介紹省產的若干水果罐頭。

一、鳳梨罐頭 (canned pineapple) 的製造

實習九 鳳梨罐頭的製造

一、原料檢收

依表 10–3 所示的規格，以檢收鐵環檢查，而下列原料則不予收購。

▶ 表 10–3 鳳梨原料的檢收規格

品 種	改 良 種			
等 級	一等品	二等品	三等品	格外品
直徑 (mm)	135 以上	120 以上	110 以上	90 以上
長 度	1.不分品等均以生果直徑為最低長度標準。 2.生果長度小於直徑 10 mm 以內者，降一等檢收。			
外觀及成熟度	不附冠芽，外觀正常，成熟適度而無傷害。			

1. 果實直徑不滿 90 mm，或果實長度小於直徑 10 mm 以上者。
2. 未熟果、過熟果、腐敗果、日燒果、萎縮果、虛鬆果。
3. 腐心果、裂心果、黑目果、二重目果、粉紅肉果、花樟病果。
4. 附有瘤目之生果（削除瘤目合於規格者，仍予按等收購）。
5. 釘仔目果（釘仔目一目至二目者，降一等收購，釘仔目二目以上至四目者，降為格外品，釘仔目四目以上者，不予收購）。
6. 其他鳥啄，獸噬等不合於製造鳳梨罐頭之原料。

二、洗滌

以含有效氯 2～5 ppm 的清水洗滌果實， 使用自動迴轉洗滌機或噴水裝置等洗滌之。

三、切頭尾

用刀切除頭尾，切面之大小以剝皮圓刀之直徑為度。切面需與果心呈垂直，且兩端呈平行狀。切面平滑，深度適中，無偏斜、過深、過淺現象。

四、剝皮去心

使用剝皮去心機 (corer & sizer)，2 號罐剝皮的直徑為 93～96 mm，心的直徑為 30～33 mm；3 號罐剝皮直徑為 80～83 mm，心的直徑為 25～30 mm。剝皮去心後，心孔及果面應平滑無刀痕。果肉應為中心孔之正圓柱形，內外呈同心圓，不可偏斜。果心須除淨，果筒無殘留果皮。

五、取芽目

用刀由底端依正螺旋方向或依逆螺旋方向剜去芽目，刀痕須呈 V 型，不可過深，以不超過 1 cm 為準。每刀取芽不得超過 3 目，以一刀取 2 目為準。芽目除可用刀剜取外，亦可用小芽鋏夾取。

六、切片

以切片機 (slicer) 切成一定厚度，切片之平面應平行，均勻光滑而無疵痕，同一罐型之切片厚度應一致。其 2 號罐為 8 片裝，11～12 mm 厚，3 號罐為 10 片裝，10～11 mm 厚。

七、選片、裝罐

果片依規定標準就其色澤 、形態分別裝入各型罐內。表 10–4 為鳳梨之分級標準，表 10–5 則為鳳梨罐頭最低裝量標準。鳳梨罐頭的片型有整片、兩半片、四分片、扇形片、長條片、方塊片、碎片、碎肉等多種。其規格如下。

1. 整片、半片之平面應平整光滑而無疵痕，厚度均一，心孔偏差甚微，果心殘留比例極低，兩半片相合約等於一整片，片之大小依原料等級及罐型而定，同一罐內之片型應一致。下列為整片之大小規格：

原料等級	一等品	二等品	三等品	格外品	許可差
片直徑 (mm)	95	83	80	70	+2
心直徑 (mm)	33	27	25	22	+2
厚度 (mm)	12	10	11	10	+1

▶ 表 10–4　鳳梨罐頭之分級標準（續下頁）

等 級	色 澤	形 態	缺 點	品 質(2)	審查總分
甲等（或稱「精級」）grade A or fancy	同一罐內各片色澤應近一致，鮮明良好，具有相似品種特性之適當熟度色澤，但不得超過規定容許限度	形狀大小均一，差異許可度，除不同片型另有規定外，大體不得超過 10%	絕無顯著缺點之存在，但不得超過各種片型之缺點容許限度規定	風味優良，熟度均一，纖維幼嫩，組織堅實無疏鬆現象，果心硬化部分不得超過容許限度之規定	90～100
乙等（或稱「選級」）grade B or choice	同一罐內各片色澤應稍近一致，具有相似品種特性之適當熟度色澤，但不得超過規定容許限度※	形狀大小略均一，差異許可度，除不同片型另有規定外，大體不得超過 20%	大體無顯著之缺點，其最大容許度不得超過各種片型之缺點容許限度規定※	風味適當熟度頗均一，組織尚幼嫩堅實，略帶疏鬆及果心或硬化部分不得超過容許限度之規定※	80～89

丙等（或稱「平級」）grade C or standard	同一罐內各片色澤均一度尚佳，但不失其相似品種特性之適當熟度色澤，但不得超過規定容許限度※	形狀大小尚均一，差異許可度，除不同片型另有規定外，大體不得超過 30%	尚無顯著之缺點，許可有過度修整，但不得超過各種片型缺點容許限度之規定※	風味尚可，熟度略均一，組織尚幼嫩堅實，其過度疏鬆及果心或硬化部分不得超過容許限度※	70～79
各因素所占滿分	20	20	30	30	

註：(1)有※記號者為等級限制因素。

(2)所謂等級限制因素是指罐頭之任何一分級因素，其所得分數合於某等之等級限制因素時，則該一罐頭所有之等級不得高於該限制因素之等級，其他因素之分數或總分數雖較高，亦不能提高其等級。

資料來源：中國國家標準。

▶ 表 10–5　鳳梨罐頭最低裝量標準表（單位：g）

片型	特一號罐		新一號罐		一號罐		二號罐		三號罐		三號 B 罐及四號		平一號罐		平二號罐	
	內容量	固形量	內容量	固形量	內容量	固形量	內容量	固形量	內容量	固形量	內容量	固形量	內容量	固形量	內容量	固形量
整　片	–	–	3035	1790	2900	1730	850	540	565	340	425	280	450	280	240	140
兩半片	–	–	3035	1790	2900	1730	850	525	565	340	425	270	450	280	240	140
四分片	–	–	3035	1790	2900	1730	850	525	565	340	425	270	450	280	240	140
扇形片	–	–	3035	1840	2900	1755	850	525	565	340	425	270	450	280	240	140
長條片	–	–	3035	1840	2900	1755	850	525	565	340	425	270	450	280	240	140
方塊片	–	–	3035	1980	2900	1755	850	525	565	340	425	270	450	280	240	140
碎　片	3850	2800	3035	2010	2900	1870	850	525	565	340	425	270	450	280	240	140
碎肉 普通裝	3850	2520	3035	1985	2900	1900	850	540	565	370	425	285	450	295	240	160
碎肉 重裝	3850	2915	3035	2300	2900	2200	850	630	565	430	425	335	450	345	240	185
碎肉 固形裝	3850	3115	3035	2460	2900	2350	850	670	565	460	425	360	450	370	240	200

資料來源：中國國家標準。

2.四分片：整片之四分之一或不完整片切成近似整片四分之一者，其大小規格如下：

外弧弦長：50～60 mm

內外弧距離：25～35 mm

厚度：10～12 mm

3. 扇形片：為小楔形或小扇形片之切片，切片大小為整片之 $\frac{1}{6}$～$\frac{1}{16}$，其規格如下：

外弧弦長：15～42 mm

內外弧距離：20～35 mm

厚度：10～13 mm

4. 長條片：為長方形或長楔形，長方形者任何一邊長度不得大於 38 mm，片之重量應大於 6.4 g，楔形者規格如下：

外弧弦長：22～38 mm

內外弧距離：22～38 mm

厚度：14～38 mm

每片重量應大於 6.4 g。

5. 方塊片：正方塊形之切片，每邊長 10～25 mm。

6. 碎片：最大尺寸不得超過 38 mm，其能通過 8 mm 方孔者，不得超過總固形量之 20%。

7. 碎肉：其大小能通過 8 mm 方孔者，應占總重量 40% 以上。

八、注加糖液

依下列公式計算注加糖液的糖度。

$$a = \frac{mW - bB}{W - B}$$

式中 B 為果實的裝罐量，b 為以屈折計測定的果實糖度，W 為罐頭的總內容量，m 為罐頭製品中糖液的目標糖度，a 為注加糖液應有的糖度。鳳梨罐頭成品開罐之糖液通常為 18～22°Brix（濃糖液），3 號罐之加糖液量約為 150～180 g，注加糖液必須澄清潔淨。

九、脫氣

脫氣箱溫度控制於 97 °C 以上，使脫氣後罐中心溫度適當，勿過高或偏低。罐中心溫度之控制，因罐型而異，通常如下：

1 號罐及 1 號罐以上大型罐：78 ± 2 °C。

新 1 號罐，3 號罐碎肉：80 ± 2 °C。

2 號罐及 2 號罐以下小型罐：80 ± 2 °C。

十、封蓋

加熱脫氣後迅速封蓋，注意罐蓋標誌與片型是否相符，並檢查捲封狀態。

十一、殺菌

初溫為 82 °C 以上時之殺菌條件如下：

罐 型	殺菌溫度 (°C)	時間（分鐘）
1 號罐	105	38
2 號罐	105	25
3 號罐	105	22

十二、冷卻

殺菌後罐頭迅速冷卻至約 40 °C，始予拭乾儲檢。罐頭冷卻用水出口處之有效氯含量控制於 0.2～0.5 ppm。

二、蜜柑罐頭的製造

實習十　蜜柑罐頭的製造

一、製造流程

1. 選果：按果粒大小及外皮厚薄選果。

規格	L	M	S
直徑 (cm)	6.6～7.3	6.1～6.6	5.5～6.1

2. 剝外皮：桶柑的外皮難剝，於 90～95 °C 熱水中浸 50～60 秒，然後風乾，利用竹片或金屬刀片以手工剝皮。
3. 分瓣：使用分瓣工具分瓣，分瓣後浸於水中。
4. 滴乾水滴後，浸於 1% 鹽酸液 (25～30 °C) 內約 60 分鐘，內皮即變成黏滑狀態。
5. 撈出果瓣以水沖洗一次。
6. 滴乾水滴後，浸於 1% 苛性鈉溶液 (30～35 °C)，緩慢地攪拌，15～20 分鐘後內皮的大部分即溶解，鹼液的浸漬程度以瓢皮背面凹處的白色部分變成透明為止。
7. 取出果瓣，倒入冷水中，緩慢攪拌，殘皮即自果肉分離，繼續通入冷水，並剝除未溶解的皺皮。
8. 於清水中浸 2～3 小時，時而更換新水，以除去殘留的鹼質。
9. 水洗後，選別除去破損片，依果瓣大小，分大中小三類分別裝罐，為了彌補果瓣的收縮，裝罐量應比所規定之最低內容固形量多裝約 30% (如 5 號罐約裝填 240～242 g)，裝罐後注入一定量一定濃度的糖液。

10.脫氣，密封：於 97 °C 脫氣箱脫氣 5～6 分鐘後，立即封蓋。

11.殺菌：於 100 °C 殺菌 10 分鐘。

12.冷卻：殺菌後迅速移入冷水中冷卻。

二、蜜柑罐頭的片型

1. 整粒 (whole segment)：為固有完整果瓣或大致完整之果瓣。

2. 破粒 (broken segment)：為具有整粒之 $\frac{5}{6}$ 至 $\frac{1}{2}$ 以上形態之破粒，但整粒不得攙有 5% 以上，碎片不得多於 20%（以重量計），如碎片含量超過 20% 者，作碎片論。

3. 碎片 (pieces)：為不規則形狀大小之果瓣碎片，但不得有整粒，凡破粒蜜柑罐頭之碎片含量超過 20% 者（以重量計），概作碎片論。

三、蜜柑罐頭的評等給分標準

蜜柑罐頭的評等給分標準如表 10–6。

▶ 表 10–6 蜜柑罐頭評等給分標準（整粒）（續下頁）

等 級	液 汁	色 澤	形 態	品 質	最低總分
甲等 (Grade A or Fancy)	給分 18～20	給分 18～20	給分 27～30	給分 27～30	90
	液汁澄清，果肉碎粒及其他浮游物甚少	具有光澤之固有鮮麗橙黃色	瓣粒完整或尚完整，輕度（註 1）及過度（註 2）破粒不得多於 10%（以重量計），其中過度破粒不得多於 2%（以重量計），瓣粒大小均一（註 3）	具有固有香味，甘酸適度，無異味，無夾雜物，組織良好	

乙等 (Grade B or Choice)	給分 16～17※	給分 16～17	給分 24～26※	給分 24～26※	80
	液汁清，果肉碎粒及其他浮游物尚少	具固有之鮮橙黃色	瓣粒完整或尚完整，輕度及過度破粒不得多於 15%（以重量計），其中過度破粒不得多於 5%（以重量計），瓣粒大小尚均一	固有香味略淡，有輕微苦味，有極少部分餘皮不淨殘留筋絲及種子	
丙等 (Grade C or Standard)	給分 10～15※	給分 10～15	給分 20～23※	給分 20～23※	60
	液汁尚清，果肉碎粒及其他浮游物稍多	具橙黃色	瓣粒完整或尚完整，輕度及過度破粒不得多於 30%（以重量計），其中過度破粒不得多於 15%（以重量計），瓣粒大小略均一	香味遜於乙等，有少部分餘皮不淨殘留筋絲及種子	

※係等級限制因子，判定方法比照洋菇罐頭之規定。

註：1.輕度破粒係指缺損部分占瓣粒側面面積之六分之一以上，未滿四分之一之粒及輕度壓潰或疏鬆之粒而言。

2.過度破粒係指缺損部分占瓣粒側面面積之四分之一以上，未滿二分之一之粒及嚴重破裂或壓潰鬆弛之粒而言。

3.各等級之果粒大小均一度以一罐中之最大三粒重量和與最小三粒重量和之比率判，均一者不超過 1.4 倍，尚均一者不超過 1.7 倍，略均一者不超過 2 倍。

4.破粒及碎片之液汁及形態不予記分，但其色澤及品質須符合丙等以上。

5.丙等整粒暫限內銷。

資料來源：中國國家標準。

四、蜜柑罐頭的裝量

蜜柑罐頭的最低裝量標準如表 10–7。

▶ 表 10–7　蜜柑罐頭的最低裝量

單位：公克（上排）；對照單位：磅，盎司（下排）

片型／罐型	整粒				破粒				碎片			
	內容量		固形量		內容量		固形量		內容量		固形量	
	LB	OZ	LB	OZ	LB	OZ	LB	OZ	LB	OZ	LB	OZ
七號罐	280		165		–		–		–		–	
		10		5.75								
五號罐	310		180		–		–		–		–	
		11		6.5								
四號罐	425		255		425		255		–		–	
		15		9		15		9				
二號罐	850		478		850		478		850		478	
	1	14	1	1	1	14	1	1	1	14	1	1
一號罐	2900		1640		2900		1610		2900		1610	
	6	6	3	10	6	6	3	9	6	6	3	9
新一號罐	3035		1700		3035		1700		3035		1700	
	6	11	3	12	6	11	3	12	6	11	3	12

資料來源：中國國家標準。

三、其他果實類罐頭的製造及合格標準

其他果實類罐頭的製造工程與前述鳳梨、蜜柑罐頭大同小異，表 10–8 為其他果實類罐頭的合格標準，表 10–9 則為各種果實罐頭罐片型之最低裝量標準。

▶ 表 10–8　果實類罐頭合格標準（續下頁）

種類	合格標準
梨	果實健全，成熟適度，無蟲蛀，疤痕，傷裂，腐朽或其他重大缺點，含有輕微缺點果實，平均不得超過 20%，去皮除心乾淨，肉片為二等分或四等分或整果，果實之直徑應在 4 cm 以上，果肉處理後，無肉屑變色及軟化，其形態、熟度每罐應有 70% 以上一致，液汁澄清，具固有香味，無任何夾雜物

李	果實健全，成熟適度，形態完整，無任何重大缺點，含有輕微缺點果實，平均不得超過 20%，每罐果實之形態、色澤、熟度應有 70% 以上一致，果肉組織須有 60% 以上完整，液汁澄清，具固有香味，無任何夾雜物
桃	果實健全，成熟適度，形態完整，具固有色澤與香味，無任何重大缺點，含有輕微缺點果實，平均不得超過 20%，果肉為二等分四等分之切片或全果，直徑應在 4 cm 以上，每罐肉片之形態、色澤、熟度應有 70% 以上一致，液汁澄清，無肉屑，碎皮及任何夾雜物
木瓜	果實健全，成熟適度，具固有色澤與香味，無任何重大缺點，切片大小一致，硬軟適度，形態完整，每罐肉片之形態、色澤、組織應有 60% 以上一致，液汁不甚混濁，無任何夾雜物
檬果	果實健全無疵，成熟適度，具固有色澤與香味，切片大小相若，每罐肉片之形態、色澤、熟度應有 60% 以上一致，液汁不甚混濁，無任何夾雜物
楊桃	果實健全無疵，成熟適度，具固有色澤與香味，切片大小相若，無肉屑，每罐切片之形態、色澤、熟度應有 60% 以上一致，液汁澄清，無任何夾雜物
枇杷	果實健全無疵，成熟適度，具固有色澤與香味，去皮除心乾淨，肉質緻密，半切片整顆，形態完整，大小一致，每罐果肉之形態、色澤、熟度、組織應有 60% 以上一致，崩裂果肉平均不得超過 30%，液汁澄清，無碎屑及其他夾雜物
龍眼、荔枝	果實健全無蟲蛀，完全成熟，去殼除核後，果肉應保有完整狀態，具固有色澤與香味，絕無暗淡及變色，液汁澄清，無碎屑及其他夾雜物，果肉形態，大小一致，崩裂片平均不得超過 40%
葡萄	成熟適度，具固有色澤與香味，去皮乾淨形態完整，大小一致，崩裂果肉不得超過 40%，並不得有其他夾雜物
甘蔗	蔗莖形態完整，去皮乾淨無節，無病蟲害及其他缺點，每罐內蔗莖大小略一致，具固有氣味與色澤，無褐色及其他不良異味，液汁澄清，無任何夾雜物，糖度不得超過 18°Brix (20 °C) 以上
香蕉	果實健全，成熟適度，形態相若，具有固有色澤與香味，不得有蟲蛀，嚴重變色及軟化，液汁不甚混濁，無肉屑，碎皮及任何夾雜物
混合果實	混合果實罐頭最少應含有二種或二種以上果實，其所用各種果實須成熟適度，健全良好，組織近似，同一果實之形態大小近似，各果實之大小應相若，各種果實均應具固有色澤與風味，不得有不良變色，無任何不良異味，及外來夾雜物。其混合量：二種果實者，其任何一種果實之固形量應不得超過 70%。三種果實或以上者，任何一種果實最多不得超過固形量之 50%，最少不得少於 5%（以重量計）

資料來源：中國國家標準。

▶ 表 10–9　果實類罐頭最低裝量標準（單位：g）

種類		一號罐		新一號罐		二號罐		三號罐		三號 B 罐		四號罐		五號罐		平二號罐	
		內容量	固形量	內容量	固形量	內容量	固形量	內容量	固形量	內容量	固形量	內容量	固形量	內容量	固形量	內容量	固形量
梨（兩半片或切片）		2900	1755	3035	1840	850	500	565	340	425	250	425	230	–	–	–	–
李（整粒）		2900	1755	3035	1840	850	450	565	310	425	250	425	250	–	–	–	–
桃	兩半片	2900	1755	3035	1840	850	500	565	310	425	250	425	250	–	–	–	–
	四分片	2900	1755	3035	1840	850	510	565	320	425	250	425	250	–	–	–	–
木瓜		2900	1755	3035	1840	850	480	565	310	425	250	425	250	–	–	–	–
檬果		2900	1755	3035	1840	850	450	565	310	425	250	425	250	–	–	250	125
楊桃		2900	1755	3035	1840	850	480	565	300	425	240	425	240	–	–	–	–
枇杷	整粒	2900	1445	3035	1500	850	450	565	280	425	210	425	210	–	–	–	–
	兩半片	2900	1545	3035	1600	850	495	565	340	425	250	425	250	310	180	225	140
龍眼	整粒	2900	1445	3035	1500	850	425	565	280	425	225	425	225	310	156	–	–
	破粒	2900	1545	3035	1600												
荔枝	整粒	2900	1445	3035	1500	850	425	565	280	425	225	425	225	310	156	–	–
	破粒	2900	1545	3035	1600												
葡萄		–	–	–	–	–	–	565	280	–	–	425	225	310	156	–	–
甘蔗		2900	1755	3035	1840	850	510	565	340	–	–	–	–	–	–	–	–
香蕉		2900	1755	3035	1840	520	425	565	280	425	225	425	225	310	156	–	–
混合果實		2900	1755	3035	1840	850	525	565	340	425	270	425	270	310	200	240	140

資料來源：中國國家標準。

第六節　蔬菜罐頭

蔬菜罐頭大都是水煮或稀鹽水煮製品，pH 一般在 4.5～6.5 間，屬低酸性，為防止耐熱性細菌引起之腐敗，其殺菌條件比果實罐頭嚴格。

菌蕈類之真義非為蔬菜，但因用途與處理均與蔬菜類似，故亦歸類蔬菜罐頭中。

蔬菜罐頭種類繁多，以目前產量最多的竹筍、番茄罐頭為例，說明其製程如下：

一、竹筍罐頭的製造

(一) 原料處理

竹筍原料有麻竹筍、孟宗筍、綠竹筍、桂竹筍等，應選用肉質新鮮細嫩，形態良好者，削去根部帶有泥土部分，移入洗滌槽，用清水洗淨。洗淨後送入盛有沸水之蒸煮器中，加蓋煮沸 40～60 分鐘，煮好後排除熱水，以冷水冷卻完全，避免色澤暗紅、品質低下及生酸菌繁殖而變敗。冷卻後以刀切除筍根粗老部分，切口應求圓滑平整，然後剝除筍籜與粗筍衣，並以繃張竹弓之尼龍 (nylon) 絲刮除表面殘存之筍衣。筍之型態有整粒者，也有剖切者。

(二) 漂水與整型

經上述處理的竹筍，浸入流水槽中進行漂水，約經 20～30 小時，每 5 小時換水一次，藉以除去酪胺酸，防止製品之液汁白濁。惟漂水過久時，製品之 pH 降低，香味、色澤、營養成分均有損失。漂水後依各罐片型規格予以整型成整體、半割、切片、筍絲與小方塊等數種形態。

(三) 選別與裝罐

依筍形大小、肉質粗細及光澤、香味等加以選別，裝罐時，整體者同一罐中最大者應為最小者的 2 倍以下，筍之尖端與鈍端應交互放置，並依國家標準裝罐。

（四）脫氣、封蓋與殺菌

脫氣、殺菌之溫度與時間因罐型而異，如表 10–10 所示。脫氣後應將罐身倒轉，捨棄罐中湯液，換注 80 °C 以上之清淨熱水，以保持製品液汁之澄清。

▶ 表 10–10 竹筍罐頭之脫氣及殺菌溫度與時間

罐型種類	脫氣溫度 (°C)	脫氣時間（分鐘）	常壓殺菌 100 °C	加壓殺菌 105 °C（3 磅）	108 °C（5 磅）
新一號	98	20	100 分	80 分	50 分
一號	98	20	100 分	80 分	50 分
二號	98	15	80 分	70 分	40 分
三號	98	10	70 分	60 分	35 分
四號	98	8	60 分	50 分	30 分

（五）冷卻與製成

殺菌後應迅速冷卻至罐中心溫度 38～40 °C，利用餘熱蒸去罐外水分。竹筍罐頭的製成率，會因產地、種類、季節、品質及大小等而異，約在 26～50% 左右。

二、番茄罐頭的製造

（一）製造流程

整粒番茄罐頭的製造流程如圖 10–16，番茄糊、番茄泥罐頭的製造流程則如圖 10–17。

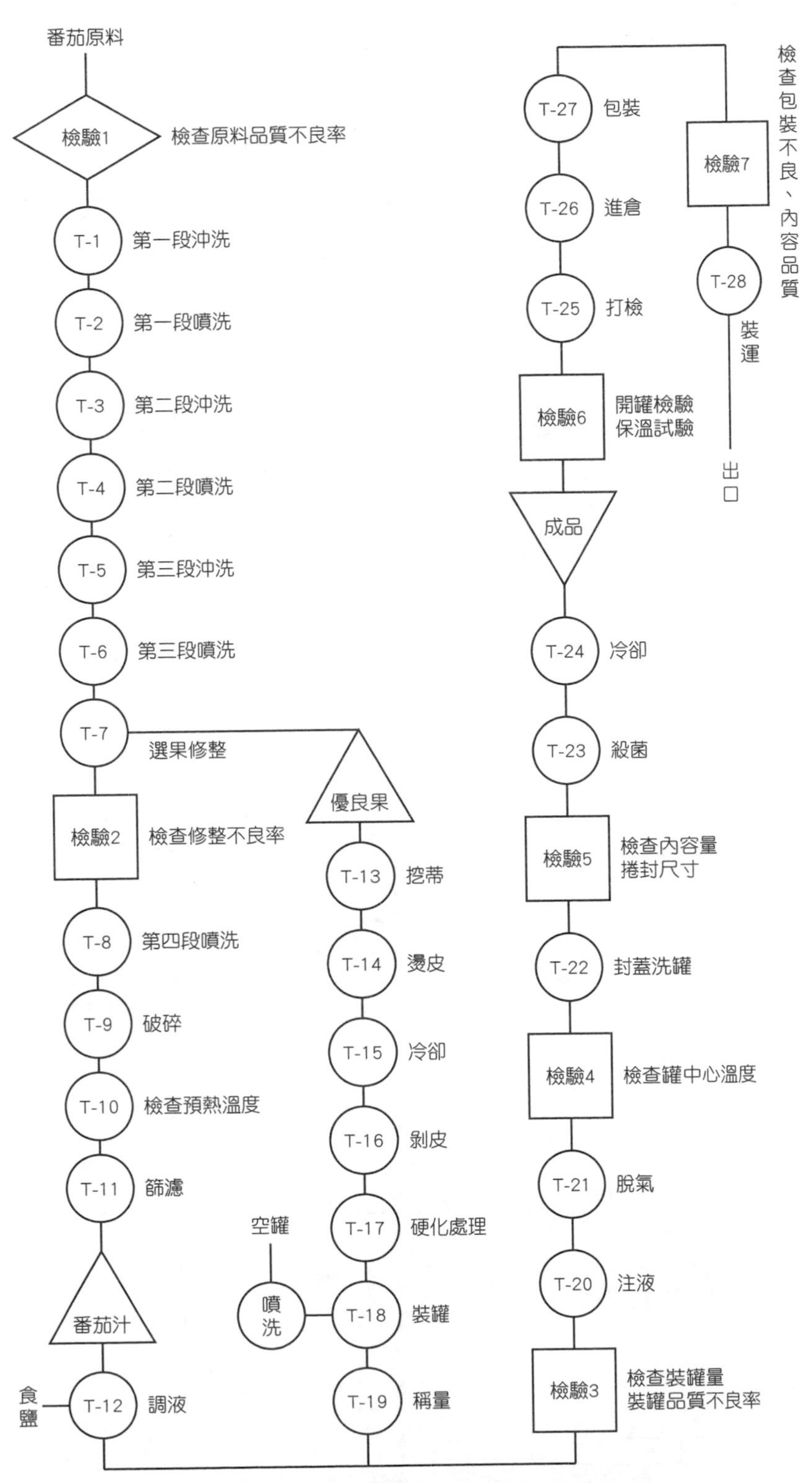

▶圖 10–16 整粒番茄罐頭之作業流程

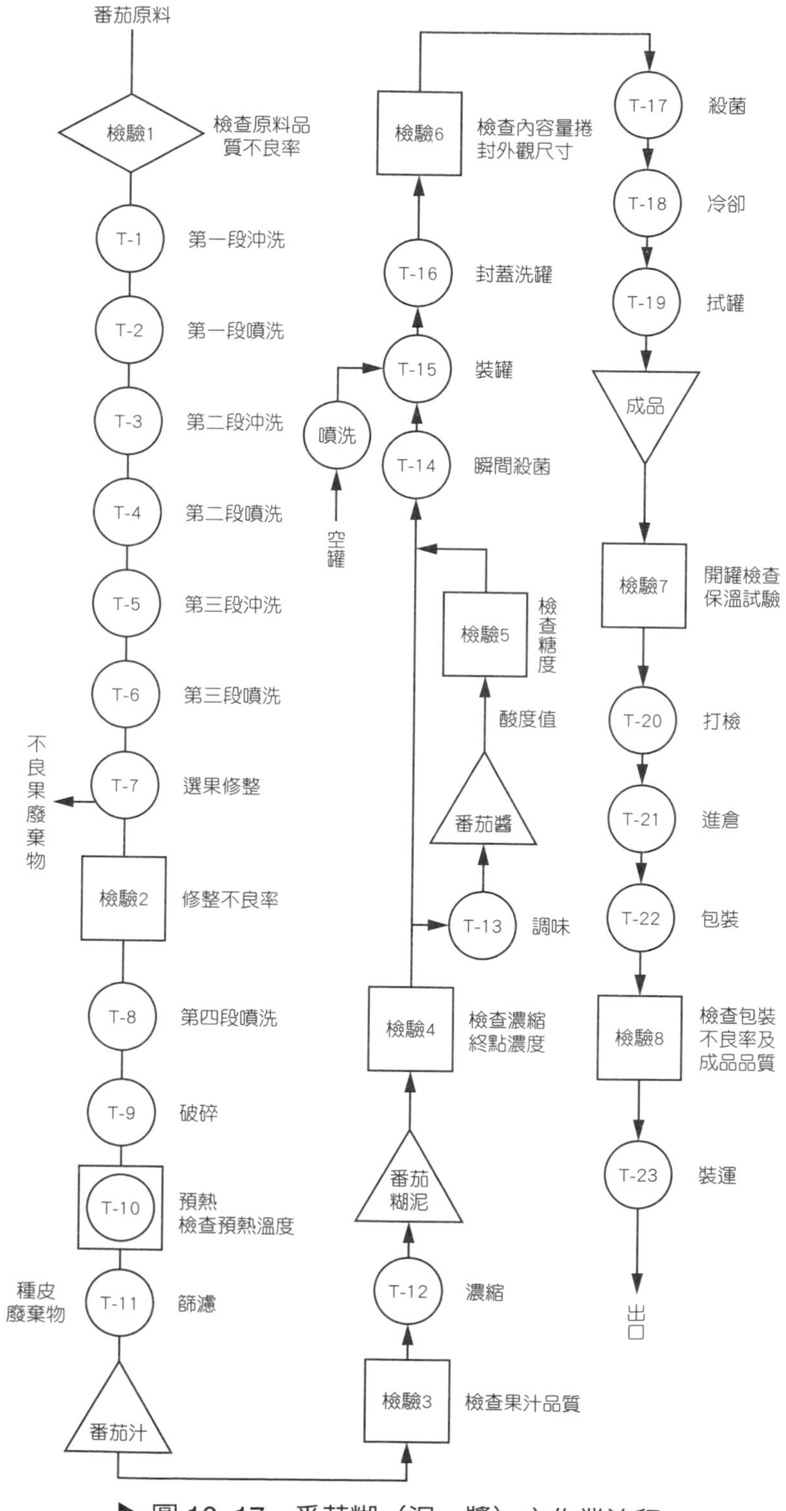

▶圖 10–17　番茄糊（泥、醬）之作業流程

（二）番茄類罐頭的品質標準

番茄類罐頭的最低裝量標準如表 10–11，而濃縮分類標準如表 10–12，表 10–13 則顯示其評等給分標準。番茄罐頭內微生物含量各國均有規定，通常其限制如下：

1. **黴絲數含量 (mold count)**：依照何華德 (Howard) 氏方法計算，特選品不得超過 30%，丙等不得超過 40%，顯微鏡視野 (microscopic fields)。
2. **細菌數含量 (bacteria count)**：每 mL 番茄泥或番茄糊所含細菌數，特選品須在 30000000 個以下，合格品須在 100000000 個以下。
3. **酵母及孢子數含量 (yeast and spore counts)**：每 $\frac{1}{60}$ μL (microliter) 內酵母及孢子數含量，精選品須在 30 個以下，合格品須在 125 個以下。
4. **昆蟲碎片數量 (worm count)**：每 200 mL 含量，精選品須在 30 個以下，合格品須在 40 個以下。

▶ 表 10–11 番茄類罐頭最低裝量標準（單位：g）

種類 \ 罐型		200 g 瓶裝	小型三號罐	150 g 罐	六號罐	四號罐	三號罐	二號罐	一號罐	新一號罐	特一號罐	新特一號罐	大型方罐
番茄泥	濃或超濃					445	565	820	2960	3030	3840	4100	18000
	中或淡					435	540	790	2930	2980	3770	4025	17000
番茄糊	濃或超濃	210	72	175	365	480	610	875	3220	3280	4150	4400	20000
	中或淡	200	70	170	320	465	590	850	3125	3160	4000	4260	19000

資料來源：中國國家標準。

▶ 表 10–12　番茄之濃縮分類標準

名稱		無鹽可溶性固形物 (%)
番茄泥	超濃 (Extra heavy)	15.1～24.0
	濃 (Heavy)	11.4～15.0
	中 (Medium)	10.3～11.3
	淡 (Light)	8.1～10.2
番茄糊	超濃 (Extra heavy)	39.4 以上
	濃 (Heavy)	32.1～39.3
	中 (Medium)	28.1～32.0
	淡 (Light)	24.1～28.0

註：以本品之清濾液，測其屈折率，校正溫度 (20 °C) 後，換算成蔗糖百分率，若無加鹽，即視為無鹽可溶性固形物百分比，若有加鹽時，先測定其含鹽量，由蔗糖百分率減去含鹽百分率，再乘以 1.016 即為其無鹽可溶性固形物。

資料來源：中國國家標準。

▶ 表 10–13　番茄類罐頭評等給分標準（續下頁）

等級	色澤		缺點	最低給分
	給分 51～60		給分 34～40	
精選品 (Fancy)	色澤鮮紅有光澤，具有成熟番茄之良好色澤	1. 當本品依照註 2 之規定，予以稀釋，並經觀察時，其色澤應與依下列的組合或與此組合相當者。將指定之穆賽爾色盤 (Munsell color disc) 旋轉，所產生之色澤同樣紅，或較紅：紅色盤面積 (Disc 1) 占 65%；黃色盤面積 (Disc 2) 占 21%；及 黑色或灰色盤面積 (Disc 3 or Disc 4) 占 14%，或 黑色盤面積 (Disc 3) 占 7%，及灰色盤面積 (Disc 4) 占 7%，其中以何者與已稀釋的樣品之外觀更相近似而定 2. 以 Hunter 色差計測定時 番茄泥 L 值：22.0 以上 a/b 值	無皮屑、種子、果心、黑斑點及其他粗糙之缺點	85

		1.80 以上；番茄糊 L 值：21.0 以上 a/b 值 2.00 以上樣品為未經稀釋者		
合格品 (Standard)	給分 42～50*		給分 28～33*	70
	色澤紅尚有光澤，具有成熟番茄之色澤	1.當本品依照註 2 之規定，予以稀釋，並經觀察時，其色澤應與依下列的組合或與此組合相當者，將指定之穆賽爾色盤旋轉所產生之色澤同樣紅或較紅： 紅色盤面積 (Disc 1) 占 53%； 黃色盤面積 (Disc 2) 占 28%； 及 黑色或灰色盤面積 (Disc 3 or Disc 4) 占 19%，或 黑色盤面積 (Disc 3) 占 9.5%， 及 灰色盤面積 (Disc 4) 占 9.5%， 其中以何者與稀釋的樣品之外觀更相近似而定 2.以 Hunter 色差計測定時 番茄泥 L 值：23.0 以上 a/b 值 1.60 以上；番茄糊 L 值：22.0 以上 a/b 值 1.80 以上樣品為未經稀釋者	大體無皮屑、種子、果心、黑斑點及其他粗糙之缺點	

註：1.有 * 記號為等級限制因素：即罐頭之任何一分級因素，其所得分數合於某等之等級限制因素時，則該罐頭所得之等級不得高於該限制因素之等級，其他因素之分數或總分雖較高亦不能提高其等級。

2.先加水稀釋至無鹽可溶性固形物含量介於 7.4% 與 8.3% 之間後，其紅色之量與旋轉下列穆賽爾色盤 (Munsell color discs) 之組合所產的色量相比較：
紅色盤面積 (Disc 1) (5R 2.6/1)（有光加工）
黃色盤面積 (Disc 2) (2.5 YR 5/12)（有光加工）
黑色盤面積 (Disc 3) (N1)（有光加工）
灰色盤面積 (Disc 4) (N4)（無光）
此項比較，應在一散光的光源下為之，該光源之亮度約為 2690 流明／平方公尺（250 呎燭）[foot candle (candela) intensity] 並且有約為中度暗陰天氣之晝光之光質 (spectral quality)，並有一色溫度為 7500 ± 200 K，且光源直照色盤及已稀釋之樣品上，並以 45 度角度及距離樣品 304.8 公釐（12 吋）或較遠處，加以觀察。

3.以色差計測定時應以白色板作基準。

資料來源：中國國家標準。

習題

一、選擇題

(　　) 1. 世界第一座罐頭工廠設立於①法國　②英國　③美國　④德國　⑤日本。

(　　) 2. 罐頭是① Peter Durand　② Louis Pasteur　③ Nicolas Appert　④ Frederick W. Taylor　⑤石川馨　所發明。

(　　) 3. 臺灣罐頭產銷曾居世界第一位的是①鳳梨　②洋菇　③蘆筍　④竹筍　⑤番茄糊。

(　　) 4. 罐頭捲封的鉤疊率，一般不得低於① 80%　② 60%　③ 45%　④ 40%　⑤ 30%。

(　　) 5. 肉毒梭菌增殖的 pH 界限為① 4.0　② 5.6　③ 4.6　④ 5.0　⑤ 3.6。

二、是非題

(　　) 1. 馬口鐵皮是兩片鍍錫的鋼片。

(　　) 2. 罐頭只能以金屬或玻璃作容器。

(　　) 3. 標示 603 之罐係指其罐高為 $6\frac{3}{16}$ 吋。

(　　) 4. Tetra Pack 是丹麥的包裝膜公司。

(　　) 5. 罐徑大於 101.6 mm 之罐捲封的皺紋度應為 0。

(　　) 6. 罐頭也可以先殺菌再充填、包裝。

(　　) 7. 罐頭製造時，pH 5.0 者為酸性食品。

三、填充題

1. 罐頭製成的主要步驟是________、________、________。

2. 馬口鐵皮之結構，由中層往外之次序為鋼板、________、________、________、________。

3.罐的周圍常附上連續溝紋者，稱為_______罐。
4.電鍍法製造馬口鐵時是以_______為陽極，以_______為陰極。
5.空罐依其罐身之接合方式，可分_______、_______、_______。
6.罐內壁之塗漆料主要有_______、_______、_______、_______四種。
7.捲封機的構成四要素為_______、_______、_______、_______。
8.罐頭（尤指金屬罐）製品冷卻後之品溫以_______°C 為宜。

四、問答題

1.試以尼可拉斯亞伯特與現代罐頭之製造為例，說明罐頭製成之原理。
2.何謂三片罐與二片罐？何者密封性較高？
3.空罐塗漆有何作用？
4.以鋁罐作容器有何優缺點？
5.玻璃容器有何優缺點？
6.何謂殺菁？其目的何在？
7.何謂脫氣？其作用為何？
8.何謂絕對殺菌？商業殺菌？低溫殺菌？
9.試述無菌裝罐法及其在食品品質保持上之意義。
10.試述罐頭之冷卻操作及注意事項。

第十一章　果汁與菜汁

第一節　一般製法

一、果汁及果汁飲料的一般分類

（一）依水果原料形態分

1. **果汁系飲料：**以水果的搾汁 (fruit juice) 為原料。
2. **果肉系飲料：**以水果的果泥 (fruit puree) 為原料。
3. **全果系飲料：**以全果破碎的全果系果汁 (comminuted juice) 為原料。

（二）依果汁含有率分

1. **果汁 (fruit juice)：**水果的搾汁液。
2. **果汁飲料（juice drink 或 juice beverage）：**果汁經加水稀釋並添加糖、酸、香料者，其果汁含量多者稱 fruit juice drink，果汁含量中等者稱 fruit drink 或 fruit ade，果汁含量少而加香料者稱 fruit flavored drink。
3. **濃糖果汁 (fruit juice syrup; fruit drink concentrate)：**果汁添加多量糖分，稀釋後才供飲用者。

（三）依果汁製法分

1. **天然果汁 (natural juice)：**水果搾汁液未經稀釋或發酵之純粹果汁。
2. **復原果汁 (reconstituted juice)：**濃縮果汁 (concentrated juice) 加水稀釋恢復為原來天然果汁的濃度者。

（四）依果肉含有與否分

1. **混濁果汁 (cloudy juice)：**果汁中含有果肉 (pulp) 者。
2. **透明果汁 (clear juice)：**水果搾汁中所含的果肉被去除，並且將構成混濁原因的果膠以果膠分解酵素分解，使成澄清的汁液者。

二、國家標準中果汁及菜汁的名稱與定義

依據中國國家標準 (CNS)， 果汁及果汁飲料的名稱與定義如表 11–1，蔬菜汁及蔬菜汁飲料的名稱與定義如表 11–2，而綜合果蔬汁及綜合果蔬汁飲料的名稱與定義如表 11–3。

▶ 表 11–1 中國國家標準中果汁及果汁飲料的名稱及其定義

名稱	定義
天然果汁（純天然果汁）	1. 由新鮮成熟果實直接搾出未經稀釋發酵之純粹果汁。 2. 由濃縮果汁稀釋復原 (reconstitution) 成第一項所述之果汁者。
濃縮果汁	由天然果汁經濃縮而成二倍以上，通常不供直接飲用之果汁。
稀釋果汁（稀釋天然果汁）	1. 含天然果汁 30% 以上（番石榴果汁 25% 以上）直接供飲用之果汁。 2. 由濃縮果汁稀釋成第一項直接供飲用者。
清淡果汁	1. 含天然果汁 10% 以上至不足 30%（番石榴果汁 25%，百香果汁、檸檬果汁 12% 以上），直接供飲用之飲料。 2. 由濃縮果汁稀釋成第一項直接供飲用者。
發酵果汁	由天然果汁直接發酵或由水果經醃漬發酵後經破碎壓搾所得之發酵果汁。
稀釋發酵果汁	含發酵果汁 30% 以上，直接供飲用之果汁。
清淡發酵果汁	含發酵果汁 10% 以上至不足 30%，直接供飲用之飲料。
綜合天然果汁（綜合純天然果汁）	由兩種或兩種以上之天然果汁混合而成之果汁，其配合比例不予限制。
綜合稀釋果汁（綜合稀釋天然果汁）	1. 含綜合天然果汁 30% 以上，直接供飲用之果汁。 2. 由兩種或兩種以上之稀釋果汁混合而成第一項所述直接供飲用者。
綜合清淡果汁	1. 含綜合天然果汁 10% 以上至不足 30%，直接供飲用之飲料。 2. 由兩種或兩種以上之清淡果汁混合而成第一項所述直接供飲用者。
天然果漿（純天然果漿）	水分較低及（或）粘度較高之果實經破碎篩濾後所得稠厚狀加工製品。
濃縮果漿	凡由天然果汁或乾果中抽取 50% 以上，添加入濃厚糖漿中，其總糖度應在 50°Brix 以上，可供稀釋飲用者。
果肉飲料 (nectar)	果漿或果肉中含天然果汁 50% 以上，可加糖加酸調味，供直接飲用者。

資料來源：中國國家標準。

▶ 表 11–2　中國國家標準中蔬菜汁及蔬菜汁飲料的名稱及其定義

名　稱	定　義
天然蔬菜汁（純天然蔬菜汁）	1. 由新鮮蔬菜經壓搾（或先經蒸煮，再壓搾）破碎篩濾，不發酵、不稀釋之純粹蔬菜汁。 2. 由濃縮蔬菜汁稀釋復原成第一項所述之蔬菜汁。
濃縮蔬菜汁	由天然蔬菜汁經濃縮而成二倍以上，通常不供直接飲用之蔬菜汁。
稀釋蔬菜汁（稀釋天然蔬菜汁）	1. 含天然蔬菜汁 30% 以上（蘆筍汁 20% 以上），直接供飲用之蔬菜汁。 2. 由濃縮蔬菜汁稀釋復原成第一項直接供飲用者。
清淡蔬菜汁	含天然蔬菜汁 10% 以上至不足 30%（蘆筍汁 20%），直接供飲用之飲料。
綜合天然蔬菜汁（綜合純天然蔬菜汁）	由兩種或兩種以上天然蔬菜汁混合而成之蔬菜汁，其配合比例不予限制。
綜合稀釋蔬菜汁（綜合稀釋天然蔬菜汁）	1. 含綜合天然蔬菜汁 30% 以上，直接供飲用之蔬菜汁。 2. 由兩種或兩種以上稀釋蔬菜汁混合而成第一項所述直接供飲用者。
綜合清淡蔬菜汁	1. 含綜合天然蔬菜汁 10% 以上至不足 30%，直接供飲用之飲料。 2. 由兩種或兩種以上清淡蔬菜汁混合而成第一項所述直接供飲用者。

資料來源：中國國家標準。

▶ 表 11–3　中國國家標準中綜合果蔬汁及綜合果蔬汁飲料的名稱及其定義

名　稱	定　義
綜合天然果蔬汁（綜合純天然果蔬汁）	1. 由天然果汁及天然蔬菜汁混合而成之果蔬汁飲料，其配合比例不予限制。 2. 由濃縮果汁及濃縮蔬菜汁混合稀釋復原成第一項者。
綜合稀釋果蔬汁（綜合稀釋天然果蔬汁）	1. 含綜合天然果蔬汁 30% 以上，直接供飲用之果蔬汁。 2. 由濃縮果汁及濃縮蔬菜汁混合稀釋成第一項，直接供飲用者。
綜合清淡果蔬汁	1. 含綜合天然果蔬汁 10% 以上至不足 30%，直接供飲用之飲料。 2. 由兩種或兩種以上之清淡果蔬汁混合成第一項所述直接供飲用者。

資料來源：中國國家標準。

三、果汁、菜汁及果蔬汁之一般製法

果蔬汁的一般製造流程如圖 11–1 所示，茲說明如下。

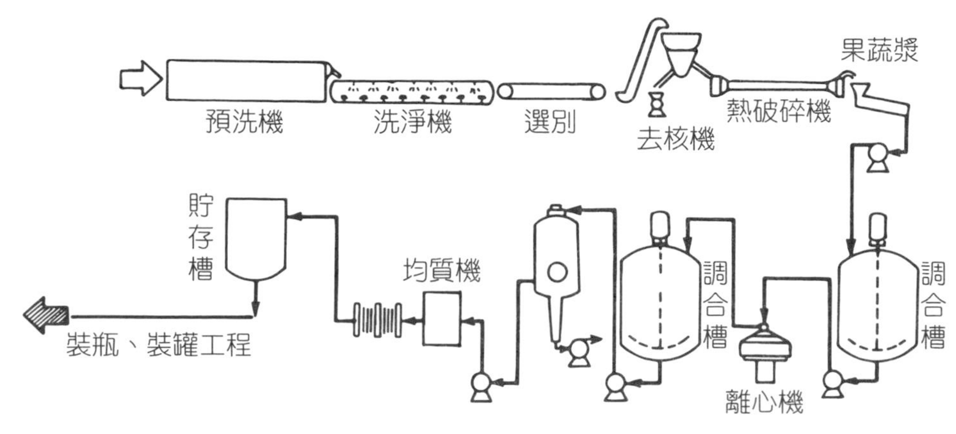

▶ 圖 11–1　果蔬汁之基本製造流程

(一) 原料選擇

製造果蔬汁的原料，外觀包括形狀及大小等並非主要考慮因素，而應注意原料的內容品質，如糖酸比、風味、色澤、營養等是否合乎要求，即應選用良好品種的原料，注意原料的成熟度與新鮮度，亦應避免使用落果、未熟果及追熟果。

(二) 選別

進廠蔬果原料常混入各種不良品，必須進行進廠檢驗，剔除腐敗、病蟲害、損傷、落果、未熟品等，然後供產製或貯藏備用，此外亦進行必要的品質檢查，其項目有糖度、酸度、搾汁率等，為便於加工，有時亦行分級。

（三）洗淨

選別後的原料應以清水洗淨外皮所附著的農藥、昆蟲、微生物等汙染物。洗淨方式有水中搖動法、噴洗法等，可用加壓或加輥刷等加強洗淨效果，有時也於洗淨用水中加入 0.1～0.3% 洗劑或用氯水（有效率 20～50 ppm）殺菌之。

（四）剝皮、破碎、搾汁

依蔬果種類、加工用途不同，剝皮、破碎、搾汁等的方式也有差異，有些可直接破碎、搾汁，有些則需剝皮或切半、切塊（小）後再搾汁。破碎機及搾汁機應選用適當材質及型式，避免食品成分發生變化。有些蔬果必須先殺菁破壞酵素之後方可搾汁，有些則需採用加溫搾汁法，以利蔬果中色素之溶出。另在破碎及搾汁操作中應避免空氣混入果蔬汁。

（五）真空脫氣 (vacuum deaeration)

蔬果本身含有空氣，在搾汁、篩濾、離心分離等製造過程中，空氣也會混入果蔬汁內，以含有空氣的狀態進行以後處理時，會促進色素、香氣、維生素、單寧等成分的氧化及好氣性菌的繁殖，以及果肉等懸濁物浮於液面及罐內壁腐蝕等，因此必須進行脫氣，此脫氣係在真空下的容器內進行，故稱為真空脫氣。

（六）篩濾

使果蔬汁通過微細篩孔 (screen) 以去除果汁中的種子、蔬果碎片或其他粗固形物的操作，稱為篩濾或篩別。欲製造澄清蔬果汁時，篩濾操作十分重要，製造混濁果蔬汁，則可採用遠心分離機，並選用適當網目之濾袋進行分離，以保留適量的固形物。

（七）澄清或抗沉澱

果汁、菜汁中含有微細果菜碎片、組織碎細粒子以及果膠質、蛋白質等，這些物質在製品貯藏期間會逐漸沉澱而影響商品價值，欲產製澄清製品應將這些物質除去，欲製造混濁製品則要防止這些物質沉澱。前者可藉機械過濾或酵素分解達成，後者則有賴均質處理或添加抗沉澱劑來防止。

（八）調配

製造天然果汁或菜汁時，無需調配，但若製造混合蔬果汁，則需依原料成分包括糖度、酸、色澤等，配合規格調配，以產製品質、風味良好的製品，調配時可酌量使用食品添加物。

（九）充填、密封、殺菌

調配好的果汁、菜汁經充填、密封、殺菌或殺菌、充填、密封的程序製成成品。殺菌的目的在殺死微生物及破壞酵素，在不損害維生素等營養成分及風味的原則下，儘量用最低限度的加熱溫度及時間。

第二節　果　汁

一、鳳梨果汁飲料的製造

實習十一　鳳梨果汁飲料的製造

一、器具

不鏽鋼刀、破碎機、搾汁機、封蓋機、混合槽、遠心分離機、真空脫氣機、果肉刮取機、瞬間殺菌機、充填機。

二、材料

鳳梨、砂糖、檸檬酸、空罐。

三、製造流程

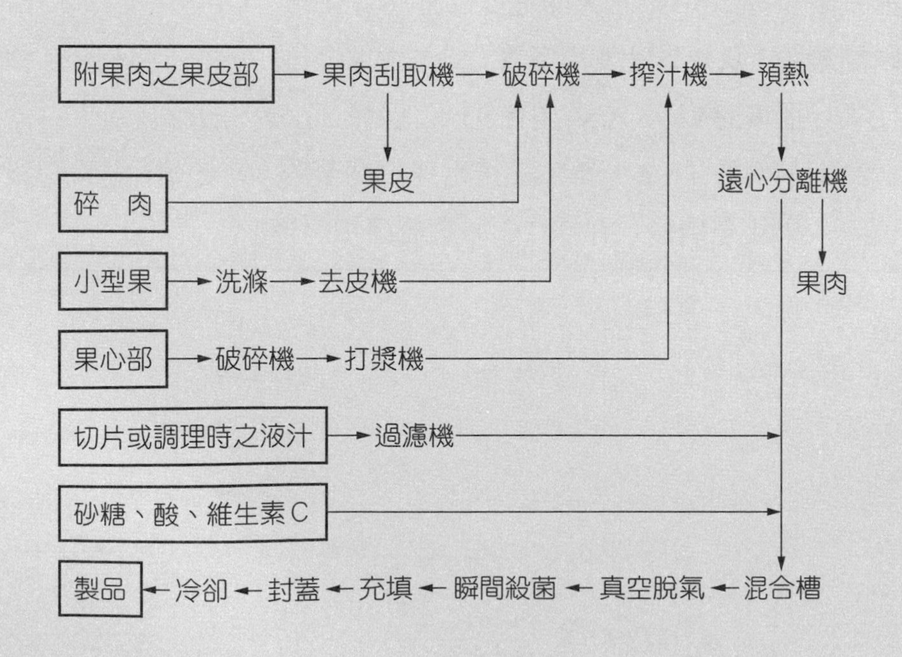

四、重要步驟之說明

1. **破碎**：目的為破碎果肉，以便容易搾汁，步驟分為二段，第一段為粗碎，第二段為細碎。
2. **搾汁**：自破碎果肉搾取果汁。
3. **預熱**：將果汁預熱至 60～63 °C。
4. **遠心分離**：果汁經遠心分離，除去懸浮固形物。
5. **混合**：遠心分離後收集於混合槽，如有必要時，加砂糖、酸調節之，使糖度在 12～14°Brix，酸度在 0.3～0.5%（以檸檬酸計算）。調合後，若經高壓均質機 (homogenizer) 處理，粒子則更微細化。
6. **真空脫氣**：有各種型式的真空脫氣機，果汁以真空脫氣機除去果汁內的空氣，真空脫氣機的真空度與脫氣溫度有關，一般通入脫氣機內之果汁溫度，控制於較脫氣機內壓力所相當之飽和溫度高 2～3 °C，務使蒸發掉 2～3% 水分的程度為宜。
7. **瞬間殺菌**：鳳梨果汁使用多管式或板式瞬間殺菌機，於 15～20 秒間使果汁溫度達到 93 °C，並在 93 °C 保持 30 秒，即行裝罐，封蓋，於冷卻前倒置 1～2 分鐘，然後迅速冷卻至約 40 °C。不經瞬間殺菌機時，果汁充填後，在 90 °C 加熱殺菌 10 分鐘。

二、柑橘果汁含破碎果肉飲料的製造

實習十二　柑橘果汁含破碎果肉飲料的製造

一、器具

不鏽鋼鍋、果汁機、篗、手攜式糖度計、溫度計、上皿天秤、計量容器、大調羹、pH 試紙 (BPB) 或 pH 計、細口玻璃瓶、王冠封瓶機、不鏽鋼刀。

二、材料

柑橘、砂糖、檸檬酸。

三、製造流程

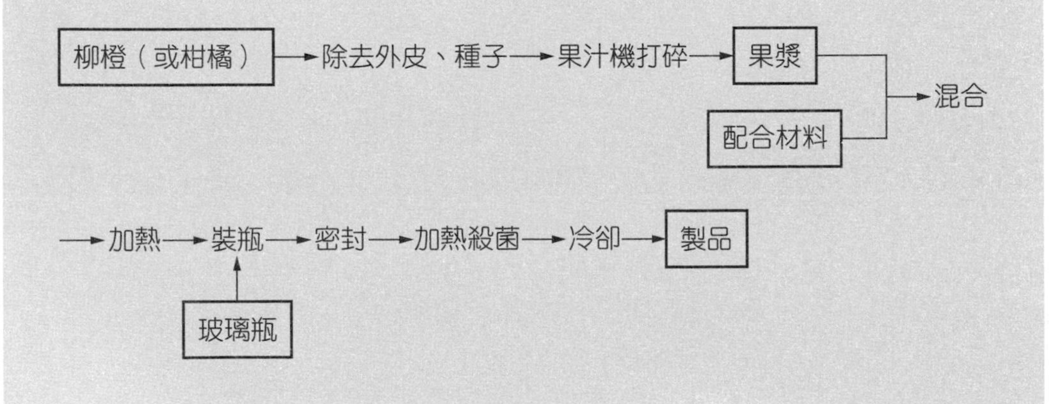

四、重要步驟之說明

1. **原料的處理：**柑橘充分洗滌後，除去外皮及種子。果肉切碎後以果汁機打碎成果漿，務使砂囊破碎。以粗網過濾，稱濾液果漿重。
2. **配合材料**
   (1)檸檬酸：果漿重的 1.3%。
   (2)水：果漿重的 50%。
   (3) 62% 糖度的熱糖液：果漿重的 85%。
   (4)將配合材料加入果漿中，混合攪拌，加熱至 80 °C。
3. **裝瓶：**趁熱填充於已經加熱殺菌的熱玻璃瓶，立即密封。
4. **殺菌：**於 90 °C 的熱水中加熱殺菌 10 分鐘。
5. **冷卻：**玻璃瓶仍放在殺菌鍋內，將冷水緩慢通入鍋內，冷卻至中心溫度降至約 40 °C。

三、葡萄果汁的製造

(一) 葡萄之一般栽種品種

類別			種別	果皮色	果穗大小	果粒	其他
有子葡萄	鮮果品種	早熟種	Cambell early	黑紫色			生長旺盛
			Champion(香檳)	紫色	小		果穗著色不整齊
			Buffalo(六月鮮)	紫色	中等		酸味強
		中熟種	Neo Muscat	黃綠色	大	圓形	
			巨峰	黑紫色	大	橢圓形	年可收穫2~3次
			高砂	紅色	大	長橢圓形	
		晚熟種	Muscat bailey A	黑紫色	大	圓形	果粉厚
			Italia IP 65	黃綠色	極大	長橢圓形	有香氣
	加工用品種	釀酒用品種	Black queen	黑紫色	中		紅酒用品種(果汁兼用)
			Golden muscat	黃綠色	中	長圓形	白酒用品種
			Niagara(奈加拉)	黃綠色	中	圓形	白酒用品種(可鮮食)
		果汁用品種	Black queen	黑紫色	中		紅酒兼用品種
			Concord(康可得)	黑紫色	小		果汁用最優品種
			Himrod Seedless	黃綠色	小	圓形	早熟種,鮮果用
無子葡萄			Ruby Seedless	淡紫色	中	橢圓形	果面有濃果粉

(二) 製造流程

1. 以新鮮黑后葡萄或其他紅紫色葡萄為原料。
2. 洗淨,除梗,剝粒。

3. 以搾汁機搾汁，同時添加果漿量 0.02% 之偏重亞硫酸鉀 ($K_2S_2O_5$)。
4. 加 50 ppm 果膠分解酵素，於室溫下作用 2～3 小時。
5. 加熱至 70 °C 以破壞酵素並使色素溶出。
6. 立即冷至室溫。
7. 離心過濾以除去渣質。
8. 冷安定之澄清處理：將果汁置於冷藏室，以約 0 °C 不結冰的狀態下保持 7 天，使所有不溶物及酒石均沉澱出來。
9. 以虹吸作用將澄清的果汁取出，此即葡萄原汁。
10. 調糖、酸至規定值（如 50°Brix，1.5% 檸檬酸）。
11. 加熱至 90 °C。
12. 趁熱裝罐，封蓋。
13. 保持約 10 分鐘後冷卻。
14. 此即葡萄汁成品罐頭。

（三）製造葡萄果汁須注意的事項

1. 因葡萄汁含有酒石，若將葡萄汁直接裝入小玻璃瓶 (200 mL) 時，數天後瓶底會析出酒石結晶，因此葡萄汁需要預先貯藏於大容器內，以待酒石結晶析出並除去後，方可填充於小玻璃瓶。
2. 果柄含有澀味成分，故搾汁前必須完全除去。
3. 若要製造透明葡萄果汁時，可用果膠質分解酵素處理。
4. 以白葡萄為原料製造葡萄汁時，壓碎後的葡萄不經加熱即直接迅速搾汁，以後之處理與紫葡萄同。
5. 紫葡萄含有花青素，若與無塗漆馬口鐵皮罐接觸時，由於發生還原作用而褪色，故需要使用玻璃瓶或罐內壁塗漆罐。

四、濃縮百香果漿的製造

實習十三　濃縮百香果漿的製造

一、百香果的品種

種別	果形	果皮	種子	果肉	
				顏色	味道
野生紫色種	果形小，圓形或卵形	堅硬革質紫色	黑色	黃色	酸
黃色種	果形大，橢圓形	黃色	深褐色	淡黃色	較酸
大西番果	比紫色種約大3倍，長橢圓形或長卵形	薄皮 黃綠色 淡黃色	濃橙色	淡黃白色	酸帶甜
雜交紫色種	果形中大，橢圓形	紫紅色	黑褐色	黃色	酸帶甜

二、濃糖果漿之成品規格

一般果汁飲料產品飲用時之適口性以糖酸比 30 : 1 （糖以 Brix 為單位，酸以 % 檸檬酸計算） 為佳，故濃糖果漿飲用時稀釋至 5 倍計算，成品糖度 55°Brix，酸度 1.8% 為宜。

三、製造流程

1. 將原料果實洗淨。
2. 以刀切成兩半，用湯匙取出果漿與種子部分。
3. 將果漿（含種子）加熱至 75 °C。
4. 以果汁粗細篩濾機 (pulper finisher) 搾出果漿並分離果渣及種子。
5. 搾得之果漿離心，去除雜物，即得乾淨果漿原料。

6. 依下列配例準備材料

果漿 40

水 10

磷酸鹽 0.1

特砂 50（依原料糖度增減）

檸檬酸 0.9（依原料酸度增減）

成品糖度 55 ± 2°Brix，酸度 1.8 ± 0.2%（檸檬酸計）

7. 水入鍋煮沸。
8. 加糖溶解。
9. 加磷酸鹽，檸檬酸（預先加水並以果汁機打溶）。
10. 加入果漿，攪拌升溫之。
11. 加熱至 85～90 °C 時裝瓶（空瓶預先洗淨滴乾備用）。
12. 以沾 75% 酒精之紗布拭瓶口。
13. 封蓋（瓶蓋預先以 75% 酒精處理過）。
14. 平放 20 分鐘，以餘溫殺菌。
15. 沖水使冷卻並洗淨瓶之外表（須注意溫差，通常小於 30 °C）。
16. 貼標，封頭套，即得成品。

第三節 菜 汁

一、番茄汁的製造

實習十四 番茄汁的製造

一、材料

番茄、食鹽。

二、器具

秤、果汁機、不鏽鋼鍋、刀、過濾用尼龍網、玻璃瓶、殺菌器、王冠瓶蓋、封瓶機。

三、製造流程

番茄 → 洗淨 → 選果 → 破碎 → 預熱 → 搾汁 → 調味 → 加熱 → 充填 → 封蓋 → 殺菌 → 冷卻 → 製品

四、製造要點之說明

1. 番茄原料以完熟果為佳，經洗淨，去除過熟果、破碎果及腐敗果。
2. 預熱係將番茄切碎置於不鏽鋼鍋中加熱至 82 °C 以上，再行壓濾。
3. 壓濾後的番茄汁加 0.5～0.7% 食鹽調味。
4. 調味後的番茄汁加熱至 93 °C，趁熱充填，封蓋後，以 115 °C 殺菌 4 分鐘，冷卻後即得製品。

二、蘆筍汁罐頭的製造

實習十五　蘆筍汁罐頭的製造

一、蘆筍的名稱與種類

1. 蘆筍英名 asparagus，中文別名石刁柏、龍鬚菜、野天門冬、松葉土當歸等。
2. 蘆筍依採收時嫩莖之色澤，可分兩類：
   (1)白蘆筍：未凸出地面而採收的嫩莖。
   (2)綠蘆筍：經日光照射嫩莖變綠後採收的。

二、白蘆筍之成分

白蘆筍營養豐富，味道芳香，其一般成分為水分 93.2%，蛋白質 1.7%，脂肪 0.2%，纖維 1.0%，礦物質成分中 Ca 10%mg，Mg 18%mg，P 36%mg，Fe 1.6%mg，Na 37%mg，K 16%mg，Vit A 17%mg，Vit B_1 0.11%mg，Vit B_2 0.08%mg，Vit C 20%mg，並含有 lutein（黃體素，葉黃素的一種）及 asparagine（天門冬醯胺）的成分，有防止血管硬化，抑制高血壓的功能效果。

三、製造流程與說明

1. 取新鮮蘆筍枝或工廠蘆筍罐頭加工後棄置之截頭，洗淨滴乾。
2. 加 10 倍量水煮沸熬煮 1 小時。
3. 離心過濾除去渣質即得原汁。
4. 依下列配例調味：

原汁	100	食鹽	0.01
維生素 B 群	0.01	維生素 C	0.004
乳濁劑	0.1	脫脂乳粉	0.05
香草	0.1	蜂蜜	0.1

加蔗糖調糖度至 10°Brix

加檸檬酸液調 pH 至 4.0～4.2。

5. 加熱至 90 °C。

6. 250 g 空罐洗淨趁熱充填。

7. 封蓋。

8. 以沸水殺菌 20 分鐘或利用餘溫殺菌。

9. 冷卻至 38～40 °C。

10. 拭乾，即得成品。

第四節　綜合果蔬汁

如表 11–3 所示，綜合果蔬汁及其飲料包含綜合天然果蔬汁、綜合稀釋果蔬汁及綜合清淡果蔬汁等三大類，此三類各有其濃度，且由於蔬果種類之改變，可製得各式各樣的綜合果蔬汁製品。惟各果蔬汁原料之調配比例應依消費者之嗜好性及市場需求量而定。有些蔬果具有特殊風味，如芹菜、洋蔥、青椒等，均需注意使用量，過量使用將造成不良風味。

綜合果蔬汁的製造方法與前述果汁、菜汁大同小異，茲簡述如下：

1. 取製造各種果汁的原料，製備果汁原汁。
2. 取製造各種菜汁的原料，製備蔬果原汁。

3. 依比例取蔬果原汁混合調配成所定之原汁濃度、糖度、酸度，並加入其他調味料。
4. 經加熱、脫氣、充填、封蓋、殺菌、冷卻等工程後即得成品。

第五節　濃　縮

天然果汁欲當作各種果汁飲料的原料時，一般都濃縮製成 $\frac{1}{4}$～$\frac{1}{6}$ 的濃縮果汁。果汁的濃縮必須使用不會失去香氣（有時在濃縮前進行低溫之真空處理，以回收果汁中之揮發性成分，濃縮後再混入，以保持原香氣）、風味、色澤及維生素 C 的方法，茲將各種濃縮法敘述如下：

一、加熱濃縮

一般都採用真空濃縮，此為最常用的方法。此法中使用的濃縮機有板式濃縮機、薄膜流下式濃縮機及迴轉圓錐型濃縮機等。

二、非加熱濃縮

非加熱濃縮係近年來頗受注意的新濃縮法，如：

（一）膜處理法

包括逆滲透法 (reverse osmosis; RO) 及超過濾法 (ultrafiltration; UF)，可利用於水果、蔬菜搾汁的濃縮，香氣成分的回收，果膠等混濁物質的去除及自副產物分離回收有價值成分等。RO 可用於水的去除，UF 可用於高分子物質的選擇過濾，將此二者組合可利用於各種濃縮。

1. **超過濾法**：係使用半透膜分離液態及溶質的一種方法，分離對象的溶質之分子量約為溶媒分子量之 100 倍以上，一般係分離分子量 1000 以上～50000 之溶質，如自果汁中分離果膠和肽類，自黃豆乳清、乾酪乳清、澱粉製造廢水分離水溶性蛋白質，操作壓力約為 0.5～6 kg/cm^2。使用之半透膜材質為 polyacrylonitrile 等，其與逆滲透法之比較如圖 11–2。

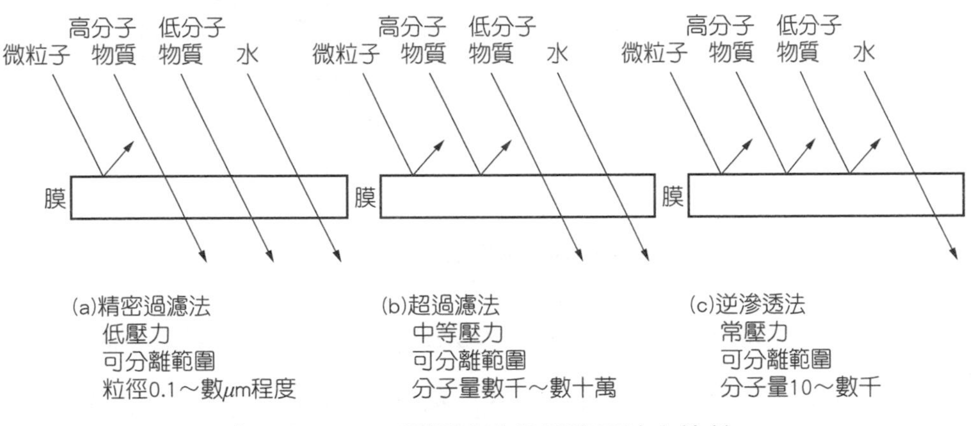

▶ 圖 11–2　超過濾法與逆滲透法之比較

2. **逆滲透法**：如圖 11–3 所示，逆滲透裝置的原理係以半透膜 (perm-selective membrane) 為境面，一邊置一定濃度的溶液 (A)，另一邊置水 (B) 時，水即透過半透膜向 A 邊移動，此現象稱為滲透 (osmosis)，此時 B 邊產生的壓力稱為滲透壓 (osmotic pressure)。反之，自 A 邊施與滲透壓以上的壓力時，水即自 A 邊通過半透膜往 B 邊移動，此現象稱為逆滲透。利用逆滲透可達成濃縮目的，其為不加熱的濃縮法，因此營養成分與風味並不遭受破壞。逆滲透的操作壓力一般為 30～150 kg/cm^2，使用的半透膜材質為醋酸纖維素 (acetyl cellulose) 或其衍生物及芳香族聚醯胺等。

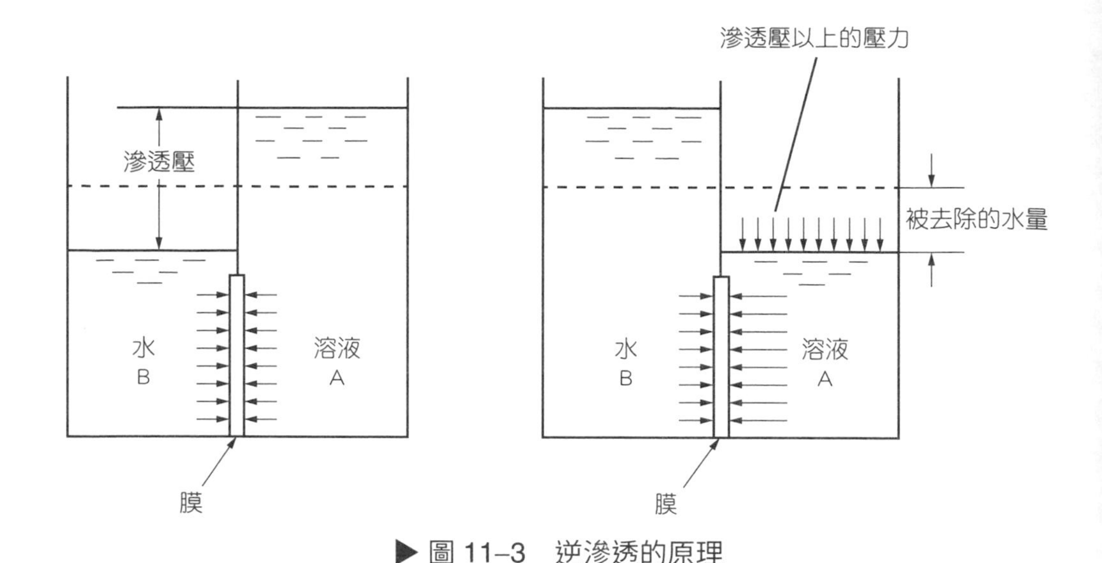

▶ 圖 11–3 逆滲透的原理

（二）凍結濃縮 (freeze concentration)

使果汁中的水變為冰結晶，然後分離去除冰晶的濃縮法稱為凍結濃縮。蒸發濃縮法是利用液相（水）變為氣相（水蒸氣）的相變化，凍結濃縮法則是利用液相（水）變為固相（冰）的相變化，後者完全不加熱，故濃縮過程中，香氣成分和維生素幾乎不損失，所以能得到色澤、風味俱佳的濃縮果汁製品，惟冰晶中會含有微量果汁成分，造成損失，此為其缺點。圖 11–4 為冷凍濃縮柑橘果汁的製造圖例。

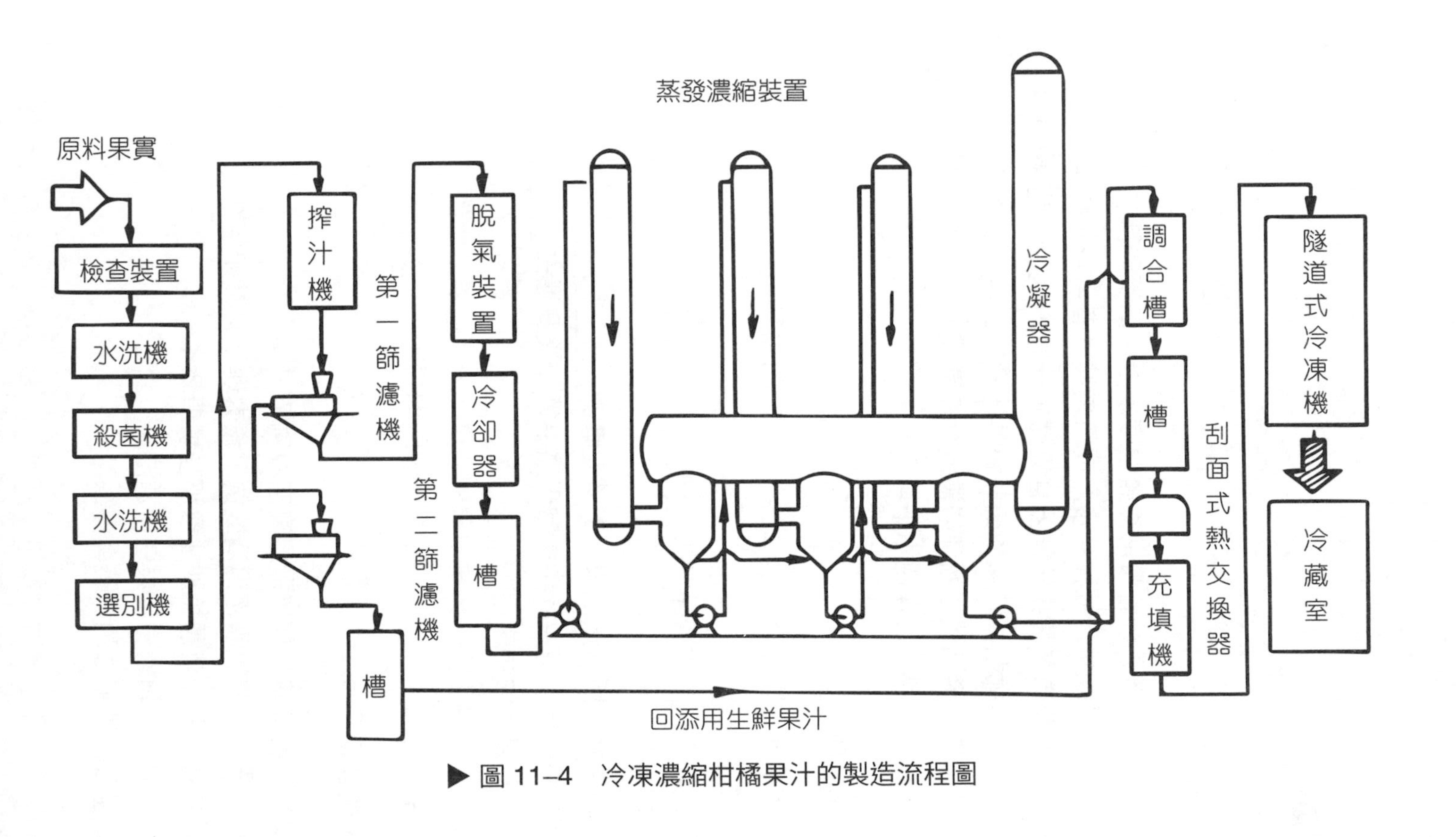

▶圖 11–4　冷凍濃縮柑橘果汁的製造流程圖

習題

一、是非題

(　　) 1.純粹果汁經發酵後雖濃度未變，仍不能稱為天然果汁。
(　　) 2.濃縮果汁經稀釋復原成原來濃度者可稱天然果汁。
(　　) 3.所有稀釋果汁均為含天然果汁 30% 以上，直接供飲用之果汁。
(　　) 4.濃縮蔬菜汁係由天然蔬菜汁濃縮二倍以上而成。
(　　) 5.綜合清淡果蔬汁必需混合三種或三種以上之清淡果蔬汁。
(　　) 6.原料之洗淨用水不可含氯。

二、填充題

1.透明果汁在製造時必須以＿＿＿＿將搾汁中所含的果膠分解。
2. CNS 代表＿＿＿＿。
3.果蔬汁原料的內容品質如＿＿＿＿、＿＿＿＿、＿＿＿＿、＿＿＿＿等均需符合要求。
4.清淡果蔬汁所含天然果汁的濃度應為＿＿＿＿%。
5.綜合稀釋果汁或菜汁中所含天然果蔬汁濃度應占＿＿＿＿%。
6.非加熱濃縮法中常用＿＿＿＿及＿＿＿＿。
7.使用超過濾法時，分離對象的溶質之分子量為溶媒的＿＿＿＿倍以上，所用壓力為＿＿＿＿，而逆滲透的操作壓力一般為＿＿＿＿。

三、問答題

1.果蔬汁製造時，何以需經真空脫氣？
2.果蔬汁製造何以需經澄清或抗沉澱處理？又其如何進行？
3.製造葡萄果汁時需特別注意那些事項？
4.試以圖表示超過濾法與逆滲透法。
5.試述凍結濃縮法的意義與優缺點。

第十二章　果　醬

第一節　製作原理

一、果醬類製品的意義

廣義來說，將果實打碎，加糖熬煮，利用其中所含（或外加）的糖、酸、果膠形成凝膠 (gel) 的製品均可稱為果醬類 (jams) 製品，蜜餞、果凍、果糕、果酪等均包括在內。其中蜜餞 (preserve) 須保持果肉全體或一部之原形；果凍 (jelly) 僅以除去果粕 (pulp) 之果汁製成，成品呈透明凝膠狀；果糕 (marmalade) 為含有果實細片或果皮細片的果凍；果酪 (fruit butter) 則為僅加少量水，濃度甚高的製品，與果醬之最大差異在於比果醬濃度更高，粒子更細，並多加香辛料。

二、果膠質 (Pectic substances)

存於植物之包括原果膠 (protopectin)、果膠 (pectin) 和果膠酸 (pectic acid) 的一群物質，在果實蔬菜等高等植物體中，為細胞間物質及細胞膜的構成成分，具有保護細胞的功能，影響組織的軟硬。

植物組織含有原果膠將細胞壁連結在一起，當果實完熟時，原果膠即分解成果膠，在酵素 (pectin esterase) 的作用下，最後生成果膠酸。因此過熟的果實由於細胞間的吸附減弱而變軟。果膠在果醬類製品中可當固著劑，此外亦可當膠化劑、乳化劑、安定劑之用。

三、果膠酵素 (Pectic enzyme)

與果膠分解有關的酵素之總稱，包括：

1. 自果膠去除甲氧基變為不溶性果膠酸的酵素，其名稱有 pectase，pectin esterase，pectin methyl esterase，pectin methoxylase 等。
2. 切斷果膠酸分子間鍵結的酵素，稱之聚半乳糖醛酸酶 (polygalacturonase; PG)。PG 可分由非還原端切斷的 exo-PG 與由內部切斷的 endo-PG 兩種，此酵素廣泛分布於高等植物和微生物，對果實和蔬菜的軟化現象有密切關係，其活性隨著果肉之軟化而增大。

四、果膠的種類

理論上果膠分子完全甲基化 (methylation) 時，$-OCH_3$ 之重量百分率應為 16.32%，通常稱$-OCH_3$ 含量在 7% 以上者為高甲氧基果膠 (high methoxy pectin; HM-pectin)，$-OCH$ 含量在 7% 以下者為低甲氧基果膠 (low methoxy pectin; LM-pectin)，圖 12–1 為果膠的基本構造；圖 12–2 為高甲氧基果膠，其酯化度為 60%；圖 12–3 為低甲氧基果膠及氨化低甲氧基果膠之結構圖。

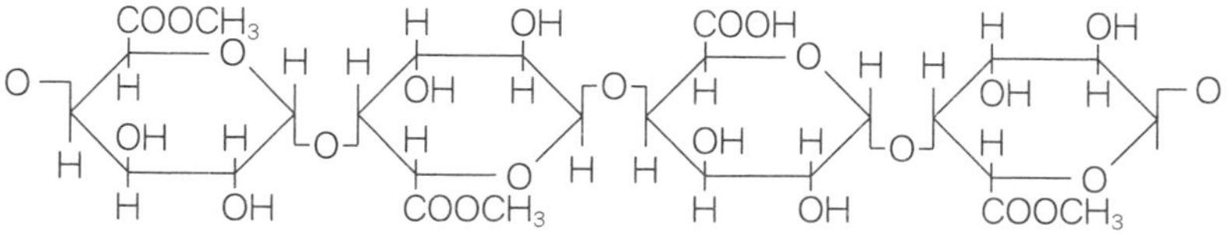

▶ 圖 12–1 果膠的基本構造

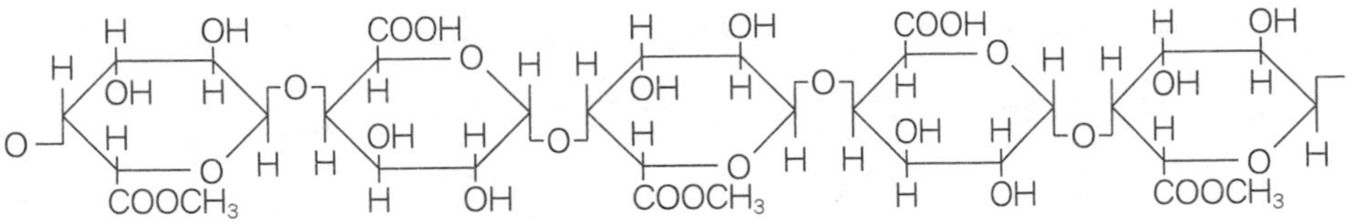

酯化度=60%（大於50%）

▶ 圖 12–2 高甲氧基果膠

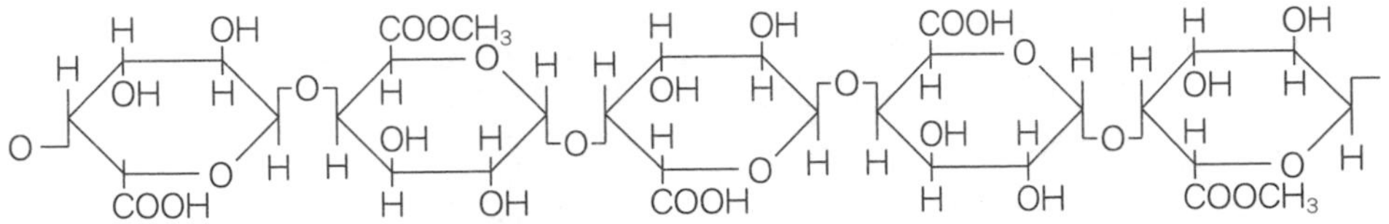

酯化度=40%（一般在25～45%之間）
氨化度=0

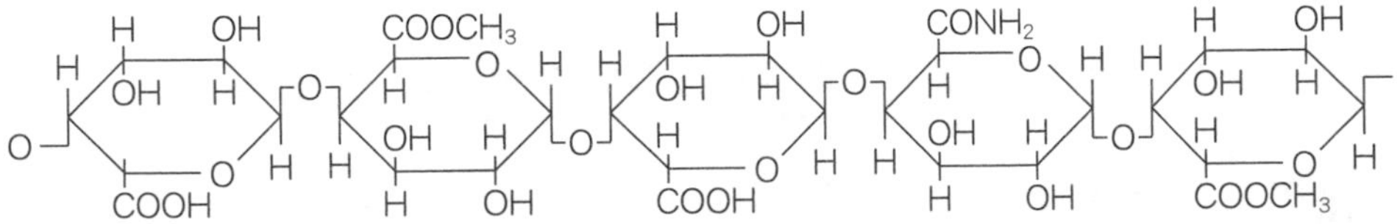

酯化度=33%
氨化度=17%（一般不大於25%）

▶ 圖 12–3 低甲氧基果膠

五、果膠凝膠的原理與條件

1. 高甲氧基果膠

(1)凝膠條件：

(a)果膠含量約 0.6% 以上。

(b) pH 2.8～3.2。

(c)糖量約 62～65%。

(2)凝膠原理：糖、果膠與酸所構成之網狀構造為高甲氧基果膠之凝膠三要素。一般糖量須在 60～70%、果膠量在 1.0% 左右或以上、

pH 值在 2.8～3.4 間可形成凝膠。其凝膠原理乃藉由果膠溶液中果膠之羧基解離，帶負電荷，而加酸可抑制此現象之發生，惟須達 pH 2.8～3.4 之酸量才可，pH 3.6 以上不凝膠；糖之作用乃保持所形成凝膠之構造，促進氫鍵的安定（如圖 12–4）。

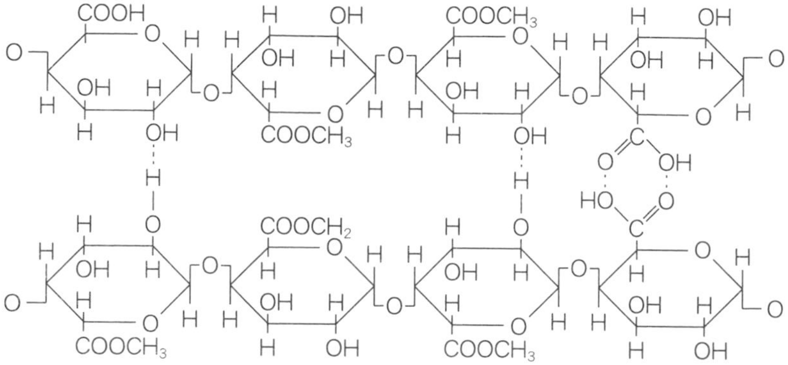

▶ 圖 12–4　高甲氧基果膠之凝膠機制（氫鍵型凝固）

2. 低甲氧基果膠

⑴凝膠條件：

ⓐ果膠含量約 0.6% 以上。

ⓑ酸糖不限制，可溶性固形量 25% 以下亦可。

ⓒ須有微量 Ca^{2+} 或 Mg^{2+} 存在。

⑵凝膠原理：低甲氧基果膠之凝膠原理乃藉離子鍵結以完成，與高甲氧基果膠之氫鍵凝膠不同 。 加酸會使低甲氧基果膠起部分凝膠，與高甲氧基果膠所形成之果膠—酸—糖—水系之均勻凝膠不同，須添加適量多價金屬離子如 Ca^{2+} 等，使其與羧基形成離子鍵而凝膠（如圖 12–5）。又低甲氧基果膠之凝膠不需很多糖，故可用來製造低糖量（熱量）果醬。

▶ 圖 12–5 低甲氧基果膠之凝膠機制（離子結合型凝固）

第二節 果 醬

一、草莓果醬的製造

實習十六 草莓果醬的製造

一、製造流程

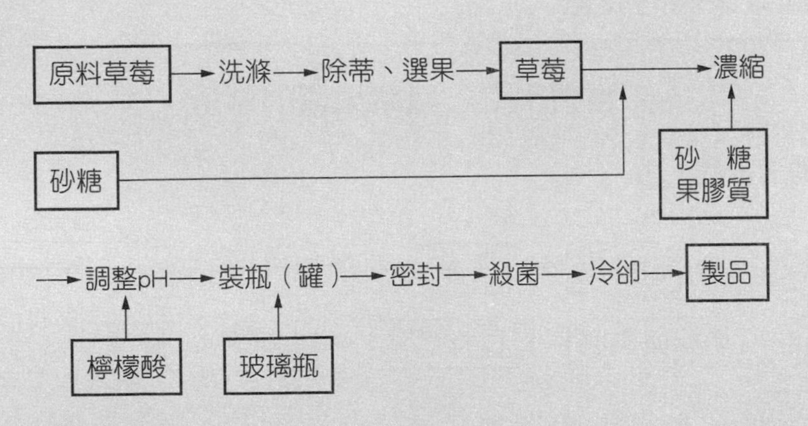

二、製法說明

1. 草莓浸於水中，緩慢攪動，以除去砂土，將草莓置於圓匾上，滴乾水滴，然後除蒂，再以水沖洗，同樣滴乾水滴。

2. 稱取除蒂後草莓重量 70～80% 之砂糖。

3. 草莓放入鍋內，加砂糖 $\frac{1}{2}$，以弱火加熱，俟砂糖溶解後加剩餘的砂糖，溶解之，繼續加熱使之沸騰，以大型調羹攪動之。

4. 濃縮終點與果凍之製造同。

5. 濃縮至終點的果醬冷卻至 80～90 °C。

6. 在冷卻時，果醬表面的泡沫，以調羹收集並除去之。

7. 趁熱填充於乾淨的玻璃瓶內，注意避免空氣之混入，立即密封。

8. 果醬趁熱密封時，可不必再加熱殺菌一次，但是若要長期保存時，還要在 90 °C 殺菌 15～30 分鐘（視容器大小而定），然後冷卻。以玻璃瓶為容器時，冷卻水與內容物之溫差勿超過 30 °C，否則玻璃瓶易破裂。

二、鳳梨果醬的製造

實習十七　鳳梨果醬的製造

一、製造流程

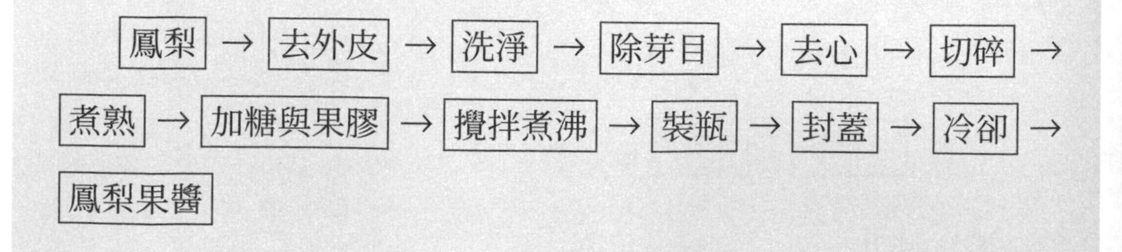

二、製法說明

1. 鳳梨以清水洗滌後，剝皮並去心。
2. 剝皮去心的鳳梨，用刀子切塊，一部分以果汁機打成漿狀，一部分再用刀子切成很細的塊狀。兩者混合。
3. 放入雙重鍋（或不鏽鋼鍋）內加熱。
4. 稱取粉末果膠質 15 g 與 100 g 砂糖混合均勻，並逐次加入果漿中，充分攪拌之，然後將其餘的砂糖繼續加入，其配例如下：

鳳梨果漿	3.7 kg
砂糖	4.5 kg
粉末果膠質	15 g

5. 在加熱過程，始則微火，俟砂糖溶解後則以強火加熱，約升至 105 °C 時，以檸檬酸溶液調整至 pH 3.2～3.3，當果醬之糖度達到 68°Brix，便停止加熱。
6. 將果醬裝入玻璃瓶中，拴緊瓶蓋，放在 90 °C 熱水中殺菌 15～30 分鐘（視容器大小而定）。殺菌後，進行冷卻，玻璃瓶應注意溫差，以免破裂。

三、李子果醬的製造

實習十八 李子果醬的製造

一、製造流程

李子 → 洗滌 → 去核 → 打漿 → 加熱 → 濃縮 → 裝瓶 →

封蓋 → 冷卻 → 李子果醬

二、製程說明

1. 將李子原料充分洗淨去核，用原料的半量水煮軟後，每公斤果實約加砂糖 0.75 kg、果膠 7 g 及檸檬酸 1 g，繼續煮沸至濃稠程度。在盛有冷水玻璃杯中，滴下數滴果醬，若不擴散於水中而沉降於杯底即可。
2. 濃縮期間需時常攪拌，勿使粘著鍋壁而燒焦。
3. 濃縮至適當濃度的果醬，趁熱裝入預先洗淨並加熱消毒好的玻璃瓶中，至瓶口 1 cm 處，然後封蓋旋緊，倒置 5 分鐘，翻正冷卻。

第三節　果　凍

一、洛神葵果凍的製造

實習十九　洛神葵果凍的製造

一、製造流程

洛神葵 → 取萼片 → 洗滌 → 細切 → 煮沸軟化 → 壓搾 → 汁液 → 加糖、果膠（不足時） → 加熱 → 攪拌 → 裝瓶 → 封蓋 → 殺菌 → 冷卻 → 洛神葵果凍

二、製程說明

1. 充分洗滌洛神葵，除去萼片下面的突起物及中央的種子，再洗滌一

次，細切後放入鍋內，加水至淹滿洛神葵之程度，加熱煮沸至變為柔軟，然後放入棉布袋內，壓搾汁液，稱汁液重量。並測定糖度、酸度、pH 值及果膠質含量。

2. 汁液放入鍋內，加熱煮沸，掬取汙物，添加與汁液同量的砂糖，若果膠含量不夠時，補加果膠質粉末。繼續煮沸濃縮。
3. 濃縮終點，以溫度計法 (104～105 °C)，糖度計法 (65～68%) 或滴入冷水法等判斷之。
4. 達到濃縮終點時，停止加熱，果凍表面的泡沫以調羹收集並除去之。
5. 趁熱填充於乾淨的小玻璃瓶內，注意避免空氣之混入，立即密封。
6. 果凍趁熱密封時，可不必再加熱殺菌一次，但是若要長期保存時，還要在 90 °C 殺菌 15～30 分鐘（視容器大小而定），然後冷卻，以玻璃瓶為容器時，冷卻水與內容物之溫度差勿超過 30 °C，否則玻璃瓶易破裂。

二、草莓果凍的製造

實習二十 草莓果凍的製造

製法說明

1. 草莓浸於水中，緩慢攪動，以除去砂土，將草莓置於圓匾上，滴乾水滴。然後除蒂，再以水沖洗，同樣滴乾水滴。
2. 草莓放入鍋內，於 80 °C 加熱 15～20 分鐘，攪拌之以促進色素的萃取，避免過度加熱，若於草莓中添加 0.2% 檸檬酸，可促進色素和果膠質的萃取。
3. 加熱後的草莓漿，裝入棉布袋內，以水壓式或螺旋式壓搾裝置搾汁。

壓搾時緩慢增加壓力較易得到澄清果汁，從加熱至搾汁需要連續進行，以免品溫下降。如要更澄清時，用壓濾機過濾，過濾時，液溫保持於約 40～70 °C。

4. 過濾澄清的果汁，測定果膠質含量、酸度和 pH 值。果膠質含量至少 0.7%，酸度（以檸檬酸計算）0.4～0.6%，pH 3.1～3.3。果膠質含量不夠時，添加粉末果膠質（或果膠質含量多的其他果汁或果膠質萃取液），砂糖之添加量為草莓搾汁液量的 60～70%。
5. 果膠質和 pH 值調整好的材料，放入鍋內，並加計算量的砂糖，開始加熱，最初以弱火加熱，俟砂糖溶解後儘量以強火加熱，不斷攪拌，濃縮時間約為 7～8 分鐘（儘量不超過 30 分鐘），砂糖量的 5% 以葡萄糖（或液狀葡萄糖）代替時，可防止高糖度製品的砂糖析出結晶。
6. 煮沸濃縮時因以強火加熱，很多泡沫浮於上面，此時不要裝瓶，以調羹除去泡沫後，方可裝瓶。趁熱裝瓶，並密封。
7. 將密封完畢的玻璃瓶置於 90 °C 熱水中，加熱殺菌 15～30 分鐘（視容器大小而定）。冷卻要領參看實習十六。

三、愛玉凍的製造

實習二十一　愛玉凍的製造

愛玉子 (jelly fig) 別名玉枳、枳仔，原產於臺灣，分布於中央山脈中海拔闊葉林中，其組成分為水分 10.19%、灰分 3.80%、蛋白質 10.68%、脂肪 14.11%、粗纖維 26.09%、無氮物 35.14%。

一、愛玉凍的凝膠機構

愛玉凍呈淡黃色之軟凝膠體狀，為本省經濟可口又頗具鄉土風味之半飲料食品，愛玉子中含有高甲氧基果膠（HM-pectin, $-OCH_3$ 約 10%），於水中搓揉時溶出受到種子中所含的一種特殊酵素 pectinesterase 作用，行脫甲基而變成低甲氧基果膠 (LM-pectin)，再與水中之雙價陽離子，如 Ca^{2+} 交聯 (cross linking) 而凝膠。

二、愛玉凍之製成

1. 準備冷開水（以地下水燒開，冷卻）。
2. 將刮下之愛玉子放入棉布袋中。
3. 取 70 倍冷開水，棉布袋浸於水面下，用手搓揉至無黏液滲出，搓揉時，盡可能不擠壓棉布袋，否則有氣泡產生。
4. 取出布袋，放置約 20 分鐘，即可凝膠成型，凝膠期間切忌大力振動。
5. 以刀切割成小碎塊，加濃糖漿、碎冰、果汁等調味，即成清涼消暑而可口的愛玉冰製品。

第四節　果　酪

依 FDA 鑑定標準，果酪 (fruit butter) 要求至少含有 43% 的可溶性固形物，並應標示所使用的配料。製造果酪的水果原料應選用軟而成熟者，因其風味較佳。使用的香辛料有肉桂、丁香、甘椒、薑、香草精、肉荳蔻等，用量依嗜好口味而異，添加後應徹底攪拌使分散均勻。製品可區分成加糖與不加糖者兩類，加糖的目的主要是調味。

一、梨子果酪的製造

梨子果酪的製造步驟如下：

⑴選用成熟的梨子為原料。

⑵分級、洗滌、選別、修整。

⑶壓碎。

⑷加少量水煮至軟化。

⑸以打漿篩濾機打漿篩濾，使組織柔滑。

⑹加入 $\frac{1}{2}$ 量糖，並於二重釜中濃縮。

⑺加入原果漿量 5% 的檸檬汁。

⑻濃縮至終點溫度 105 °C。

⑼加入原果漿量各約 0.1% 之丁香、肉桂和薑以及 0.15% 之肉豆蔻或其他香精。

⑽再煮沸 3 分鐘。

⑾充填於瓶、罐等容器，趁熱封罐。

⑿冷卻後即得製品。

二、李子果酪的製造

李子果酪的製造步驟如下：

⑴選用成熟而風味良好的李子為原料。

⑵洗淨、修整、去核（可不去皮）。

⑶加少量水煮至軟化。

⑷以切碎機破碎。

⑸篩濾後移至二重釜。

(6)加入約 80% 砂糖。

(7)濃縮至終點溫度 105 °C。

(8)加入原果漿量 0.1% 的肉桂、丁香等香辛料。

(9)充分攪拌煮沸 3 分鐘。

(10)趁熱裝罐、密封。

(11)冷卻後即得成品。

第五節 果 糕

果糕通常以柑橘類為原料製成，製造方法與果凍相同，但原料的處理方式稍有不同之處。果糕有透明果糕及含果肉果糕，其配合比例：透明果糕為果汁 20 kg，果皮 2～2.4 kg，砂糖 20 kg；含果肉果糕為果肉 20 kg，果皮 2 kg，砂糖 14～18 kg。果糕的製造程序如圖 12–6，茲將要點說明如下：

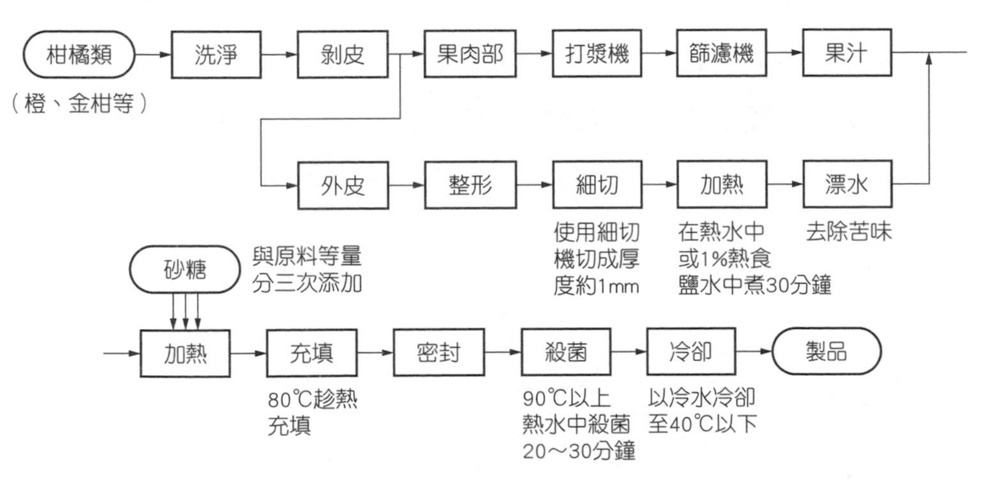

▶ 圖 12–6 果糕的製造程序

⑴原料的處理：使用新鮮原料，原料放入熱水中洗淨，滴乾後分切果皮，再剝除果皮，將果皮與果肉分別處理。

⑵果皮的處理：果皮的切法如圖 12–7，將切成條狀的果皮放在熱水中加熱煮沸 15 分鐘以去除柑橘的苦味成分，換水反覆煮沸，去除苦味及變軟後，以清水漂洗。

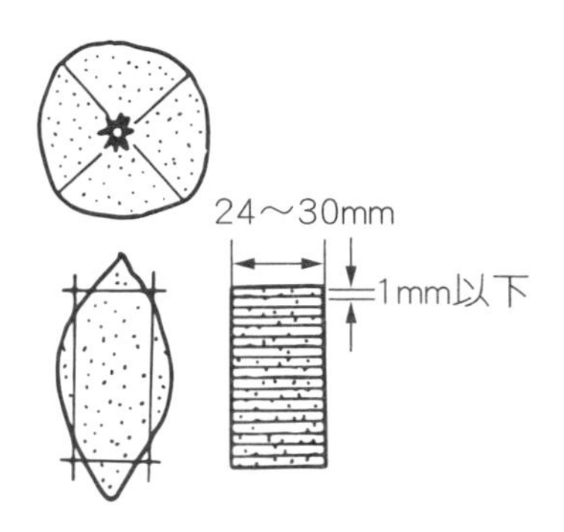

▶ 圖 12–7 柑橘果皮的切法

⑶煮沸濃縮：依果凍的製造方法，果汁加糖煮沸後，加原料重 10% 的果皮切細片，煮沸 1～2 小時，當溫度達 104～105 °C 時，即表示達到濃縮終點，停止煮沸濃縮操作。

⑷沸騰的果糕不可立即充填於容器，應暫時放冷，待果皮充分吸收砂糖後才充填、密封，以防止果皮浮出表面。

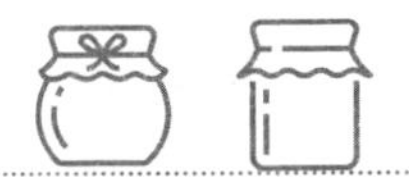

習題

一、是非題

(　　) 1. 廣義來說蜜餞、果凍、果酪、果糕等都是果醬類製品。
(　　) 2. 含有果實細片或果皮的果凍稱為果酪。
(　　) 3. 除了含有果實細片或果皮外，果糕製品亦呈透明凝膠狀。
(　　) 4. 果醬類製品均需高含糖量（62～65% 以上）方能製成。
(　　) 5. 依 FDA 標準，果酪應含 43% 可溶性固形物以上。

二、填充題

1. 果膠質為存於植物中包括________、________、________的一群物質。
2. 果醬類製品中能保持果肉全體或一部之原形者為________，除去果漿質，僅以果汁製成者為________。
3. 果膠分子完全甲基化時，其甲氧基 (－OCH_3) 之重量百分率應為________%，而－OCH_3 含量在________% 以下者稱為低甲氧基果膠。
4. 果醬製品之濃縮終點可以________、________、________等判定。

三、問答題

1. 何謂果膠分解酵素？有那兩類？
2. 試述高甲氧基果膠之凝膠條件與原理。
3. 試述低甲氧基果膠之凝膠條件與原理。
4. 試述愛玉凍的凝膠原理。
5. 果糕之製程如何？

第十三章　蜜　餞

第一節　製作原理

一、蜜餞

蜜餞原為一種食品加工的方法，本名蜜煎。係利用糖漬來保存果實或蔬菜，使之終年可食的一種貯藏技術。經過時日的演變，蜜餞已成為此類食品的總稱，舉凡經過糖漬或用糖處理過的果實、蔬菜都叫做蜜餞，為我國特產之食品。我國傳統製造蜜餞的原料有梅子、李子、楊桃、金橘、橄欖、薑片、鳳梨等，冬瓜、蘿蔔等亦常供作蜜餞原料。

歐美各國對蜜餞所指的範圍十分廣泛，除糖漬水果外，包括用鹽、酒處理的一切水果加工品，均可稱為 preserved fruits，我們所熟悉的中式蜜餞，只能稱為 glacied fruits、candied fruits 或 honey dipped fruits，只是 preserved fruits 中的一種而已。茲將果實或根菜類、果菜類、豆類等蔬果原料，加以前處理，在糖液中慢慢熬煮，使糖分滲入組織中，形成高濃度之糖分，以至於接近無水狀態，並保持蔬果原形即為蜜餞，甚耐久貯。

二、蜜餞的種類

蜜餞製品依原料及處理方式不同，有下列不同類別：

1.乾狀蜜餞

(1)細糖衣蜜餞。

(2)結晶蜜餞。

(3)透明的糖漬水果。

(4)半透明的糖漬水果。

2.溼狀蜜餞

(1)糖漬蜜餞：如瓶裝之櫻桃、金桔及桃子等。

(2)粘性蜜餞：如表面溼粘之木瓜糖等。

三、蜜餞的製作原理

蜜餞加工最主要是利用高糖濃度來降低成品的水活性 (water activity; Aw)，使微生物無法進行繁殖作用，以達到保存目的。以水活性在定性上表示食品中可供微生物生長的水分含量，可用食品的水蒸氣壓和同溫同壓下純水的蒸汽壓之比率表示，除了特殊者外，一般微生物所能繁殖的水活性細菌為 0.94～0.99，酵母為 0.88，黴菌為 0.80。

蜜餞製作，係利用糖液和原料間的滲透壓差，即以糖液滲透入原料組織中，置換其中的水分，以降低水活性。滲透壓差愈大，置換速度愈快，糖漬的時間可因而縮短。欲促進糖漬速度可採用下列方法：

1. 增加原料與糖液的接觸面積：可藉由切片、針刺、劃切等手段達成。
2. 提高糖漬液的溫度：溫度愈高，糖液的滲透速度愈快，但若溫度過高，則有蔗糖轉化過多，造成焦化、變色及變味之現象發生。
3. 提高糖液的濃度：糖液與原料之糖度差異越大，滲透速度越快，但差異切勿一次過大，否則容易造成原料皺縮且影響外觀。
4. 原料經充分殺菁或真空處理：原料中含有之氣泡去除及原料組織軟化，均有助於糖液之滲透。

5. 使用部分高滲透壓的糖類：如以部分葡萄糖取代蔗糖，可提高滲透速度。

四、蜜餞的一般製造方法

1. **原料：**依製品的要求，選用適當品種、成熟度、大小、形態、質地及色、香、味的原料。
2. **原料處理：蜜餞原料之處理，大致上包括下列各項：**
 (1)不良品之剔除。
 (2)分級（大小）。
 (3)沖洗：洗去泥沙等夾雜物等。
 (4)特別處理：如金桔之針刺、鳳梨之去心剝皮等。
 (5)硬化處理：如冬瓜、青梅等之鈣化處理。
3. **原料貯藏：**尖峰時期採收的原料應用鹽漬或亞硫酸漬或二者混合的方法進行中期貯藏，有時亦採用冷藏方法做短期貯藏。理論上，以不經貯藏而直接供應加工的原料最佳。
4. **漂水 ：** 以清水浸漬去除醃漬原料中的食鹽或亞硫酸鹽或多餘的鈣鹽，並恢復果實原狀及去除苦澀味。
5. **糖漬與調味：**糖漬與調味為蜜餞製造的最重要過程，操作良否影響產品品質及生產效率甚鉅，因此需注意下列原則：
 (1)儘快完成糖漬。
 (2)勿使糖漬物因糖漬而皺縮。
 (3)不浪費用糖，並講究糖之利用。
 (4)避免糖漬期間受汙染或發酵。
 (5)適當完成調味，適度調酸並使用香味料等。
 (6)避免糖漬物及糖液發生非微生物性變質。

6. **蜜餞的整飾與乾燥：**整飾係使糖漬後的蜜餞依產品形態而具有典型的形狀與外觀，整飾操作依製品而異，包括沾細粉、洗除表面、附加糖衣、乾燥以及切片、切角等。蜜餞的乾燥通常採用熱風（隧道式）乾燥，一般溫度控制於 50～65 °C 以下，以防製品褐變、皺縮。
7. **包裝：**保護蜜餞產品不受汙染，不受潮，具有方便貯運及提高產品價值的作用，因此需選用適當材質的包裝，並加以精美設計，有時亦採真空及充填不活性氣體的方法或使用脫氧劑來提高貯存性。

第二節　中式蜜餞

實習二十二　鳳梨蜜餞的製造

一、材料

鳳梨、糖。

二、器具

刀、剝切刀或剝皮機、鍋、手攜式糖度計、乾燥網。

三、製造方法

1. 流程

鳳梨 → 剝皮去心 → 切片 → 殺菁 → 糖漬 → 乾燥 → 包裝 → 製品

2. 製程說明

鳳梨原料選用新鮮開英種，果徑 110～130 mm。成熟度 1～3 成，無病蟲害無腐爛的健全果。

剝皮去心：先切除鳳梨兩端，然後以直徑 25 mm 左右的去心管去除鳳梨心。再以剝皮刀削除果皮，亦可使用剝皮機同時去心剝皮。

切片：使用切片機，或以手工橫切 12 mm 厚的圓形切片。切片的形狀除圓形整片外，亦有四分片、扇形片等，至於厚度亦可略為加減。為獲得色澤較為鮮明的製品，可在切片後浸漬於 1～1.5% 亞硫酸氫鈉 ($NaHSO_3$) 溶液中 1～2 天，藉產生的二氧化硫漂白果片。

殺菁：將鳳梨切片放入沸水中，煮沸 15～40 分鐘，時間視季節而異；冬果較長，夏果較短，春果適中。

糖漬：配製 35°Brix 的糖液——最好含有 25～30% 的轉化糖（例如使用 25～30% 葡萄糖），以免日後製品結晶太快。糖漬 1 天後添加砂糖以提高糖液糖度為 45°Brix，並時加攪拌。

夏天在糖漬時極易發生異常發酵，可在較低糖度（45°Brix 以下）的糖漬液中，加入少許亞硫酸氫鈉，但用量不可超過 0.05%。

以後糖液每天提高 10°Brix，至第 4 天達到 65°Brix 時，為加速糖液置換，宜加熱保溫於 60～65 °C 之溫度。

翌日繼續提高糖度至 72～75°Brix，並保溫 1～2 天，檢查果肉內部糖度在 68°Brix 以上即可。撈出果片放在網上滴糖。

乾燥：滴糖後的果片平排在乾燥網上，以 50～60 °C 的熱風乾燥 1 天後取出，再翻面平排，繼續乾燥 1～1.5 天，取出放冷。

糖漬後如表面太粘，乾燥不成，即表示轉化糖太多。如乾燥放冷後數日，即生成多量糖結晶而呈硬質的產品，即表示轉化糖太少，均應妥為調整。

包裝：以不透溼的衛生容器包裝。

實習二十三　冬瓜糖的製造

一、材料

冬瓜、石灰水、砂糖。

二、器具

刀、鉋子、鍋、手攜式糖度計、滴糖網、洗糖網、乾燥機。

三、製造方法

1.流程：

冬瓜 → 橫切 → 削皮 → 切片 → 硬化處理 → 漂水 → 殺菁 → 糖漬 → 糖粉包衣 → 包裝 → 製品

2.製程說明：

冬瓜原料：選用成熟度 7～8 成，無病蟲害無腐爛的健全冬瓜。

橫切：切成 5～6 cm 厚的冬瓜輪片。

削皮：以鉋子類的器具，用手工削除外皮。

切片：去除種子及種子脈後切成為長 5～6 cm，寬高各為 1.5 cm 的條狀片。

硬化處理：以飽和石灰水溶液浸漬 4～5 小時，並時加攪拌。

漂水：以流動清水漂洗 2 小時。

殺菁：放入沸水中煮 10 分鐘。

糖漬：將冬瓜切片浸漬於 45°Brix 的砂糖溶液中。1 天後，將糖度提高至 55°Brix，翌日再提高為 65°Brix，並以文火加熱至 103～105 °C。

至冬瓜呈半透明，且果肉內部糖度達 68°Brix 以上後，撈出滴糖放冷。

為避免冬瓜製品內部結晶，可在糖漬液中加 20～30% 的轉化糖。糖漬時，冬瓜如有嚴重皺縮情形，應調整糖度的提高幅度，或降低加熱溫度，或減短加熱時間。

糖粉包衣：將研細白糖粉均勻撒布冬瓜表面。

包裝：以防溼而衛生的材料包裝密封。

實習二十四　金棗蜜餞的製造

一、材料

金棗、砂糖、轉化糖或飴糖、玻璃瓶、食鹽、亞硫酸氫鈉。

二、器具

穿刺器、爐、不鏽鋼鍋、缸或木桶、手攜式糖度計（0～30、30～60、60～90°Brix）。

三、製造流程

1. 原料的處理：金棗原料依果粒的大小分級，洗滌後使用附有許多針的穿刺器穿刺金棗果皮。
2. 於含有亞硫酸氫鈉的食鹽水中浸漬：金棗穿刺後浸漬於含 0.5% 亞硫酸氫鈉的 4% 食鹽水中貯藏。
3. 漂水：於流動水中漂洗至不含 SO_2 為止。
4. 煮沸：金棗放在沸水中煮 10～15 分鐘，即變為柔軟及透明狀。
5. 糖液浸透：使用轉化糖（或飴糖）和砂糖按 40 : 60～50 : 50 的比例配備糖液。最初使用 30°Brix 的糖液，糖液煮沸後倒入於金棗中，浸漬至次日，自次日起每天提高糖度，但是每天提高之糖度以不超過 7°Brix 為原則，否則金棗的組織會發生崩潰或收縮的現象。最後在 72～75°Brix 的糖液中浸透數天。

6. 表面乾燥後裝袋密封。

四、製造要點說明

1. 為促進糖液的浸透，金棗需要用針穿刺。金棗先浸漬於含有亞硫酸氫鹽的稀食鹽水中貯藏，然後於沸水中煮沸使之柔軟及透明。糖液浸透時，最初使用 30°Brix 的低糖度來浸漬，然後逐日提高糖度，但是勿一次提高太高，否則組織會發生崩潰或收縮的現象。最後在 75°Brix 浸漬數天。
2. 糖液中添加轉化糖（或飴糖、葡萄糖）之目的在於防止蜜餞硬化及蔗糖結晶析出。
3. 由於浸透處理，糖度降低之糖液，可添加砂糖以提高其糖度，亦可以濃縮法濃縮其糖液。若以開放式鍋釜濃縮時，砂糖可能發生焦化，應注意。以真空濃縮鍋濃縮，則可避免砂糖之焦化。

實習二十五　柑橘果皮蜜餞的製造

一、材料

柑橘果皮、食鹽、亞硫酸（或亞硫酸氫鈉）、明礬、砂糖。

二、器具

不鏽鋼刀、塑膠桶、壓榨機、手攜式糖度計、不鏽鋼鍋、乾燥機（或烘箱）。

三、製造流程

1. 柑橘果皮，充分洗滌，切成一定形狀。
2. 配備 15% 食鹽水，並加 0.2% 亞硫酸（或 0.25% 亞硫酸氫鈉）。
3. 已經整形的柑橘果皮，浸於上列所配備的食鹽水中，則可耐貯藏。
4. 若要加工時，取出柑橘果皮，以熱水煮至軟化，然後以冷水漂洗至苦味殆除或適量殘留為止。
5. 為了使果皮組織稍微硬化，更在 0.6～0.7% 明礬溶液中煮沸。
6. 果皮以壓搾機輕輕壓搾。
7. 於 35% 糖液中浸漬 24 小時，45% 糖液中浸漬 2 天，以後逐日提高糖液濃度至 55% 及 65%，所浸漬之糖液需要預先煮沸，並趁熱時浸入果皮。於最後糖液中浸漬 2～3 天後取出果皮，滴乾糖液，於 60～65 °C 乾燥，然後拌糖粉。

第三節　西式蜜餞

蜜餞在製造上及貯藏上，均是將食品原料調理後，使糖液滲透食品組織，藉高糖濃度的防腐力而達成調味與保存之目的。但因製造方法及製品形式之不同，而有中西式之分，西式蜜餞之製法有如下優點：

1. 採用真空處理，糖液滲透速度快。
2. 糖漬溫度低，糖液不焦化，可反覆使用，製品色澤良好，不易皺縮。
3. 轉化糖生成量減至最低。
4. 密閉容器內操作，糖液損失少且衛生。
5. 大都以機械操作，節省人力。
6. 真空下低溫濃縮，節省燃料。

7.採用不鏽鋼製容器，無腐蝕、易洗淨且無重金屬汙染。

茲列舉若干種西式蜜餞之製法如下。

一、西式金棗蜜餞的製造

1.材料：金棗、砂糖、轉化糖、食鹽、亞硫酸氫鈉、塑膠袋。

2.器具：D.M.C. 連續浸透裝置（圖 13–1）、缸（或木桶）、穿刺器、手攜式糖度計（0～30、30～60、60～90°Brix）、塑膠封口機。

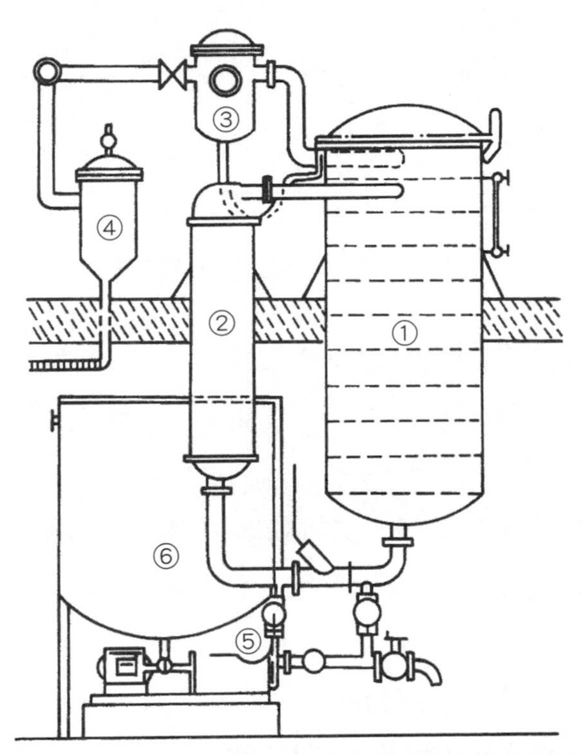

①真空浸透槽，內部放置圓型穿孔籠　④真空系統之蒸汽冷凝器

②管式熱交換器　⑤循環幫浦

③分離器　⑥75°Brix糖液貯存槽

▶ 圖 13–1　D.M.C. 連續浸透裝置側面圖。（資料來源：賴滋漢等，1977，《食品加工實習實驗》，頁 234。）

3.製程說明：

⑴原料的處理：金棗原料依果粒的大小分級，洗滌後使用附有許多針的特殊穿刺器（如圖 13–2）穿刺金棗。

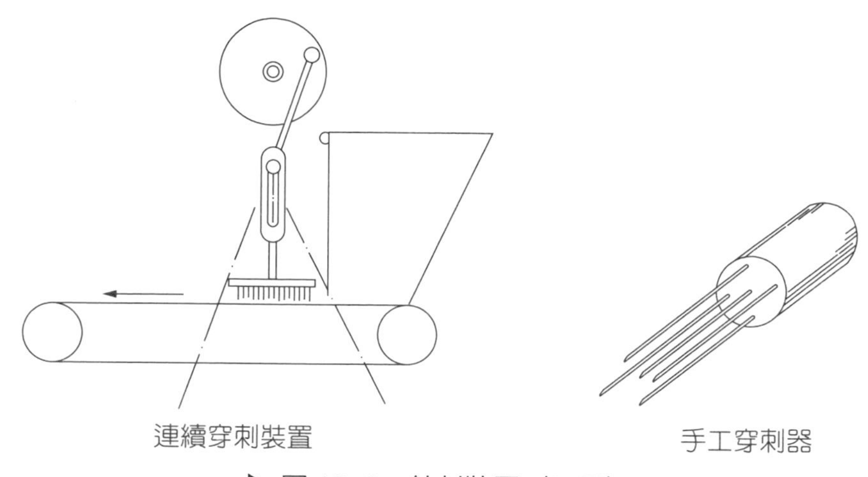

▶ 圖 13–2　針刺裝置（用具）

⑵於含有亞硫酸氫鈉的食鹽水中浸漬貯存：金棗穿刺後浸漬於含 0.5% 亞硫酸氫鈉的 4% 食鹽水中貯存，金棗體積膨脹易浮於液面，須設法壓入浸漬液內。

⑶漂水：加工前取出金棗，於流動水中漂洗至不含 SO_2 為止。

⑷煮沸：金棗放在圓型多孔籃內，連籃放置於 D.M.C. 真空浸透槽內，注滿水，加熱煮沸 10～15 分鐘，即變為柔軟及透明狀。

⑸真空處理：排出真空浸透槽內的煮沸用水，然後將冷水注入真空浸透槽，抽真空至少達到 28 吋真空度，如此，水即置換金棗內的空氣，不但可保持金棗原有的膨脹狀，並且便於糖液的浸透。

⑹糖液浸透：將真空浸透槽內的水排出，使用轉化糖（或飴糖）和砂糖按 40 : 60～50 : 50 的比例配備糖度 30°Brix 的糖液，注入真

空浸透槽，開始抽真空，開動循環幫浦，使糖水循環加熱，並按每小時提高 1°Brix 的速度濃縮糖液。在濃縮過程必須注意補加與浸透槽內糖液相同糖度之糖液。當繼續濃縮至糖度約 65°Brix 時，改為每 2 小時提高 1°Brix 的速度繼續濃縮至最後到達 72～75°Brix 為止。

(7)燙洗表面、乾燥、裝袋、密封。

二、西式梅蜜餞的製造

原理與要領均與上述金棗蜜餞相同，將其製法以圖 13–3 的流程表示。

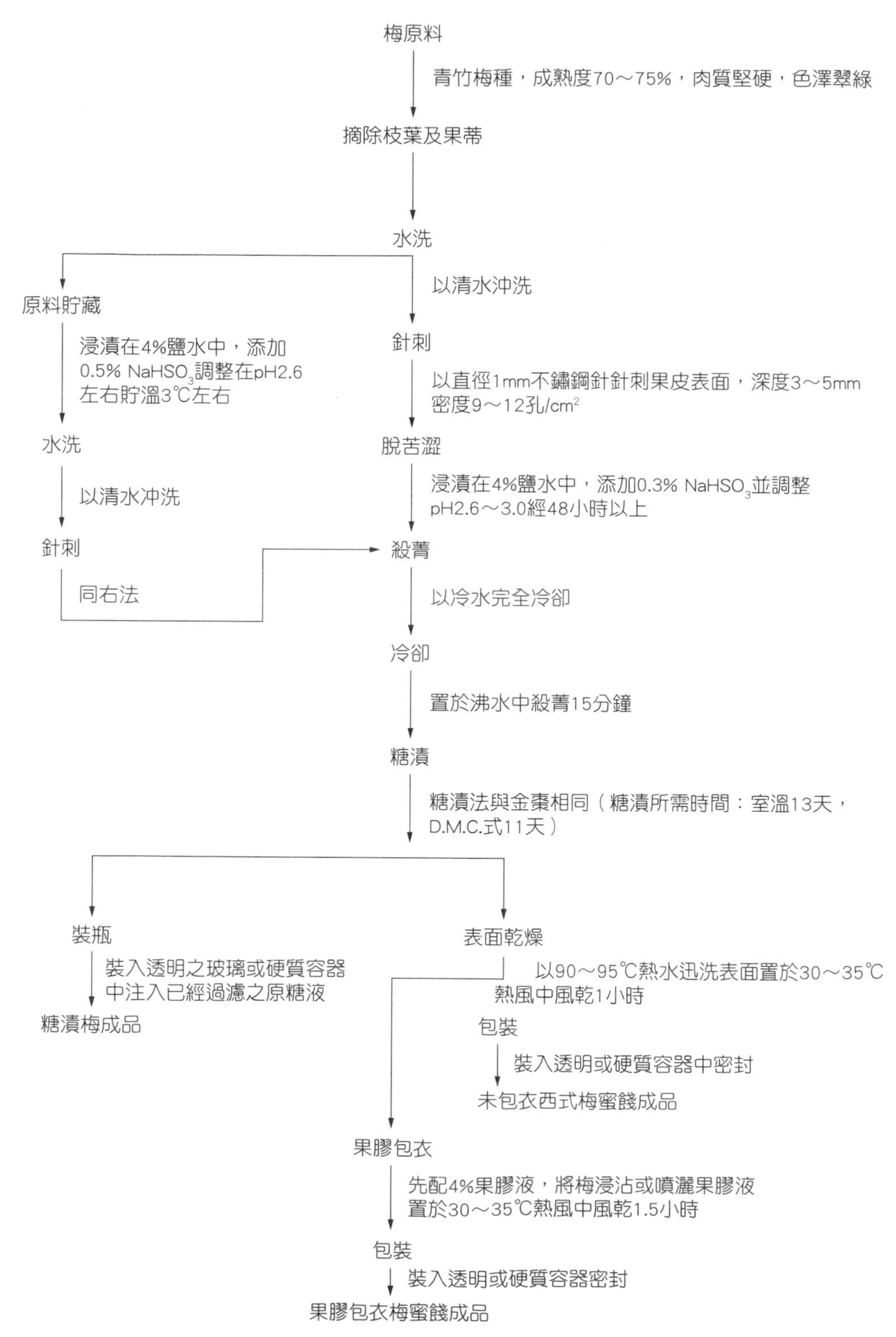

▶圖 13–3　西式梅蜜餞的製造流程

習題

一、是非題

(　　) 1. 蜜餞原為一種食品加工方法，現則成為一種食品的總稱。
(　　) 2. 我們熟悉的中式蜜餞只是西式蜜餞的一種。
(　　) 3. 細菌繁殖的水活性高於酵母與黴菌。
(　　) 4. 蜜餞都是果實製造而成的。
(　　) 5. 蜜餞都是呈乾狀。

二、填充題

1. 蜜餞加工最主要是利用________來降低成品的水活性，使微生物無法進行繁殖作用，達到保存目的。
2. 水活性在定性上表示________的水分含量，可用________和________之比率表示。
3. 蜜餞之硬化處理通常是________處理。
4. 蜜餞原料在尖峰時期採收時常用________、________、________進行貯藏。
5. 蜜餞製造的最重要過程為________與________。

三、問答題

1. 何謂蜜餞 (preserve fruits)？
2. 蜜餞製作時，如何促進糖漬速度？
3. 西式蜜餞之製法有何優點？

第十四章　醃漬製品

第一節　醃漬原理

一、醃漬物

以各種可醃漬的蔬果為主要原料，利用濃度甚高的鹽、糖、酸及其他添加物，使蔬果得以不受微生物繁殖與汙染，同時防止內部酵素作用而得之製品或半製品，均可稱為醃漬物。蔬果經醃漬熟成後，新鮮時之生臭氣味消失，而轉變成芳香可口的風味，此乃醃漬時發生了下列三階段之變化：

1. **蔬果細胞之生活力消失：**蔬果細胞死後，細胞內外的汁液易於進出，滲透性高，水分調節及調味熟成均較易進行。
2. **蔬果之水分含量降低：**新鮮蔬果的含水量均高達 90% 以上，固形物尤其是可溶性固形物含量低，味道淡，醃漬時大部分水滲出，風味因而轉濃，且使質地爽脆。
3. **調味熟成：**未經調味熟成的製品如甘藍菜乾、筍乾等，不稱為醃漬物。醃漬物在醃漬過程中，會受附著於蔬果及調味料上的酵母菌、乳酸菌等作用，使液汁發酵而產生酒精、乳酸等物質，這些發酵產生的物質及各種調味物質互相融合，而產生芳香風味。

二、醃漬物的分類

1. 依醃漬調味材料分類：

 (1)鹽漬：白菜漬物、梅漬物、橄欖漬物等。

 (2)醋漬：蕎頭漬物、生薑漬物。

 (3)糠漬：澤庵（醃漬黃蘿蔔）。

 (4)粕漬：山葵漬物、奈良漬物。

 (5)麴漬：胡瓜漬物。

 (6)味噌漬：牛蒡漬物。

 (7)醬醪漬：味噌醪漬物、醬油醪漬物。

 (8)醬油漬：福神菜漬物。

 (9)味釀漬：各種味釀漬物。

 (10)乳酸發酵醋漬：胡瓜醋液漬物、番茄醋液漬物。

 (11)其他：榨菜、泡菜、韓國泡菜、德國泡菜等。

2. 依鹽濃度及微生物狀態分類。如表 14–1。

3. 依加熱殺菌與否分類：

 (1)不能加熱殺菌的醃漬物：如筒裝製品、一般盤裝製品、梅胚、鹽漬梅等。

 (2)切忌加熱殺菌的醃漬物：如生薑、使用紫蘇子實之製品（福神漬）、調味乳酸發酵漬（紫葉漬）。

 (3)可以加熱殺菌的醃漬物：如密封小袋製品、可殺菌盤裝製品、業務用密封袋製品。

▶ 表 14–1 依鹽分濃度及微生物狀態的分類

鹽分 (%)	味	醃漬物種類	（微生物狀態 30 °C）
2		速成漬物	
2～3		一夜漬物	
3～4	適當的風味	菜漬物	乳酸菌旺盛
4		白菜漬物	腐敗菌旺盛
5～6		菜漬物（保存漬物）	
6		澤庵（1～2 個月食用）	↓
8	稍鹹	澤庵（3～6 個月食用）	乳酸菌旺盛
8		胡瓜鹽漬物	腐敗菌抑制
8～10		蕎頭鹽漬物	產膜酵母發生
10～12	鹹味	澤庵	↓
15		胡瓜保存漬物	乳酸菌、腐敗菌繁殖困難
15～20		糠鹽漬物（糠：鹽）	產膜酵母繁殖
20		梅乾	↓
26		飽和食鹽水漬物	微生物幾乎不繁殖

三、醃漬原理

醃漬物種類繁多，有的要求即刻製成，有的則要求耐貯藏，但製成原理均是醃漬時，受物理、化學、微生物或酵素作用而生成適當風味，以下即為醃漬物製成參與的作用。

1. 食鹽的作用

(1)滲透作用：食鹽水的滲透壓極高，1% 溶液約為 7.6 氣壓，此值為蔗糖的 10 倍，葡萄糖的 5 倍。10% 食鹽溶液中若有 67% 解離，則滲透壓可高達 63 氣壓。一般蔬菜細胞液的滲透壓約 5～6 氣壓，鹽分只要在 2% 以上濃度即可滲入細胞，使之脫水，引起原生質分離、細胞死滅、組織柔軟等醃漬效果。

(2)抑制微生物生長之作用：

(a)食鹽濃度低，在 5% 以下時，最初乳酸菌繁殖，之後腐敗菌亦增殖，導致醃漬物軟腐，甚至產生惡臭。

(b)食鹽濃度 5～8% 時，最初乳酸菌繁殖，酵母及腐敗菌亦可增殖，但隨著乳酸量之累積達 1% 以上時，與食鹽共同作用，即可抑制雜菌生長，短期內可防止醃漬物腐敗。

(c)食鹽濃度 8～10% 時，乳酸菌順利繁殖，一般腐敗菌稍被抑制，但產膜酵母可生長，並消耗乳酸，最後腐敗菌生長，而使製品腐敗。

(d)食鹽濃度 12% 以上時，乳酸菌生長困難，耐鹽腐敗菌會繁殖而造成醃漬物組織軟腐。

(e)食鹽濃度 15% 以上時，只有會發生醃漬臭的細菌繁殖，貯藏性增加。

(f)食鹽濃度 20% 以上時，細菌無法繁殖，產膜酵母增殖亦甚緩慢，醃漬物可長期貯存。

2. **酵素的作用：**蔬果細胞中含有各種酵素，尤其根部、種子含量更多。活體蔬果中存在的酵素，因活體之死滅而作用旺盛。短時間製成的醃漬物，微生物無繁殖而發酵之餘裕，此時有賴酵素之活動即自家消化作用而產生具風味之醃漬物。欲利用酵素作用，製成美味之醃漬物時，鹽用量宜為蔬果重 2～3% 為佳，鹽分過高可能有抑制酵素活性作用。

3. **微生物與發酵作用：**醃漬物大多利用微生物發酵而產生風味，為進行發酵宜使微生物大量繁殖，但同時亦應防止對醃漬物有害之微生物。茲將與醃漬物有關的微生物及其作用說明於下：

(1)乳酸菌：醃漬過程中可將醣類分解成乳酸及少量酒精、醋酸等，降低 pH，抑制有害菌生長且賦予製品良好風味。

(2)酵母菌：產生酒精，有改善風味的效果，但產膜酵母在高鹽濃度下仍會增殖，消耗乳酸，導致腐敗菌生長，且液汁表面產生白色膜狀物，有損外觀。

(3)其他雜菌：如枯草桿菌、丁酸菌、大腸菌等具有各種不利酵素，可能造成醃漬物組織軟腐及風味劣變，故應儘量避免。

4. **副材料的酵素作用：**利用醃漬副材料如麴、味噌、酒粕等中所含的酵素與原料或微生物中的酵素共同作用，賦予醃漬物熟成風味，並使蔬果物具有適當咬感。惟酵素作用力過強時，亦可能造成醃漬物過度軟化現象，須注意控制。

5. **調味材料的滲透：**二次加工的醃漬物，係將第一次醃漬的蔬果經漂水去鹽後，浸漬於醬油、味噌、酒粕、食醋等調味床中，調味床的風味充分滲透於蔬果而達熟成 。 壓搾去水及各種調味料的添加配合，為二次加工醃漬物製造上的重要技術。

第二節　泡　菜

實習二十六　川式泡菜的製造

一、器具

鍋、不鏽鋼刀、砧板、罈或泡菜缸等。

二、材料

甘藍、紅蘿蔔、蘿蔔、包心白菜、小黃瓜、薑、香辛料、食鹽、紅辣椒、酒。

三、製造程序

1. 選擇新鮮的菜，除去病蟲害及腐敗部分，並除去老朽及不可食部分。
2. 充分洗滌乾淨，切成適當大小，例如切成條狀，寬約 0.5 cm，長約 4 cm，蘿蔔片厚約 0.5 cm，略予蔭曬。
3. 配製 3% 食鹽水，將原料菜裝入罈內，注入食鹽水，以淹沒為度，用手壓實，鹽水中並酌加少量酒，嗜辣味者同時泡以紅辣椒，其量可隨食辣之程度而異，此外為增加其香味，可加少量花椒，用紗布包捆，一併泡入。菜上放一張壓板，板上放一個乾淨的石頭，以防止菜浮於食鹽水表面。
4. 隨後加蓋，並在罈溝中注入清水，加水之目的在於隔絕空氣，以防止雜菌侵入。
5. 發酵完全的泡菜，應於短期內使用。取菜時勿使溝緣的水進入罈內。
6. 欲較長期貯藏時，可將泡菜裝入玻璃瓶內，注入泡菜汁，於 80 °C 脫氣 10 分鐘後密封之。

四、製造要點說明

1. 醃製泡菜的食鹽水濃度，以 3% 為最適當。濃度愈低，發酵愈快，但是泡菜太酸，而質軟。若食鹽水濃度 4% 以上，則太鹹。
2. 在 10 °C 以下發酵慢，30 °C 以上時，雖然發酵快，但是製品缺乏香氣且易腐敗。
3. 將優良的舊泡菜當作菌元 (starter) 添加於新製作的泡菜，可促進發酵，又可防止雜菌之繁殖。

實習二十七　廣式泡菜的製造

一、器具

鍋、塑膠盆、不鏽鋼刀、砧板、紗布等。

二、材料

蔬菜、鹽、糖、醋（清醋）、味精等。

三、製造程序

1. 選擇新鮮蔬菜為材料，除去病害、腐敗、老朽及不可食部。
2. 充分洗淨後切型，蘿蔔、胡瓜、胡蘿蔔等根菜及果菜類可切成丁狀。
3. 以蔬菜重 3～4% 的食鹽揉搓，醃漬 2～3 小時。
4. 以紗布包紮擠壓出菜水。
5. 必要時用冷開水浸洗除去多餘之鹽，再絞乾水分。
6. 經上述調理後，以菜重 100、砂糖 10、清醋 8（或冰醋酸 1）及味精 0.2 的比例醃漬入味即可食用。

第三節　酸　菜

一、西式酸菜 (sauerkraut) 的製造

西式酸菜的定義為經適當調理，切成條片狀的甘藍菜 (cabbage)，在食鹽含量不低於 2% 也不高於 3% 的狀態下，經過完全發酵而具有典型酸味（主要為乳酸）的清潔而完整之製品。在發酵完成後，酸菜的含酸量（以乳酸計算）不得低於 1.5%，如因裝罐製造或重新包裝而

再經過鹽漬，則酸量不得低於 1%。酸菜的製造流程如圖 14–1，茲擇要說明如下：

1. 選擇結球堅固的甘藍為材料，貯於倉庫，加工前去除外側的損傷葉。
2. 去心後，使用細切機 (cutter) 切成 1～2 mm 寬之條狀。
3. 加原料重 2～3% 的食鹽，混合後，放入發酵槽內，於 15 °C 下進行長期間發酵。
4. 發酵中汁液上升至表面，液面常被產膜酵母所形成的白膜被覆，此時可注入食用油、石蠟等，隔絕空氣的接觸或不斷掬取白膜去除之。

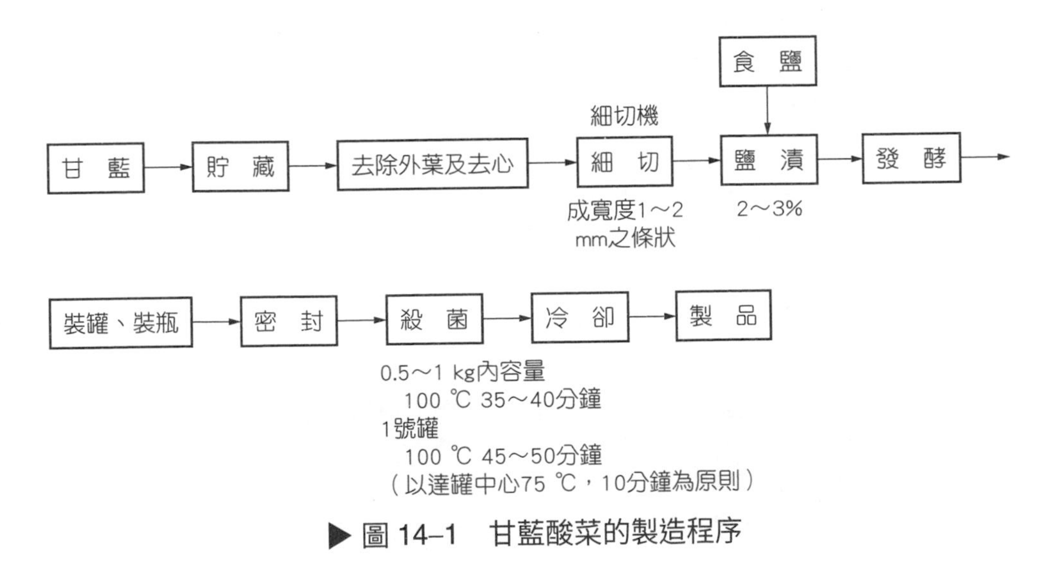

▶ 圖 14–1　甘藍酸菜的製造程序

二、西式胡瓜醋漬物的製造

西式胡瓜醋漬物一般稱為 pickle，乃胡瓜鹽漬後，浸漬於香辛調味醋液的製品，其製造流程如圖 14–2，說明製造要領如下：

1. 原料胡瓜浸於 8～10% 食鹽水，進行乳酸發酵。發酵中保持食鹽水濃度不降至 8～10% 以下，最後加鹽調節至 15% 以預鹽漬貯藏。
2. 有產膜酵母發生時，可如西式酸菜般進行去除處理。

3. 預鹽漬後的胡瓜，漂水去鹽。
4. 改漬於香辛調味醋液中，香辛調味醋液的調配為取丁香、辣椒、薑、肉豆蔻、芫荽種子等各 15 g，裝入袋內，浸於由 9 L 水和 9 L 8% 醋酸液混合而成的醋酸液或食醋中，以文火加熱，避免香氣過分蒸發，最好採用迴流蒸發裝置，採用三角瓶時，於口上蓋一漏斗，使香辛成分溶出，最後加 4～5 kg 砂糖溶解而成。
5. 製品中含有多量醋酸成分，不致於腐敗，製品若裝填於玻璃瓶內，密封後可不需加熱。

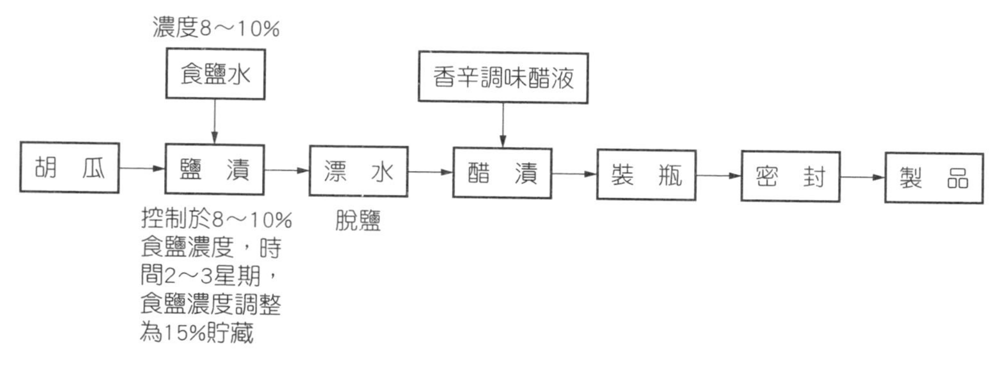

▶ 圖 14–2 發酵胡瓜醋漬物的製造程序

實習二十八 中式酸菜的製造

一、材料

新鮮芥菜、食鹽。

二、用具

缸（瓦缸、木桶、塑膠桶均可）、秤、石頭、塑膠布、塑膠繩等。

三、製造步驟

1. 石頭與缸預先洗淨，乾燥備用。
2. 新鮮芥菜原料經日曬或吹風，使葉稍軟化且除去外表水分。
3. 秤取定量的芥菜、食鹽與石頭，其比例約為 100 : 9 : 100。
4. 一層鹽、一層菜放入缸內，每放一層隨即壓緊或踏緊，使層層緊密相疊，最上面放一些鹽再用石頭壓緊。
5. 醃漬約 30～40 天，待乳酸發酵完成，產生酸菜特有的風味後，即可取出煮食。

四、製造要點說明

1. 醃漬所用的食鹽以粗鹽為佳。
2. 乳酸發酵為嫌氣性發酵，所以最重要的是避免空氣進入醃漬桶內。我們可將醃漬缸覆上塑膠布，布上裝清水以取代石頭之壓緊，即可防止空氣進入；但要注意塑膠布不可弄破，否則水進入缸內，降低了鹽分，反而更容易腐敗。
3. 如果酸菜要醃漬久一點才食用，可以增加食鹽的用量，食鹽量愈高，醃漬熟成的時間須愈長。
4. 所得的酸菜可直接煮食，也可切細、調味、裝瓶、殺菌後，製成調味酸菜罐頭。

第四節 醬 菜

一、蔭瓜（爛瓜）的製造

實習二十九 蔭瓜（爛瓜）的製造

一、材料

越瓜、食鹽、黑豆麴。

二、用具

缸、刀、湯匙、石頭。

三、製造步驟

1. 選取新鮮成熟的越瓜作原料，以刀將它剖成兩半，用湯匙刮除內瓤。
2. 處理好的越瓜，將瓜肉面向上日曬或吹風，使稍軟化並除去外表水分。
3. 秤取瓜重 4～6% 的鹽，一層鹽，一層瓜下缸醃漬，上面壓石頭。
4. 經過 2～4 日後取出，排除醃漬水，即得第一次醃漬瓜胚。
5. 秤取原料瓜 12～16% 的鹽，一層鹽，一層一次醃漬瓜胚下缸醃漬，上面壓石頭，約經一個月即可得越瓜胚。
6. 取原料瓜重 5% 的黑豆麴，用冷水將外表的孢子洗去，用布袋覆蓋使發熱後，加 10% 麴重的鹽，即得黑豆麴鹽。
7. 越瓜胚以清水漂洗 2～4 小時，除去部分鹽。
8. 一層黑豆麴鹽，一層越瓜胚，緊密置於缸中，密封好，約經一個月後，即得蔭瓜胚。

9. 取出蔭瓜胚，洗淨即得蔭瓜成品。

四、製造要點說明

1. 醃漬時所用的鹽以粗鹽為佳。
2. 醬瓜可用來調理很多菜餚，也可加以調味製成罐頭，以便能長期貯存。
3. 越瓜胚如果鹽分充足也可貯存很久，需要時再漂水去鹽，下缸醃漬成醬瓜。

二、脆瓜的製造

實習三十　脆瓜的製造

一、材料

小黃瓜或越瓜、食鹽。

二、用具

同蔭瓜製造。

三、製造步驟

1. **選瓜：**除去病蟲害的瓜，畸形或太老熟的瓜亦不合用，如擦傷腐爛者切忌應用，否則影響製品的品質。
2. **洗瓜及處理：**瓜先用水洗一次，大條者剖開為 2 瓣，除去瓜籽。小形瓜用筷子於瓜的頭尾各插入一洞，以便鹽及瓜水容易交流。

3. **鹽漬**：瓜的鹽漬在於除去瓜內過多的水分，同時為求久藏計，鹽量使用的多寡視貯藏的久暫而定。可先用少量鹽脫去大部水後，再加鹽保存。一般用鹽為瓜的 15～20%。鹽漬時鹽與瓜應充分搓擦，使瓜水滲出較快，入缸或入水泥槽內，上面加木蓋並用石頭鎮壓，當瓜水覆於瓜上則可久藏。
4. **脫鹽**：經鹽漬長久貯存的瓜，可隨時取出製造醬瓜，因瓜內含鹽頗多，在入醬前宜行脫鹽，將瓜漂於清水中，清水為瓜的 4 倍量，約經 5 小時，則瓜內鹽度降至 5% 左右，此鹽度適合醬瓜的要求。
5. **壓搾**：將脫鹽後的瓜置入壓搾機內慢慢搾去瓜內的水分，至瓜用手指捏壓，無多餘水分流出後（約搾去原重三分之二），則可取出調味醃製。
6. **脆瓜製作**：熟醬油中加入糖、味精或少許香料調成調味液，將搾好的瓜納入，稍加鎮壓，如此浸漬 1 日，則可取出供用，或包裝出售。調味液的配合量如下：

搾後瓜重 10 kg，需上等醬油 5 kg，砂糖 1 kg，味精 4 g，香料少許。

三、福神菜的製造

福神菜亦稱福神漬、什錦醬菜，是由多種蔬菜經鹽漬後再以醬油等調製的一種醬菜。所謂福神菜是由 7 種蔬菜配成稱為 7 福神而得名。由於鹽漬久藏的關係，各種蔬菜可就產期貯備，以供週年製作。製品是薄片狀，所以對菜的大小形狀選擇不苛，除葉菜及澱粉質的蔬菜外，大多數果、莖、根菜均可充用，製品富含各種風味，為福神菜的特點。

茲將製造方法說明如下：

1. **原料選擇**：如上述各種原料不甚選擇，但求將來製品品質達到質脆為主要目的，所以已患有病蟲害或腐壞的菜不宜採用；普通所用菜類如蘿蔔、蕪菁、越瓜、竹筍、茄子、蓮藕、紫蘇、生薑、刀豆、胡瓜等醃後質脆者均可供用。
2. **洗菜**：洗去泥沙、蟲蛆等雜質。
3. **切菜**：蘿蔔、竹筍、蕪菁、越瓜、蓮藕等大形原料，在鹽醃前切成數段或剖開，以便鹽漬均勻。
4. **醃漬**：各種菜分別用 15～20% 的食鹽醃漬，或分多次醃於缸中，每次約用 3～5% 的食鹽，醃後倒去菜水，至菜內含鹽達 10% 時，可將剩餘未加入的食鹽悉數加入，菜水仍覆於菜上，可耐藏備用。
5. **調菜**：菜的配方按嗜好而定，表 14–2 為其一例。

▶ 表 14–2　製品 100 kg 所需之原料（醃後重）

越瓜或胡瓜	35 kg	茄子	15 kg
蘿蔔	35 kg	蕪菁	10 kg
竹筍	15 kg	蓮藕	5 kg
生薑	2.5 kg	紫蘇	1 kg

以上 8 種原料共重 118.5 kg

6. **切菜片**：利用切菜機或切刀，將菜切成厚度約 2 mm 的薄片，大小約 1～2 cm，切時厚薄一致，俾使製品品質均一。
7. **調味液的製備：製品 100 kg 約用調味料如下：**

   醬油 45 kg，砂糖 7 kg，味精 180 g

   先將醬油煮開，加入砂糖及味精，溶解後冷卻待用。
8. **漂水及壓榨**：將切成薄片的各種蔬菜放入水缸內，以清水漂約半天，然後裝入壓榨機內，以慢搾法搾去水分（自清水中撈起原料 100 kg，搾後約重為 33 kg)。

9. **調味**:將已搾去水分的菜片納入調味料中,因菜搾後失去大部分水分,此時浸入調味液中立即吸收,如此浸漬約一天,即可供用。

10. **包裝**:包裝方法與醬瓜相同,可用罐頭或瓶裝,亦可用大桶大量包裝,但均須殺菌。

第五節 冬 菜

冬菜亦名「京冬菜」,是由大白菜或甘藍菜經曬乾、揉鹽、和大蒜或加入調味料發酵製成,由於所加入調味料的關係,製品常分為乾冬菜、溼冬菜、五香冬菜等。冬菜原產我國天津,後流行全國各地,由於各省籍人士嗜好不同,製品的風味亦各有特徵,一般多以大蒜為主要調味料,外銷至南洋各地,本省的冬菜少用大蒜,但製法相同。

冬菜是以曬乾的菜為原料,故須選晴天進行,就本省大白菜及甘藍的產期言,冬春北部多雨,不適合冬菜的製造,在中南部恰逢乾季,可大量製造,利用脫水機脫水的蔬菜亦可製成冬菜,惟風味略遜於日曬者。

茲將冬菜的製造方法說明如下:

1. **選菜**:新採收的大白菜或甘藍,除去外部的綠色老葉,葉患有病蟲者,應嚴格選出丟棄。

2. **洗菜**:切菜前先將菜洗滌清潔,菜應一片片剝開洗滌,最好在流水處進行,以便沖去泥砂蟲蛆等雜物。

3. **切菜**:大量製造用切菜機,少量者用菜刀切菜,一般橫切約 2 cm 寬度,基部可切細些。如纖維粗老應棄去。心部應剖開切細,俾使將來乾燥均勻,如葉片太寬,應先用刀縱切 1~2 刀,以免菜片太長。

4. **曬菜：**切好的葉立即平鋪於水泥曬場上或竹盤上曬，所鋪的菜量多少與曬乾的速度有關，一般以密而不重疊為限，曬約 3～4 小時後宜翻菜一次，使曝曬均勻。曬一日後，菜水蒸發甚多，菜體積縮小，此時可將數盤菜倒在一盤，空盤可再用。如此在晴天烈日下約曬 2 天，即可收菜。此時菜重減至原重 12～15%，即失去水分 80% 左右。
5. **揉鹽及加蒜：**每 100 kg 曬好的菜加入 10 kg 食鹽及 10 kg 大蒜糜，共盛於大木盆內或水泥場上充分揉和，揉到菜水微透出為止。
6. **裝罈或入槽：**將揉和的菜用慢裝法納入太白酒罈內，層層壓實，必要時用木棍打緊，菜裝入應愈緊愈佳，裝滿後上蓋木塞，再用碗倒覆於罈口，可免雨水淋溼。
7. **初發酵：**菜罈最好放置於日光照射而雨水淋不到的場所，菜在罈內約經月餘發酵，味甚鮮美。發酵期間禁忌啟蓋，以防昆蟲侵擾及雨水淋溼。
8. **調味：**發酵後的冬菜，如不調味，可整罈出售，如欲做成五香冬菜，可再加調味料再行包裝，加入調味料的種類及分量，視消費者的嗜好而不同，一般以少量為原則。茲舉一種溼狀的五香冬菜的配方如下：

每 100 kg 冬菜加入下列各調味料的量：醬油 5 kg，糖 3 kg，味精 100 g，五香粉、大茴香粉及甘草粉各 100 g，或加入乾辣椒粉 300 g。

9. **包裝：**冬菜一般採用冬菜瓶包裝，為玻璃或陶土製成窄口扁平的容器。每瓶約可裝入菜 500 g。裝時亦應用慢裝法，愈緊愈佳，然後封口。封口時，先貼上一張玻璃紙，再加一層馬糞紙，上面敷上豬血石灰和混合物或用一螺旋塑膠蓋。封口應嚴密，不可讓外界空氣進入。

10. **後發酵：** 包裝完好的冬菜，在容器內經長久的貯藏，同時亦進行緩慢的發酵，風味漸漸增加，此時可運送銷售。

第六節　榨　菜

榨菜為中國四川省名產，臺灣亦可栽培加工。榨菜是大芥菜的一變種，取其膨大的莖部，經曬、醃、榨後加入調味料，再經長期發酵所成的一種質脆味芳的醃菜。

其製造方法如下：

1. **收菜：** 選用捲心大芥菜，應於成熟時採收。採收前 20 天內不可施肥，以防醃菜變黑。採收應選晴天，上午收割，將菜倒立曬場，曬至下午，菜葉萎凋，運至加工場所，以待醃製。
2. **鹽醃：** 食鹽用量為菜重的 10～15%，食鹽用量愈多，鹹菜愈鹹，當然保藏時間愈久。鹽醃時先於桶底撒鹽少許，將菜從桶旁由外圈向內緊密排置一層，菜正立於桶底上，然後再撒鹽一次，自第二層開始，則倒立如上述的排置，每層撒鹽一次，每次均需踏實，讓鹽與菜均勻分布。

至近滿桶時，上面鋪上一層曬乾的老葉，再鋪上石頭鎮壓，約經 3～4 天，菜水液滲出，菜量縮小，此時可取出石頭及上面老葉，再按前法排入新菜數層，每層仍撒鹽一次及踏實一次，再將原來的老葉及石頭鋪上，是為第二次鹽醃，再經 4～5 天，桶內菜量又縮小時，可進行第三次鹽醃，操作同前，然後加蓋，以待發酵。

醃菜時所加入的鹽量視鹹菜貯藏久暫而定，鹽量少者菜易發酵，不能久藏，僅供短期內消費；鹽量多者，則菜發酵緩慢，菜可久藏，茲將其關係列如表 14–3。

▶ 表 14–3　醃藏期與鹽量的關係

自醃製至消費期間	鮮菜用鹽量
1 個月內	7%
2～3 個月內	9～11%
3～5 個月內	11～13%
6 個月以上	15% 以上

表中所列的鹽量按醃製月份而不同，如醃製期為 1 月，鹽量需 9% 才可保持至 4 月販賣，如製作期在 3 月，鹽量須達至 11%，才能保持至炎夏的 6 月販賣。

短期用的鹹菜，鹽量較低，如欲延長保存，可按上表增加鹽量予以調整。

3. **發酵**：大芥菜在高濃度 (10～15%) 食鹽醃漬期間，進行緩慢的乳酸發酵，產生乳酸等鹹菜的特殊風味。發酵期間應避免日曬風吹，以免曬菜液蒸發，致菜暴露於空氣中，招致雜菌侵害，而使鹹菜變黑發生異味。

為防止蟲蠅等侵入繁殖，可於桶面上覆蓋一層塑膠布，桶緣用繩子綁住，再加上竹編製的桶蓋（竹籜與竹片編成），則可保護鹹菜的衛生。

4. **成品**：優良的鹹菜應具有葉質脆嫩，色澤濃黃，味酸鹹而有特殊的香氣。鹹菜在桶（或缸）內能耐週年的儲藏，但若要儲藏達 6 個月以上，鹹菜液的鹽度應高達 15% 以上，可補充應加入的食鹽量。

第七節　糠醃蘿蔔

糠醃蘿蔔之日本名稱為澤庵，因著色而呈黃色，故本省俗稱之黃蘿蔔，為一種將蘿蔔醃漬於糠鹽的製品。其製造程序如圖 14–3 所示，茲將其要點說明如下：

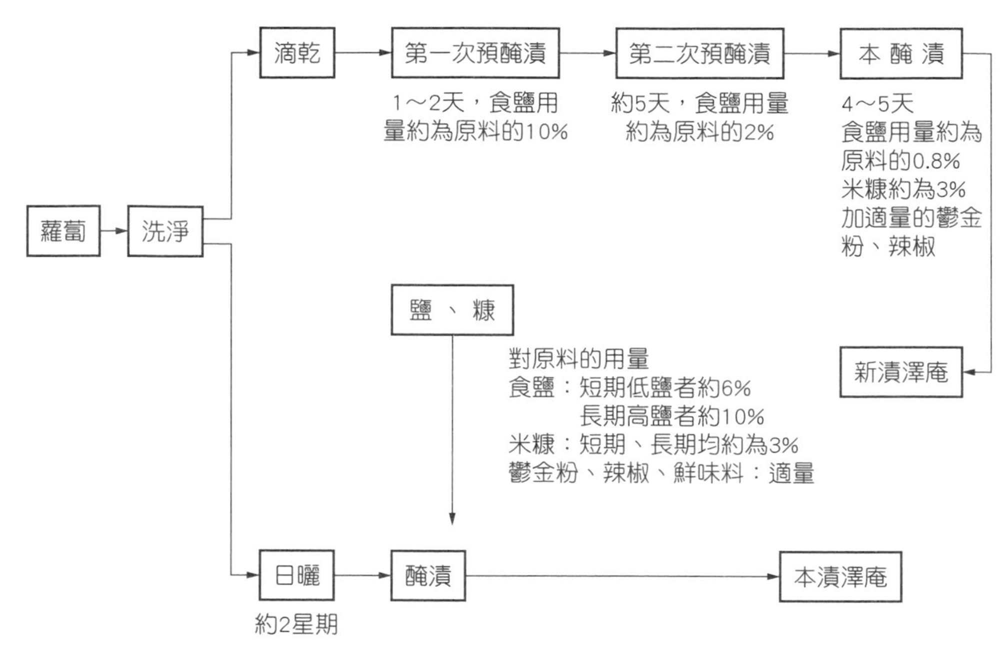

▶ 圖 14–3　糠醃蘿蔔（澤庵）的製造程序

一、原料蘿蔔的乾燥及食鹽、米糠的用量

乾燥程度影響食用期限及食鹽、米糠的配合比率。如乾燥 5～7 天者，蘿蔔呈不彎曲而柔軟的狀態，100 kg 製品中食鹽可用 4 kg，而米糠用量約 5 kg，此製品之食用期限為 2～3 個月。若乾燥 16～20 天，則蘿蔔原料柔軟至可打結的狀態，100 kg 製品食鹽可用 11.5 kg，而米糠用量約 2.5 kg，此製品的食用期限約 7 個月以上。

二、醃漬方法

醃漬容器可使用木桶或水泥槽等。乾燥後除去鬚根的原料蘿蔔，取大小一致者醃漬於同一容器中。醃漬容器的內側撒以食鹽，底面撒以充分混合的糠鹽，一層鹽一層蘿蔔的方式，層層相疊，蘿蔔頭尾交叉，儘量不留間隙地靠緊，最上面再覆以殘餘的糠鹽，並以重石壓緊之，進行嫌氣發酵，並使熟成。

習題

一、是非題

(　　) 1.未經調味熟成的甘藍菜乾、筍乾等製品，也是醃漬物的一種。
(　　) 2.鹽漬梅是一種加熱殺菌的醃漬物。
(　　) 3.同濃度的食鹽液比蔗糖液滲透壓高。
(　　) 4.食鹽濃度在 5% 以下時，因乳酸菌不繁殖，故導致醃漬物發生軟腐。
(　　) 5.醃漬物欲長期貯存，其食鹽濃度在 15% 以上即可。
(　　) 6.鹽分高並不會抑制酵素活性。
(　　) 7.西式酸菜在發酵完成後的含酸量，以乳酸計算不得低於 1%。
(　　) 8.乳酸發酵為嫌氣性發酵。
(　　) 9.蔭瓜製造通常是用黑豆麴。

二、填充題

1.醃漬物之製成原理係蔬果在醃漬過程中受到________、________、________或________作用而生成適當質地與風味。
2. Sauerkraut 為________，而 pickle 則為________。
3.醃漬過程中發酵液之液面常被________所形成的白膜被覆，此時可注入食用油、石蠟等隔絕空氣之接觸或掬除之。

三、問答題

1.醃漬物的芳香風味如何形成？
2.製成醃漬物時，所參與的作用有那些？
3.與醃漬物有關的微生物有那些？其作用為何？

第十五章　脫水製品

第一節　脫水原理

一、脫水、乾燥 (dehydration; drying) 的意義

食品中所含的水分，主要可分游離水或自由水 (free water) 及結合水 (bound water)。游離水係附著於食品中，可用離心、過濾及在一般乾燥溫度下乾燥除去之水，此水可被微生物利用，為造成食品腐敗的因素之一；結合水係在食品中以氫鍵和食品構成成分如蛋白質或碳水化合物等結合之水，因其與食品緊密結合，難以一般方法及操作分離，此水亦不被微生物利用而造成食品腐敗。脫水與乾燥同義（dehydration 為 drying 的學術用語），均是使食品中所含的水分蒸發而變為一乾燥固體的操作，其作用（目的）如下：

1. 抑制微生物及酵素的作用，賦予食品貯藏性。
2. 減少重量，便於運輸及保存，賦予食品輸送性與簡便性。
3. 改善食品風味，創造、開發新食品素材與新食品。

二、脫水（乾燥）的原理

蔬菜水果含有多量水分，在脫水乾燥時，首先從表面開始蒸發，表面水分蒸發後，造成表面與內部水分含量之密度差，使水分由高密度的內部向低密度的表面移動，一般乾燥作用即取決於此表面蒸發與內部擴散兩現象，使用真空冷凍乾燥時，則無內部擴散作用，而係利用冰之昇華而達成乾燥，欲瞭解乾燥原理需對下列事項有所認識。

（一）含水率 (moisture content)

食品中水分含量的一種表示方法，以水分對完全乾燥物重量的比例表示，此為乾量基準之水分比。此基準值在乾燥前後並不改變，故工業上之計算，一般都使用乾量基準含水率 (dry basis moisture content)，其係以無水材料質量 1 kg 為基準表示其所含水分量 (kg)，以百分率表示。

食品中的水有分子狀態存在的水及化合結合狀態存在的水，加熱時放出的水分依水分狀態而異，通常以 105～110 °C 下達成恆量時所減少之重量百分率為含水率。

（二）乾燥速度 (drying rate; rate of drying)

乾燥進行時，水分蒸發的速度稱為乾燥速度，其依材料種類、乾燥方法等之不同，有下列表示方法。

1. 乾燥表面積（板狀材料）明確時，以每單位時間、單位乾燥面積之蒸發水量 (kg · H_2O / hr · m^2) 表示。
2. 乾燥表面積不明確時，以每單位時間、單位乾燥重量之蒸發水量 (kg · H_2O / hr · kg) 表示。
3. 每單位時間之蒸發水量 (kg · H_2O / hr) 亦稱乾燥速度。

（三）乾燥速度曲線 (curve of drying rate)

將食品在一定乾燥條件下進行乾燥，測定各時間之游離含水率，以座標圖表示乾燥速度與游離含水率的關係，如圖 15–1 所示即為乾燥速度曲線，其亦稱乾燥特性曲線 (drying characteristic curve)，依曲線可分下列不同乾燥階段：

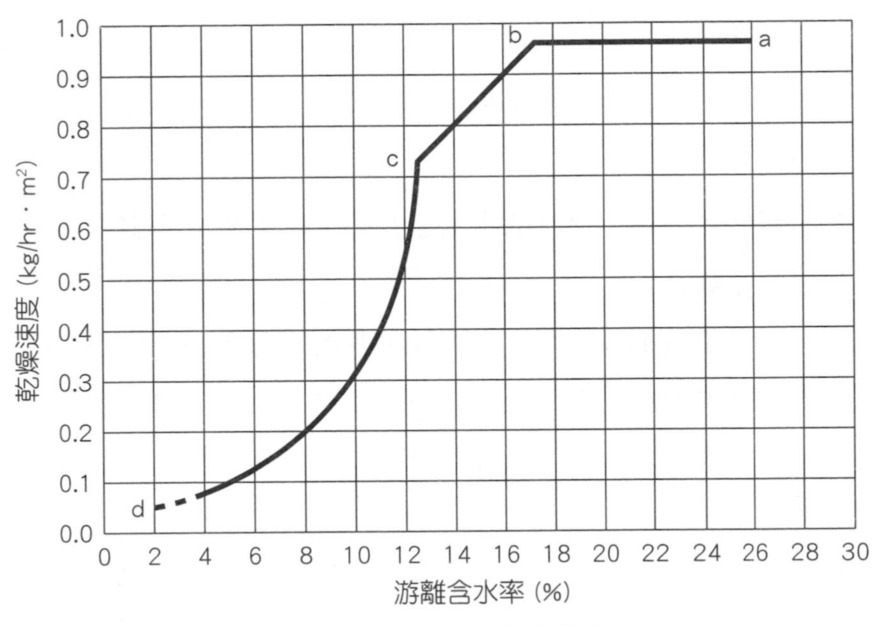

▶ 圖 15–1　乾燥速度曲線

1. **預備乾燥期 (pre-drying period)：**為乾燥進行之起始階段。
2. **恆率乾燥期 (constant rate drying period)：**圖中 a～b 的階段，此時食品表面的水分以一定速度蒸發，而 b 點時的含水率稱為臨界含水率 (critical moisture content)。
3. **第一段減率乾燥期 (first falling rate drying period)：**圖中 b～c 的階段，此時食品表面的含水率減少很多，乾燥的有效面積也減少，乾燥速度逐漸降低。
4. **第二段減率乾燥期 (second falling rate drying period)：**圖中 c～d 的階段，此時食品表面完全接近乾燥狀態，成為平衡水分，內部的水分較難擴散到表面，此狀態一直持續到全體食品達平衡水分為止，可說是乾燥最困難的時間。唯第一、第二段減率乾燥期的界限大多不明顯。

（四）影響乾燥速度的因子

1. **溼度：**空氣中的水蒸氣分壓與食品的水蒸氣分壓相差越大，乾燥速度越快。
2. **溫度：**溫度升高時，食品的水蒸氣分壓上升，水分容易蒸發，因此乾燥速度亦增高。
3. **風速：**空氣停滯不移動時，由食品蒸發的水分不易自表面去除，則乾燥速度逐漸降低，送風去除蒸發水分時，乾燥速度可提高。
4. **風向：**空氣與食品表面呈平行流動時，乾燥速度最大，呈 45° 時次之，呈垂直時最小。
5. **食品大小、形狀：**食品表面積越大，蒸發面積越大，故乾燥速度亦越大；食品厚度大者，因內部水分向表面之擴散慢，故乾燥速度小。
6. **食品的熱傳性質：**食品熱傳性質良好者，乾燥速度較快。

第二節　脫水方法

脫水方法有天然乾燥方式，如日光乾燥法、凍乾法等；也可使用人工乾燥方式，如熱風乾燥法、冷風乾燥法、焙乾法、真空乾燥法、冷凍乾燥法、噴霧乾燥法等，茲分別敘述於下。

一、天然乾燥法

（一）日光乾燥法 (sun drying)

利用天然乾燥條件的太陽熱能進行乾燥，為最古老的食品加工法之一，成本低，不需高度技術，無論規模大小都可利用的簡易乾燥法。葡萄乾、杏乾、李乾、蘿蔔乾、筍乾、梅乾等大都採用之。其缺點為乾燥時間長，乾燥中容易褐變、黑變、維生素和芳香成分易消失、容易受塵埃、蒼蠅、老鼠及微生物汙染，且因受自然條件支配，欲在一定期間內得到一定品質的製品實在不容易控制。

（二）凍乾法 (frozen-dried food drying)

寒冷地區，將水分多的食品放置於室外，夜間利用自然冷卻使凍結，白天氣溫較高而解凍，使水流出，反覆進行而乾燥，如凍乾魚、洋菜等之乾燥 。其缺點為食品中的水溶性成分會伴隨冰的融解而流失，冰結晶部分亦造成空隙，使製品呈海綿狀。

二、人工乾燥法

（一）熱風乾燥法 (hot air drying)

將食品置於加熱空氣中，在促進水分蒸發的同時，亦將食品周邊的溼空氣除去的乾燥方法，圖 15–2 為熱風乾燥機之一例。

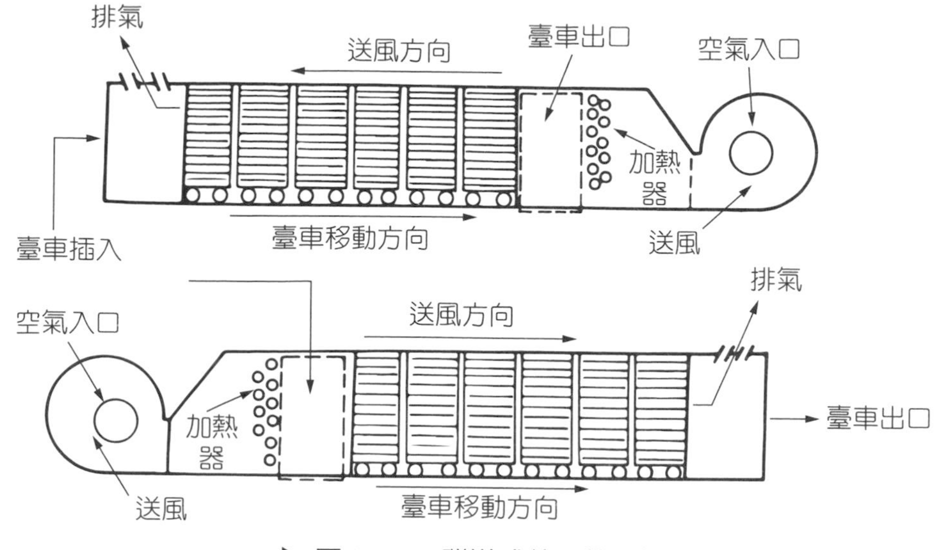

▶ 圖 15–2 隧道式熱風乾燥機

（二）冷風乾燥法 (cold air drying)

將除溼的冷風向食品吹送，由於食品表面的水蒸氣張力與冷風的水蒸氣張力的差異，促進水分蒸發之乾燥法，空氣的除溼可使用冷凍機或除溼劑。此法適用於魚貝類之乾燥，乾燥機的溫度儘量保持於低溫（20 °C 左右），以避免高溫引起之梅納反應 (Maillard reaction) 和油脂氧化。

（三）焙乾法

將食品排列於蒸籠，數枚蒸籠重疊置於火床上，利用火床之熱源進行乾燥的方法，乾燥時食品表面的溼空氣與爐內空氣對流而除去。乾燥熱源可使用木材、電氣、木炭等，使用良好木材者亦有著香效果，鰹節之乾燥即採此法。

（四）真空乾燥法 (vacuum dehydration; vacuum drying)

在冰點以上的溫度下，於真空中進行乾燥，所用的真空通常是絕對壓力 4.6 Torr (mmHg) 左右。乾燥時因無氧氣，所以氧化反應慢，且在低溫下乾燥，故亦可減少非酵素性褐變及其他化學反應發生。番茄汁、柑橘汁、味噌、調味料、香辛料及一部分水果等均可採用真空乾燥。

（五）冷凍乾燥法 (freeze drying)

將食品經冷凍後，在高真空下，使食品中的冰結晶昇華變為水蒸氣而除去的乾燥法。冷凍乾燥食品可保持新鮮食品之體積，具有多孔性，易於吸水復原，風味及質地的損傷少，適合於維生素或血清等不安定物質之乾燥，咖啡精、果汁、肉、蝦、蔬菜、洋菇、蛋等之乾燥亦可使用。

（六）噴霧乾燥法 (spray drying)

將液態食品以霧化器 (atomizer) 作成微粒化的液滴 ，與加熱空氣接觸，瞬間變成乾燥粉末。此法在乾燥時，液滴的周圍被水蒸氣包圍，以溼球溫度乾燥，故適合於熱敏感性食品的連續大量乾燥，食品中如乳粉、乳油粉、咖啡、果汁、香辛料、食品香料、油脂、醬油、味噌、醬色、乾酪、食用天然色素、魚貝類萃取物、天然膠、可溶性澱粉、粉末飴糖、豆乳粉、調味用胺基酸、微生物蛋白、濃縮魚肉蛋白等均可應用。

第三節　脫水蔬菜

一、胡蘿蔔的脫水

實習三十一　胡蘿蔔的脫水

一、材料

胡蘿蔔、亞硫酸鈉、玉米澱粉、苛性鈉、氮氣、玻璃紙袋、空罐。

二、器具

不鏽鋼刀、不鏽鋼鍋、熱風脫水機、箱型乾燥機 (bin dryer)。

三、製造程序

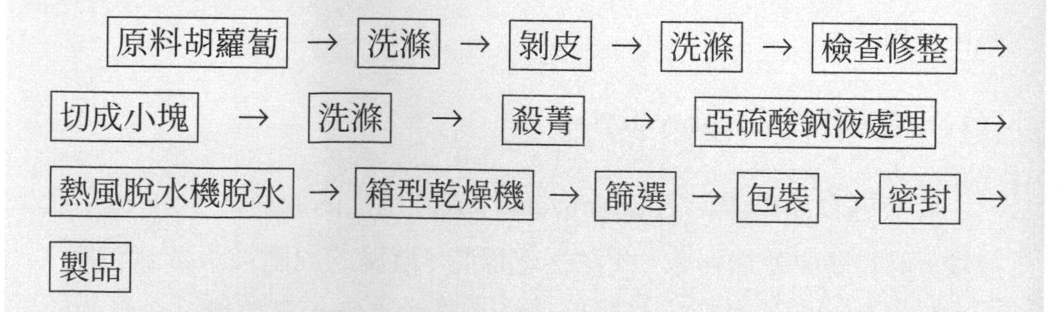

四、要點說明

1. **準備處理：**原料胡蘿蔔充分洗滌後去皮，亦可使用鹼液去皮法。將胡蘿蔔在 5% 苛性鈉溶液 (210 °F, 99 °C) 處理約 4 分鐘，而後以高壓噴水洗滌除去軟皮和鹼成分。檢查修整後切成 1×1×1 cm 正方體。

2. **殺菁：**於蒸汽或熱水中殺菁 6～8 分鐘。另一批原料胡蘿蔔不行殺菁，當作空白試驗以便脫水後做比較。
3. **亞硫酸鈉溶液處理或澱粉被覆處理：**剛殺菁過的胡蘿蔔分兩批處理，一批噴以 0.2～0.5% 亞硫酸鈉溶液，另一批噴以 2.5% 玉米澱粉懸濁液 (175 °F, 80 °C)。
4. **熱風脫水：**殺菁後經亞硫酸鈉溶液或澱粉被覆處理過的胡蘿蔔以熱風脫水機乾燥。裝盤量為每平方公尺的乾燥面積裝 6.20 kg。乾燥時間約 7 小時，至胡蘿蔔含水量約為 8%，再以控制溼度的箱型乾燥機 (bin dryer) 脫水至水分含量 4%。
5. **包裝、密封：**胡蘿蔔中的胡蘿蔔素 (carotene) 在水分含量低時易分解，為了保持品質，須貯存於惰性氣體（如氮氣）中。

二、筍乾的製造

（一）製造流程

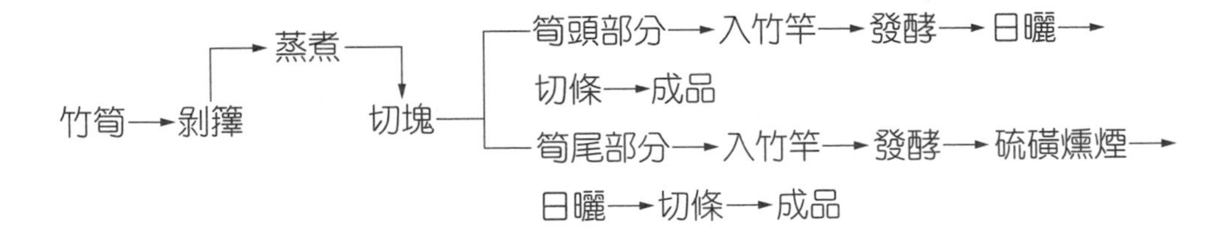

（二）要點說明

1. 竹筍用刀削除根部有粘土汙染部分後剝除筍籜，送入蒸煮器，以蒸汽加熱，蒸煮時間依原料大小及肉質等不同而異，約沸騰 40～60 分鐘為度，然後冷卻。

2. 切塊時分別筍頭及筍尾兩部分處理，筍頭部分約 5 cm 寬輪切並剖切，筍尾部分 (15 cm) 保持原狀。

3. **發酵：**筍頭及筍尾分別入竹竿中堆積並加積壓至竹竿上緣為止，最上層撒一層鹽加重石，則可長時間貯藏，在此期間則起乳酸發酵，貯藏經一週後可取出日曬至乾，筍頭部分可用切條機切成 5 cm 之長小條是謂筍乾，筍尾部分在日曬前經硫磺燻煙再日曬至乾，經切片機切成細條片亦謂筍乾。

三、甘藍菜乾的製造

(一) 材料

甘藍。

(二) 器具

乾燥機。

(三) 製造流程

甘藍 → 除外葉及根 → 洗滌 → 切絲 → 殺菁 → 冷卻 → 乾燥 → 甘藍乾

(四) 製程說明

1. 甘藍：最好選用綠色品種，先除去老葉、病蟲害葉，收穫後應即時加工。
2. 切絲：以輪切切成 0.5 mm 左右的絲條。用銳利菜刀切絲，以免養分損失。切絲後應迅速殺菁。

3. 殺菁：以 90 °C 蒸汽殺菁 30 秒，然後迅速用冷水冷卻。或用 1% 熱食鹽水或 0.1～0.3% 亞硫酸鈉液，浸漬 1～2 分鐘冷卻。
4. 乾燥：在 60 °C 以下溫度乾燥。收率 10%，製品含水量以 4% 以下為宜。
5. 利用太陽曬乾代替乾燥室乾燥，製品顏色與衛生品質較差。

四、金針花乾的製造

（一）材料

金針花、水。

（二）器具

菜刀、圓筐。

（三）製造流程

[金針花] → [採收] → [選擇] → [切除蒂部] → [水洗] → [乾燥] → [金針花乾]

（四）製程說明

1. 將金針花攤開在圓筐上，晴天時立即曬乾。遇下雨或大量生產時，可採用人工乾燥法。
2. 為了增加金針花的特殊味道，可將金針花稍微曬乾（晴天時日曬 1～2 小時），然後以少許食鹽搓揉，再裝於缸內壓緊封密，使其產生乳酸發酵（約 2～3 天），再拿出來曬乾。

第四節　脫水果實

實習三十二　龍眼乾的製造

一、材料

龍眼。

二、器具

焙炒爐或乾燥室、混砂器。

三、製造流程

龍眼 → 除果梗 → 溼潤 → 加砂著色 → 焙炒 → 冷卻 → 文火焙炒 → 製品

四、製程說明

1. 龍眼先除去果梗，灑上少許清水使果皮微溼。再放入混砂器中，以黃色微細砂混合，每 100 kg 龍眼加砂 120～200 g。在混砂器中，使果皮與細砂不斷摩擦而呈褐色，外層附著粉末後即可送去焙炒。如無需使龍眼果皮染成褐色，則不必經此手續。
2. 焙炒爐：多在產地用竹子搭蓋成 1.65 m 四方，高 0.5 m，以磚與泥土砌成的焙炒爐。上面用 0.15～0.30 m 木板圍好。垣與板之間設置竹簀供焙炒之用。每次可焙炒 300～500 kg 生果。
3. 焙炒時，點火燒 5 小時即暫停火，果肉冷卻後再點火焙炒，直到果肉呈淡黃色為止，約經 2 晝夜完成。實際燒火時間僅 1 晝夜，冷卻的目的在使果肉品質更佳。焙炒中翻動 3～4 次使受熱均勻。焙炒完畢的龍眼乾取出後，裝於袋子中，經 2 晝夜冷卻後放在爐上，以文火焙炒 12 小時。第 2 次焙炒，可使製品顏色更佳。

4. 混砂器以竹編成，長寬 1.2×0.6 m，高 0.42～0.58 m。上方有口，果實可由此進出，裝 42～48 kg 果實。混砂器繫於離地面約 1 m 高處，以手搖動，使果皮及細砂混合。
5. 龍眼乾剝除殼與種子即成為龍眼乾肉。若為製造龍眼乾肉，製造過程中不必經過混合細砂的操作，並可以強火一直乾燥而成。
6. 除了焙炒爐外，亦可用熱風的乾燥室來乾燥。

實習三十三　鳳梨乾的製造

一、材料

鳳梨。

二、器具

隧道式乾燥機。

三、製造流程

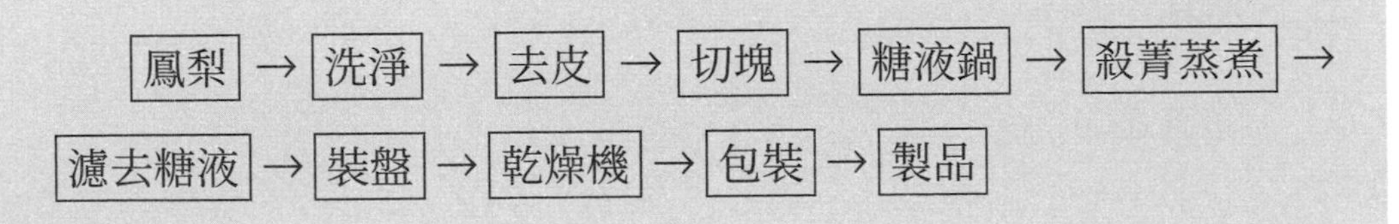

四、製程說明

1. 鳳梨原料：洗淨，削去外皮，除掉心部。
2. 切塊：切成 1 cm 的立方體，或 13～15 mm 的輪切片。
3. 殺菁蒸煮：以高溫破壞鳳梨中的酵素。糖液浸煮後，不但有殺菁作用，風味也較佳。普通以 30～45% 糖液煮 5～10 分鐘。
4. 濾去糖液：煮好的鳳梨，濾去糖液並滴乾。濾下的糖液可供製造果膏果醬等用。
5. 乾燥：滴乾糖液的鳳梨裝盤，送入隧道式乾燥機中，以 60～70 °C 乾燥 20 小時。
6. 包裝：乾燥好的製品，包裝於密閉容器內，以防潮溼。
7. 殺菁蒸煮後，加以真空處理可增加製品的透明度，使外觀更好。
8. 為了防止乾燥時有砂糖結晶析出，以致鳳梨乾變硬，可用葡萄糖漿混合於砂糖中使用。

實習三十四　香蕉乾的製造

一、材料

香蕉、硫磺。

二、器具

隧道式乾燥機。

三、製造流程

香蕉 → 剝皮 → 切塊 ↗ 硫磺燻蒸 → 人工乾燥 → 香蕉乾
切塊 ↘ 日光乾燥 → 香蕉乾

四、製程說明

1. **日光乾燥法：**成熟的香蕉，剝皮後縱切為二，放在太陽光下曬乾。製品含水量約 15%，呈暗褐色。此法成品外觀不佳。
2. **人工乾燥法：**成熟的香蕉，剝皮後切為適當形狀，以 30% 亞硫酸鈉液浸漬，或硫磺燻蒸 20～30 分鐘，放入箱形（隧道式）乾燥機內，溫度 65～71 °C 下乾燥 8～10 小時，即可獲得優良製品，收率約 12%。

第五節　乾燥花

乾燥花主要係以花材植物體為材料，經乾燥製成的作品，並不供食用，而供裝飾或鑑賞之用。乾燥花大體可分立體式乾燥花、平面式乾燥花（壓花）及芳香的乾燥花（香花、薰衣草）等三種，茲將其乾燥法概述如下。

一、立體乾燥花及香花之乾燥

（一）自然乾燥

水分含量少的植物，尤其是含有蠟質的植物如千日紅、麥桿菊等，均是良好的乾燥花素材。枝莖較軟或花朵較大者可用倒吊法，此法係將若干花朵紮成一束，倒吊於通風處乾燥；花莖較軟或一支花莖上有許多花者可用接線法，此法係將花朵剪下，插入鐵絲，然後一支支插於化學海綿或花瓶中，置於通風處乾燥；花穗較重而枝莖軟的植物如高粱、小米、稻穗等，可採用平置法，其係將材料去葉後，平置於通風處，不重疊而乾燥之；枝莖較硬挺的植物，如水蠟燭、狗尾草等，可採用直立法，即將材料去葉，直接插入容器內，置於通風處乾燥即成。

（二）強制乾燥法

利用乾燥機或烘箱乾燥花材或植物，乾燥溫度、溼度可配合、控制，乾燥時間短，產量大，成品亦較自然乾燥者為佳。

（三）埋沒乾燥法

水分含量高，易褪色的花材，可將之埋在各種乾燥劑如砂、硼砂、珍珠石、矽膠等中，使水分被乾燥劑吸收。乾燥劑中以矽膠效果較佳，矽膠在無水狀態下呈藍色，吸水後轉成粉紅色，可將之置於烘箱或微波爐乾燥除去水分後，反覆使用。

（四）試藥乾燥法

通常使用於葉片的乾燥，可用的試藥有福馬林、甘油兩種，因福馬林有強烈的不快氣味，故以甘油為佳。可用浸泡的方式，利用甘油的滲透作用，使植物體保持原形而乾燥。

二、壓花之乾燥法

(一) 重石壓花法

將花材排在棉紙上，置於厚冊書籍間，放在通風處，時常更換棉紙，也可加重石壓之。

(二) 熨斗壓花法

將花材分解，夾在棉紙中，上鋪厚布，以熨斗熨之，反覆加壓，乾燥速度快，但溫度勿超過 140 °C，以免花材褪色。

(三) 乾燥劑壓花法

在壓花板上放一海綿片，將花材分解後排列其上，再加一層海綿，海綿與花材層層相疊，約加至 7～10 層花材後，最上一層海綿上放壓花板，四角以鋼夾固定，如前述埋沒乾燥法般，以矽膠埋沒之而乾燥，可時常更換矽膠以加速乾燥。

(四) 特殊吸水板壓花法

將矽膠改成特殊吸水板，以壓花板——海綿——花材——吸水板——花材——海綿——花材——吸水板——花材——海綿——……壓花板的排列方法，在吸水板與花材直接接觸下乾燥。吸水板吸水後變軟，可用熨斗、電熱器、烘箱等加熱使之復原後，重複使用。

第六節 包裝及保存

乾燥蔬果必需保存於低水分的環境中，亦應避免氧氣的存在與光線，尤其是紫外線的照射。欲達到這些目的有賴包裝容器，即包裝容器必需選用不透溼、不透氣及不透光性的材質。此外乾燥食品一般脆度也較高，故也需注意機械性之損傷。

一、包裝材料

金屬罐最能符合上述乾燥蔬果包裝之條件，其次為玻璃瓶。金屬罐雖然理想，但對比容積大的產品，其包裝成本並不經濟，玻璃瓶則有重量重及透光的問題。基於重量與成本兩方面的考量，乾燥食品的包裝材料以塑膠製品為適宜。

就化學性及物理構造言，塑膠材料具有透溼性、透氣性及透光性係無法否認的事實，然而其程度則因塑膠種類而異，故可將個別材質的優良特性加以組合，即構成所謂積層 (laminate) 包裝材料，依用途、價格及特性看，代表性積層膜（袋）如下：

（一）玻璃紙・聚乙烯 (cellophane・polyethylene)

價格低廉，但透溼、透氣性大，僅適合流通、貯藏期間短的製品。

（二）防溼玻璃紙・聚乙烯

比上述材質之透溼性低，但仍不適用於長期貯藏的製品。

(三) 聚酯·聚乙烯 (polyester · polyethylene)

比上述材質保香性佳，強度亦強，但長期流通的製品仍不適用。

(四) 聚丙烯·聚乙烯 (polypropylene · polyethylene)

與上列材質相較，透溼性低。

(五) 塗布氯化亞乙烯 (vinylidene chloride) 的玻璃紙·聚乙烯

透溼性、透氣性均低，適合於較長期流通、貯藏的製品。

(六) 塗布氯化亞乙烯的聚酯·聚乙烯

具有保香性強、機械強度大的特點。

(七) 防溼玻璃紙·聚乙烯醇 (polyvinyl alcohol)·聚乙烯

透溼性、透氣性均低，適用於較長期流通、貯藏的製品。

(八) 塗布氯化亞乙烯的聚酯·聚乙烯醇·二軸延伸耐綸 (nylon)·聚乙烯

透溼性、透氣性低，保香性良好，機械強度高，無針孔、破袋之虞，能耐相當長期之流通、貯藏。

除以上的塑膠積層膜外，也有配合鋁箔、紙材等積層製得接近金屬罐性質的包裝材料，相當耐長期流通與貯藏，可依產品特性與成本要求選用。

二、包裝環境

如前所述，乾燥食品必需保持低水分狀態，故必需注意包裝環境的溼度。一般而言，吸溼性高的製品希望放置於 20% RH（相對溼度）以下的環境中，而吸溼性不強的製品，則可放置於 40% RH 以下。此外亦需利用脫溼裝置、空氣濾清器等保持空氣的乾燥與清淨，同時亦需避日光直射，以免食品發生變質。

習題

一、是非題

(　　) 1.游離水亦稱自由水，可用離心及一般乾燥除去。
(　　) 2.空氣中水蒸氣分壓與食品的水蒸氣分壓相差越大時，乾燥速度越快。
(　　) 3.空氣與食品表面呈平行流動時，乾燥速度最小。
(　　) 4.凍乾法是一種天然乾燥的方式。
(　　) 5.真空乾燥必須在冰點以下的溫度下進行。
(　　) 6.乳粉大都是用冷凍乾燥法製成。
(　　) 7.矽膠在無水狀態下呈藍色。
(　　) 8.乾燥食品之包裝玻璃瓶優於金屬罐。

二、填充題

1.一般乾燥作用取決於________與________兩現象。
2.冷凍乾燥法並無________作用，而是利用________達成乾燥效果。
3.工業上含水率大都採用________含水率，此值係以________對________的比例表示。
4.乾燥特性曲線可分________、________、________、________四個不同階段。
5.乾燥花以試藥乾燥法製造時，以________最佳。
6.乾燥食品的包裝容器應選用________、________及________的材質。
7.塑膠材料可以個別材質特性加以組合，構成所謂________包裝材料。
8.一般而言，吸溼性高的乾燥食品應於相對溼度________% 以下的環境中進行包裝。

三、問答題

1.食品中所含的水分可分成那兩種？其與食品腐敗有何關係？

2.乾燥之作用（目的）何在？
3.試述冷凍乾燥與噴霧乾燥的原理、特點與用途。

第十六章　冷藏及冷凍製品

第一節　冷藏及冷凍原理

一、低溫的生成

發汗後經風吹，或以酒精擦拭身體，都會使人感到清涼，這是因為附著於皮膚上的汗或酒精在比體溫低的溫度下蒸發，液體蒸發變成氣體時，需從周圍吸收熱量，因此而產生冷卻效果。液體變成氣體時，所吸收的熱稱為蒸發熱，而固體變液體或固體變氣體時，所吸收的熱分別稱為融解熱及昇華熱。低溫生成的原理，有如上所述利用蒸發及融解、昇華等物理現象產生的吸熱（冷卻作用）以及消耗機械功或熱能，由低溫域吸收熱量，而放散於高溫域的方法，前者稱為自然冷凍，而後者稱為機械冷凍。

二、低溫的利用

1. **冷凍 (freezing)：**冷凍係利用物質的物理、化學變化，在人工條件下將目的物質冷卻至結冰之低溫貯藏法，冷凍食品的一般貯藏溫度應在 −18 °C 以下。食品在冷凍時，食品內任一點隨時間的經過，溫度的下降狀態可以用圖 16–1 的冷凍曲線表示，通常以溫度下降最慢的中心點為準。最大冰晶生成帶 (zone of maximum ice crystal formation) 之曲線部分較為平坦，其乃因此期間內多量的水結冰，大部分的冷卻力用於凍結潛熱之去除，最大冰晶生成帶之前段或後段曲線較陡，表示溫度下降速度較快，其冷卻力都使用於溫度下降。

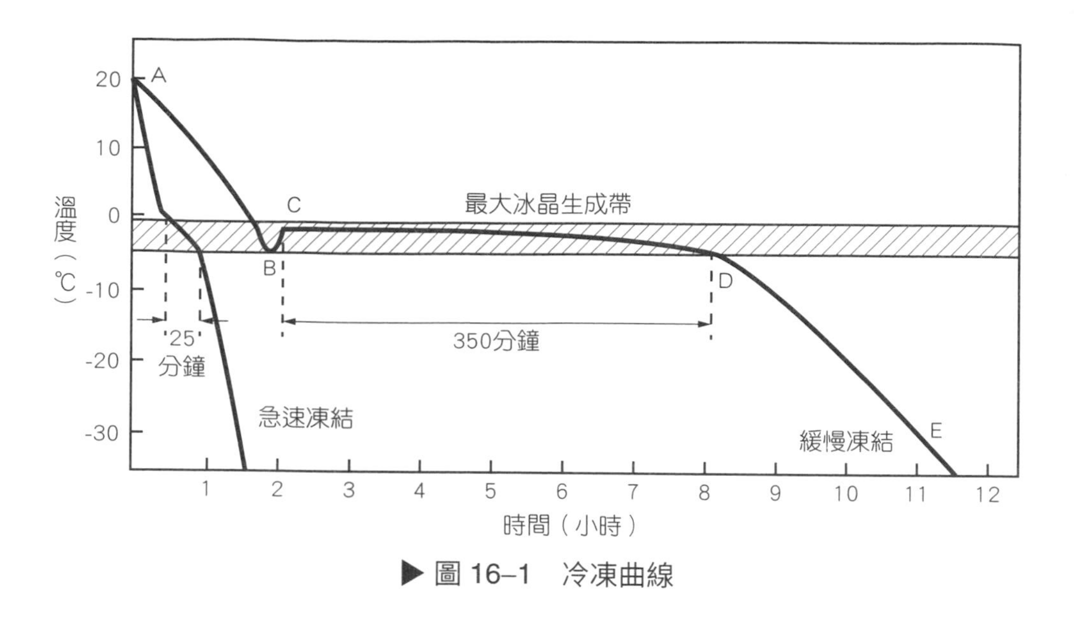

▶ 圖 16–1　冷凍曲線

2. **冷藏 (refrigeration)**：食品冷卻至尚未結冰之低溫貯藏法，自食品或空氣等消除熱量使其溫度降至低於大氣溫度，可利用冰的融解潛熱、乾冰的昇華潛熱、冷媒液的蒸發潛熱及其他如真空冷卻等來達成。潛熱 (latent heat) 為狀態變化時所吸收的熱量，其增減並不影響溫度，如 0 °C 的冰變為 0 °C 的水所需之熱量，其量為 80 kcal / kg 或 144 Btu / lb。

三、冷凍、冷藏保持蔬果品質的原理

冷凍、冷藏下可以使蔬果等之品質獲得相當維持，其乃因：

1. **低溫抑制微生物的作用**：低溫雖不易使微生物死滅，但低至 –5 °C 時，細菌繁殖即已受相當程度之抑制，在 –10 °C 時可說完全不發育。

2.低溫抑制酵素的作用：蔬果之變敗，除受微生物影響外，亦受本身所含酵素作用之影響，低溫下酵素活性低，且水分之活動性小，故酵素之作用減弱。

3.低溫降低化學反應速率：低溫有降低蔬果呼吸作用及氧化作用等化學反應之效果，每降低 10 °C，其速率約降低成二分之一。

四、冷媒

冷媒係在冷凍循環中，由低溫向高溫部載熱，進行冷卻的媒介物質，如氨、氟氯烷等在冷凍循環中會產生狀態變化者稱為一次冷媒，如鹽水等不產生狀態變化者則稱二次冷媒。

1.一次冷媒

一次冷媒由低溫部吸熱，液體變成氣體，此氣體經壓縮，將熱放散於高溫部則再回復成液體，由這樣的物質狀態變化而完成了熱的吸收與放散。

蒸汽壓縮式冷凍法係使用易蒸發的定量液體（冷媒），利用蒸發與凝縮之反覆循環，連續產生低溫之冷凍方法，此法中所用的冷媒須具備凝縮壓力儘量低、蒸發壓力不比大氣壓低多少、液體的比重與比熱小、氣體的比重與比熱大、蒸發或凝縮的潛熱大、臨界點高、凝固點低、具熱傳導率優良的物理性質、無毒性與刺激性（臭味）、無可燃性（爆炸性）、無腐蝕性、化學性安定、處理與操作容易（洩漏易發現、容易取得等）以及價格低廉等條件。

蒸氣壓縮式冷凍法中所用的冷媒，往復式及迴轉容積型者大都為氨 (R-717) 及 Freon R-12、R-22、R-502 等；迴轉速度型（渦輪式）則為 R-11、R-21、R-113、R-114 等，表 16–1 為這些冷媒的主要特性。

▶ 表 16–1 主要冷媒的特性

名稱		分子式	分子量	沸騰點		臨界點			凝固點 (°C)	備註
中名	化學名			溫度 (°C)	蒸發潛熱 (kcal / kg)	溫度 (°C)	壓力 (kg / cm^2)	比體積 (m^3 / kg)		
空氣	air (R-729)	$\frac{4N_2+O_2}{5}$	28.96	–194.5	–	–140.63	38.4	0.00320	–212.9	N_2: –195.5 O_2: –1182. (H_2: –253.0 (He: –269. 空氣式冷凍
水	water (R-718)	H_2O	18.02	100.0	538.8	374.15	225.65	0.00318	0.0	真空式冷凍
氨	ammonia (R-717)	NH_3	17.03	–33.3	327.0	132.4	116.5	0.00423	–77.7	大型冷凍機
R-11	trichloromonofluoro methane	CCl_3F	137.38	23.7	43.51	198.0	44.6	0.00181	–111.1	渦輪冷凍機
R-12	dichlorodifluoro methane	CCl_2F_2	120.92	–29.8	39.97	112.0	41.4	0.00179	–158.2	小型冷凍機
R-13	monochlorotrifluoro methane	$CClF_3$	104.47	–81.5	35.77	28.8	39.4	0.00185	–181.0	超低溫冷凍
R-21	dichloromonofluoro methane	$CHCl_2F$	102.93	8.9	57.86	178.5	52.7	0.00175	–135.0	中、小型冷 機
R-22	monochlorodifluoro methane	$CHClF_2$	86.48	–40.8	55.92	96.0	50.3	0.00190	–160.0	大、中、小 冷凍機
R-113	trichlorotrifluoro ethane	$C_2Cl_3F_3$	187.39	47.6	350.7	214.1	34.8	0.00174	–36.6	渦輪冷凍機
R-114	dichlorotetrafluoro ethane	$C_2Cl_2F_4$	170.93	3.6	32.78	145.7	33.2	0.00172	–93.9	渦輪冷凍機
R-500	azeotrope 共沸混合物 carrene 7（商品名）	R-12 73.8% + R-152 26.2%	99.29	–33.3	49.20	105.1	44.4	–	–158.9	R-152 C_2H_4 大、中、小 冷凍機
R-502	azeotrope 共沸混合物	R-22 48.8% + R-115 51.2%	111.66	–45.6	2.47	90.1	42.1	–	–	R-115 CCl 大、中、小 冷凍機

註：1. 沸點為大氣壓 1.0332 kg / cm^2 = 760 mmHg 下的飽和溫度。
2. 臨界點為氣體與液體比體積相等，蒸發潛熱為 0 之點，溫度為飽和溫度，壓力為飽和壓力。
3. 凝固點為大氣壓下變成固體的溫度。

2. 二次冷媒

二次冷媒無自發性狀態變化，在冷凍循環中因冷卻的低溫媒體（液）與欲冷卻的目的物質接觸（循環）而完成冷卻作用。因此，二次冷媒（鹽液）在低溫下仍需保持流動性，即必須維持不凍液狀態。不凍液有以鹽液冷卻環境（空氣或液體）之間接冷卻式與直接浸漬或噴撒鹽液以冷卻物質的直接式冷卻。

二次冷媒要求的條件為凍結點（凝固點）低、比重適當而比熱大、沸點高、粘度小、熱傳導率佳、無毒、不可燃、無腐蝕性、化學性安定、處理操作容易、價格低廉等。間接冷卻式所用的冷媒有氯化鈣鹽液及 Freon R-11、乙二醇、丙三醇等水溶液；直接撒布或浸漬於食品的鹽液有氯化鈉鹽液、氯化鈣鹽液、丙三醇水溶液及這些中添加玉米糖漿、乙醇等的混合鹽液。Freon R-12 美國規定可使用於食品的浸漬凍結，但日本則禁止使用。這些主要鹽液的特性如表 16–2。

▶ 表 16–2　主要鹽溶液在共晶點下的特性（續下頁）

名稱		分子式	分子量	15 °C 下		溶液的濃度 (%)	對水 100 的含量	共晶點 (°C)	凍結的潛熱 (kcal / kg)	沸點 (°C)
中名	化學名			比重	Baume					
清水	fresh water	H_2O	18.02	1.00	0.0	0.0	0.00	凍結點 共晶點 0.0	80.00	100.0
海水	sea water	NaCl 78% $MgCl_2$ 11% $CaCl_2$ 11% 及其他混合物	–	1.025	3.5	3.5	3.63	凍結點 –2.0	77.20	101.5
氯化鈉	sodium chloride	NaCl	58.45	1.175	21.6	23.1	30.04	–21.2	61.52	–
氯化鎂	magnesium chloride	$MgCl_2$	95.23	1.184	22.5	20.6	25.94	–33.6	63.52	–

氯化鈣	calcium chloride	$CaCl_2$	110.99	1.286	32.2	29.9	42.65	–55.0	56.08	–
蔗糖	sugar	$C_{12}H_{22}O_{11}$	342.30	–	–	62.4	165.96	–13.9	30.08	–
甘油	glycerin (glycerol)	$C_3H_8O_3$	92.09	1.291	–	67.0	203.03	–44.0	26.40	100% 下 290.0
丙二醇	propylene glycol	$C_3H_8O_2$	76.09	1.041	–	60.0	150.00	–60.0	32.00	100% 下 187.4
丁二醇	butylene glycol	$C_4H_{10}O_2$	90.12	1.006	–	100.0	–	–77.0	–	100% 下 207.5
乙二醇	ethylene glycol	$C_2H_6O_2$	62.07	1.116	–	60.0	150.00	–47.0	32.00	100% 下 197.5
乙醇	ethyl alcohol (ethanol)	C_2H_5OH	46.07	0.793	–	100.0	–	–117.3	–	100% 下 78.3
甲醇	methyl alcohol (methanol)	CH_3OH	32.04	0.796	–	100.0	–	–93.9	–	100% 下 64.7

註：大氣壓下開始凍結的溫度為凍結點 (freezing point)，完全凍結的溫度為共晶點 (eutectic or cryohydric point)，開始沸騰的溫度為沸點 (boiling point)。

五、凍結裝置

1.凍結裝置的種類

(1)利用蒸汽壓縮式冷凍法的食品凍結裝置，通常有下列幾種，這些裝置可以單獨也可以組合使用。

(a)將食品置於低溫氣體中（氣體冷卻，如送風式冷凍機）。

(b)使食品與低溫的金屬板接觸（固體冷卻，如接觸式冷凍機）。

(c)將食品浸漬於不凍液中（液體冷卻，如鹽水浸漬凍結）。

(2)特殊情形下（如利用液化氣體者），有下列幾種方式：

(a)將液態氮噴撒於食品（液態氮凍結）。

(b)將液態二氧化碳噴撒於食品（液態二氧化碳凍結）。

2.凍結裝置的要件

⑴ I.Q.F（個別快速凍結），連續自動化，省人工省力化。

⑵容易在生產線上凍結 (in-line freezing)。

⑶材料、構造等衛生，且容易完全洗淨。

⑷凍結時間短，品質良好，而且耗費能源少。

⑸構造精簡經濟，容易維護。

⑹凍結成本低廉。

3.空氣冷卻式凍結裝置

使用氣體（空氣）作為凍結媒體，將其溫度降低後接觸於食品的凍結裝置，一般亦稱之為空氣凍結裝置。使用強制通風凍結者稱為送風凍結裝置，非此方式者有時亦稱之空氣凍結裝置，冷凍食品用空氣凍結裝置通常採用連續式（輸送帶式），如輸送帶式凍結裝置、流動式凍結裝置、螺旋式凍結裝置、棚架式凍結裝置等。

4.固體冷卻式凍結裝置

使用固體（金屬板）作凍結媒體，使其變低溫後接觸於食品的裝置，一般稱之為接觸式凍結裝置。接觸式凍結裝置大都為批式，食品用凍結裝置要求連續化，故目前已開發出批式的自動化裝置（冷凍作業機器人等）。

5.液體冷卻式凍結裝置

使用液體（鹽水）為凍結媒體，將其冷卻至呈低溫後接觸於食品的凍結裝置，一般稱之鹽液凍結裝置。與空氣冷卻式及固體冷卻式比較，此方式之熱傳達速率大，凍結快速，凍結時間約為空氣冷卻式的 $\frac{1}{2}$，固體冷卻式的 $\frac{2}{3}$，冰結晶小亦為其特徵之一。

6. 液化氣體凍結裝置

使用液化氣體作為凍結媒體，使其與食品接觸的凍結裝置，其乃利用液化氣體蒸發或昇華時產生大的吸熱作用之原理。此裝置不需冷凍機（初期成本低），但必須不斷供給液化氣體（運轉成本高）。液化氣體凍結裝置如液態氮凍結裝置、液態二氧化碳凍結裝置、液化天然氣凍結裝置及液化氟氯烷凍結裝置等。

第二節　凍結後之品質變化

一、昇華

蔬果在冷藏時，水分會蒸發而使重量減少，且發生萎凋、軟化現象。凍結後，更因昇華現象，造成食品之多孔性，空氣會深入至食品內部，發生脫水、氧化現象，導致品質劣化，此現象嚴重時即稱凍燒 (freezer burn)。凍燒部分的含水率在 15% 以下時，色素、脂質等會發生氧化、褐變，致使風味喪失，此為凍結食品中最不欲的變化之一。

二、變色

果實與蔬菜的變色通常因酚類氧化、聚合生成色素而來，有時亦有葉綠素、胡蘿蔔素之褪色現象，此變色現象在溫度愈低時愈少，如 –50 °C 下幾乎不發生。但溫度稍高且與空氣接觸時，白色果肉亦會褐變。

三、組織質地的變化

細胞集合而構成的組織中，因凍結而有冰結晶出現，隨著冰結晶的出現，會有許多變化伴隨發生，大體上可歸納成組織構造及細胞內部中膠質構造的變化兩類，而原因則可能係結冰膨脹（冰體積增加時，含有的氣體分離膨脹而起)、脫水作用（細胞內之水分因結冰而析出，殘餘溶液濃度變高而使蛋白質變成不溶性）及冰晶之成長（小的冰結晶在凍藏中變大）等。總之，由於組織質地的崩壞，蛋白質的變性，組織的軟化或組織纖維的硬化等，造成了蔬果之風味劣變。當然此變化程度之大小，依原料鮮度、凍結速度、凍結貯藏時之溫度管理、凍藏期間、解凍方法及凍結前的保護處理等而異。

四、脂質的變化

食品在凍結狀態下，所含的油脂仍會發生水解、氧化、重合等複雜的變化，因此而導致風味惡化、酸敗、粘化發生，嚴重時亦會發生令人討厭的油耗現象，這些現象在凍結狀態不良，油脂押出於表面時更易發生。

五、成分的變化

冷藏下，生理作用、成熟作用等仍會進行，在凍結狀態下，蔬果可說已經死亡，此時生理作用停止，死後成分的變化包括食肉的熟成作用在內，可說已不再可見。然而至少需使品溫維持在 −20 °C 以下方不致造成影響。

六、澱粉的老化

澱粉在含水狀態受熱，即會糊化而失去一定形狀，稱之 α 化，α 化澱粉在貯藏中顆粒會緩慢互相結合而形成某一形狀，此結晶化現象稱為老化或 β 化。含有 α 型澱粉的食品，在 −1 °C 下 β 化相當快，但在 −20 °C 以下則無老化現象，因此凍結食品的品溫高時，澱粉會發生老化現象。

七、解凍滴液

凍結食品解凍後或在凍結原狀下直接加熱調理時，會有液汁流出的現象，此液汁稱作解凍滴液 (drip)，因為解凍滴液的流出而使食品發生減量、收縮現象。解凍滴液可在解凍時流出，也可殘留在食品內，壓搾時才滲出。解凍滴液中溶解有風味及呈味成分，故發生量越少時，食品品質越佳。解凍滴液量的影響因子與組織質地變化的影響因子相同。

八、膠質狀態的變化

果汁、牛乳、液蛋中的蛋黃等液狀食品，不具有質地組織，可說呈膠質狀態。這些食品會因凍結而發生不可逆變化，即解凍後，液體會與其中分散的粒子分離。

第三節　蔬菜冷藏及冷凍

一、蔬菜之冷藏

蔬果種類不同時，凍結點（水分變為冰結晶的溫度，亦可稱為冰點或凝固點）也不同，蔬果冷藏時，溫度不能在本身的冰點以下，除了溫度以外，冷藏室內的空氣之溼度亦為影響貯藏期限的因素，記載蔬果凍結點、冷藏條件及貯藏期限等資料之表稱為蔬果冷藏表，表 6–2 即為蔬菜冷藏表，此表可說是蔬菜冷藏時可以利用的指針。貯藏期限依冷藏食品的種類、冷藏溫度及溼度而定，一般蔬菜在 0～1 °C、溼度 80～90% 的條件下約可貯藏 1～2 個月。蔬菜係生鮮食品，經裝箱後即直接以 1～2 °C 冷藏，在某些特殊情況下，蔬菜亦有先經殺菁，使酵素不活性化之處理者。冷藏庫使用軟木板、苯乙烯泡棉 (styrofoam) 等保溫材料製成，儘量在不使與外界有熱傳導作用發生下，利用冷媒之液體 → 氣體 → 液體形式之冷凍循環而達成冷卻效果。

二、蔬菜之冷凍

冷凍蔬菜的一般製造程序如圖 16–2。生鮮食品或加工食品在食用為止前均需保持良好品質，由生產開始至使用止的期間內，食品的品質受品溫影響甚大，一般而言，品溫愈低，經過時間愈短，消費時的品質愈接近於生產時的品質，食品冷凍的目的即在於長期保持食品品質。如圖 16–3 所示，冷凍食品的品質保持期間與品溫關係甚大，品溫越低，品質保持期間越長，品質保持期間與溫度作成的曲線越呈直線延伸，此關係稱之 T.T.T. (time-temperature-tolerance)。表 16–3 顯示冷凍蔬菜在凍藏期間品質改變與溫度的關係。

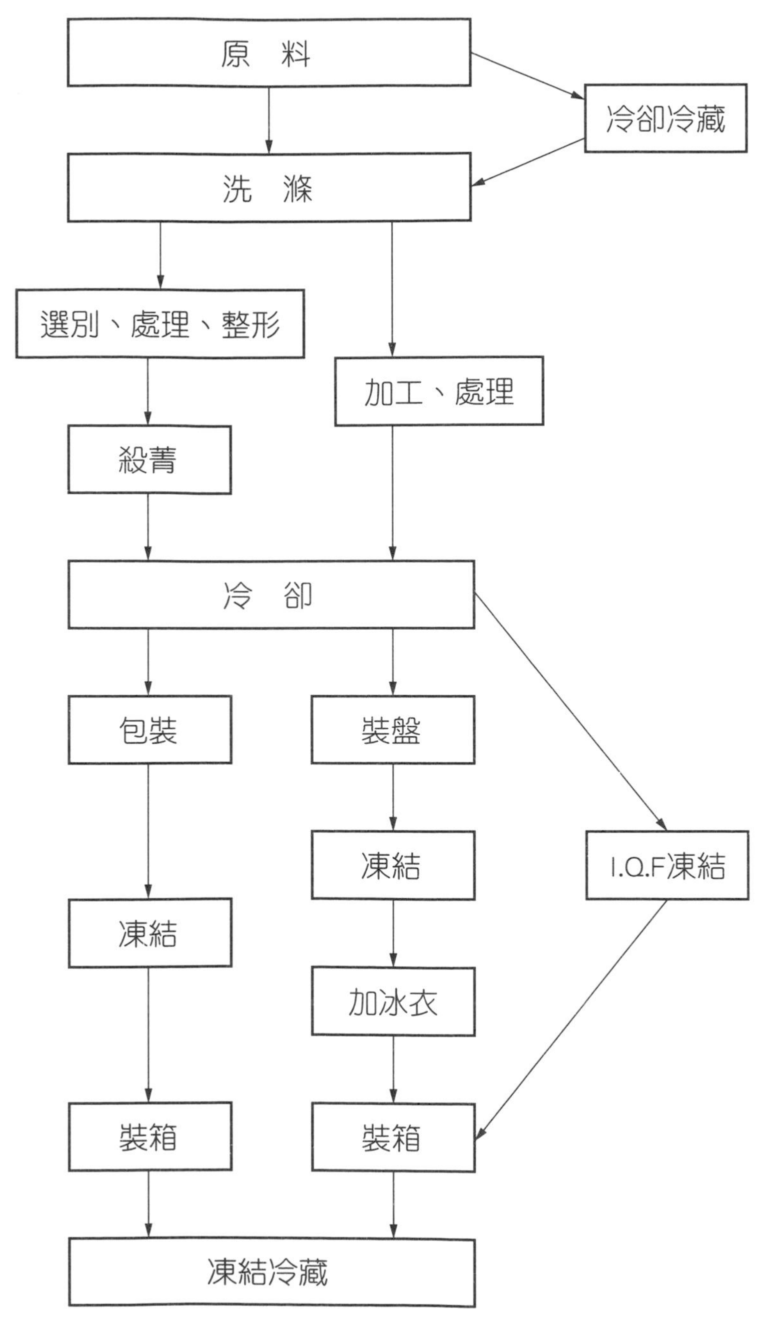

▶ 圖 16–2　冷凍蔬菜的一般製造程序

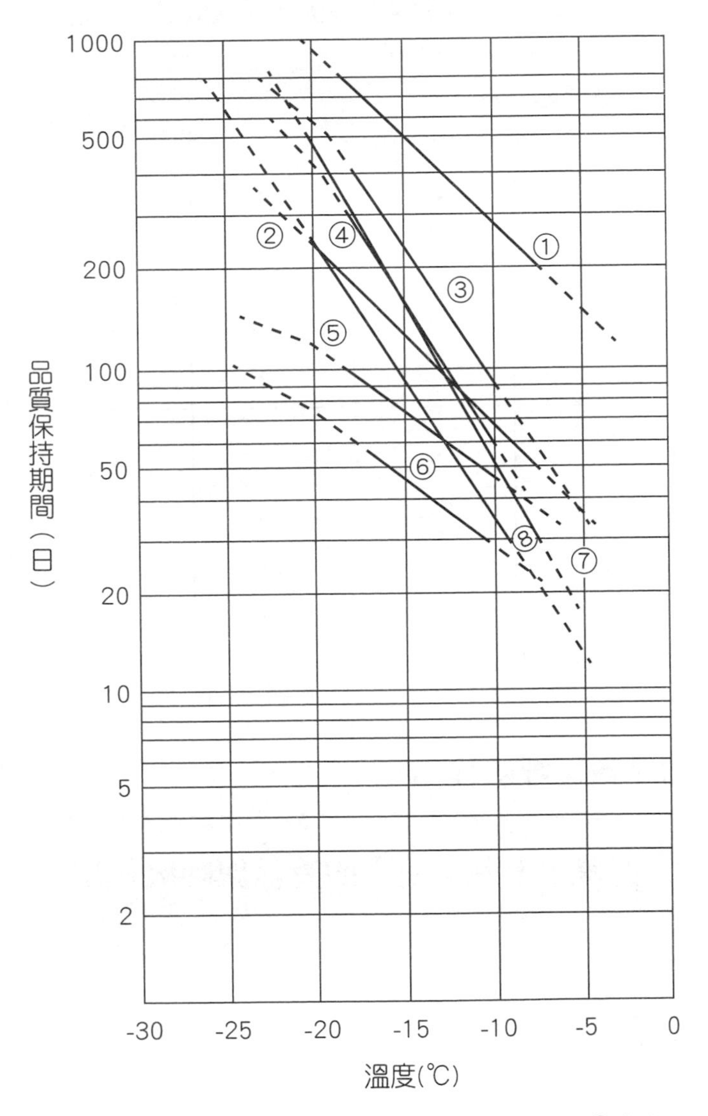

①包裝良好之雞塊 ②包裝不良之雞塊 ③牛肉
④豬肉 ⑤魚肉（少脂肪） ⑥魚肉（多脂肪）
⑦豌豆 ⑧菠菜

▶ 圖 16–3 冷凍食品的品質保持特性。（資料來源：櫻井芳人等，1975，《總合食料工業》（增補新版），恒星社厚生閣版，頁 902。）

▶表 16–3　冷凍蔬菜品質劣化與凍藏溫度之關係

蔬菜種類	貯藏溫度 (°C)	品質劣化時間（月）			
		風味改變	色澤改變	葉綠素減少 10%	維生素 C 減少 50%
四季豆	–18 –12 –7	10 3 1	3 1 0.2	10 3 0.7	16 4 1.0
豌豆	–18 –12 –7	10 3 1	7 1.5 0.3	43 12 2.5	48 10 1.8
菠菜	–18 –12 –7	6 2 0.7	– – –	30 6 1.6	33 12 4.2
花椰菜	–18 –12 –7	10 2 0.5	2 0.5 0.2	14 3 0.7	25 6 1.7

註：菠菜在凍結期間色澤之改變隨品種不同而異。
資料來源：櫻井芳人等，1975，《總合食料工業》（增補新版），恒星社厚生閣版，頁 902。

三、蔬菜的冷藏與呼吸作用

實習三十五　蔬菜的冷藏與呼吸作用

一、目的

試驗不同蔬菜在貯藏期間之溫度、溼度和氣體對保持品質及呼吸速度之影響。

二、器具

溼度控制箱、溫度控制箱、滴定管、溫度記錄器、粗天秤。

三、材料

菠菜、胡蘿蔔。

四、試藥

1N KOH 溶液、1N HCl 溶液、$MgCl_2 \cdot 6H_2O$、NaCl、KCl、$BaCl_2$。

五、方法

1. 上列每一種蔬菜各選取品質均勻的樣品 6 組，記錄各組重量及其特性（包括成熟度、完整性、損傷及敗壞等情形）。
2. 取其中 5 組試料在下列環境下貯藏，另取 1 組放在 0 °F (−18 °C) 的冷凍箱內冷凍。

菠　菜	34 °F (1 °C) 空氣貯藏 40% RH, 90% RH	70 °F (21 °C) 空氣貯藏 35% RH, 85% RH	34 °F (1 °C) CA 貯藏 90% RH
胡蘿蔔	34 °F (1 °C) 空氣貯藏 40% RH, 90% RH	70 °F (21 °C) 空氣貯藏 35% RH, 85% RH	34 °F (1 °C) CA 貯藏 90% RH

為保持上列 34 °F (1 °C) 的相對溼度，使用下列飽和鹽類：40% RH 使用 $MgCl_2 \cdot 6H_2O$，90% RH 使用 NaCl，同樣為了保持上列 70 °F (21 °C) 的相對溼度，使用下面的飽和鹽類：35% RH 使用 $MgCl_2 \cdot 6H_2O$，85% RH 使用 KCl。

3. 配製 50 mL 1N KOH 溶液，盛於燒杯中，並將其放置於每一個溼度控制箱的底面，此溶液係用以吸收呼吸作用所放出的 CO_2。
4. 在每隔一定時間，從事下列的操作，並記錄其數據。

(1)取出 KOH 溶液的燒杯，加入 25 mL $BaCl_2$ 飽和水溶液，然後以

1N HCl 進行雙次滴定 (double titration) 至 pH 8.3 及 pH 3.1 的終點，依據實驗開始時 KOH 溶液的最初滴定值，來計算由於呼吸作用所放出之 CO_2 量，以一日中每公斤蔬菜所放出之二氧化碳的莫耳數表示之。但在 C.A. 貯藏，呼吸率 (respiration rate) 不能用此法測定，因為 KOH 能吸收貯藏室內的 CO_2 及呼吸作用所放出的 CO_2。

(2)從溼度控制箱取出蔬菜，稱重量並觀察記錄其蔬菜的品質。

(3)將另一新盛 50 mL 1N KOH 溶液的燒杯放置於溼度控制箱的底面，並將原菠菜放回（注意，必須檢查其 KOH 溶液內之 CO_2 含量）。

5.計算：

(1)算出各組蔬菜之重量損失率。

(2)算出貯藏期間之呼吸率。

四、敏豆的冷凍與貯藏

實習三十六　敏豆的冷凍與貯藏

一、目的

明瞭蔬菜的冷凍原理與貯藏方法。

二、器具

不鏽鋼刀、封袋機、接觸式或送風式冷凍機、不鏽鋼鍋或鋁鍋、冰櫃 (deep freezer)。

三、材料

敏豆、聚乙烯袋。

四、方法

1. 原料的準備：無筋或筋少的敏豆，充分水洗，依直徑大小分級，然後切除兩端。
2. 殺菁：為了比較殺菁效果，分為以下四種處理：
   處理 1：不殺菁。
   處理 2：於沸水中殺菁 15 秒。
   處理 3：於沸水中殺菁 1 分鐘。
   處理 4：於沸水中殺菁 3 分鐘。
3. 冷卻：殺菁後，置於冷水中冷卻。
4. 裝袋密封：裝入聚乙烯袋（袋厚 0.06 mm），使用封袋機密封，袋上註明殺菁時間。
5. 冷凍：使用接觸式冷凍機 (contact freezer) 或送風式冷凍機 (air blast freezer) 冷凍。
6. 貯藏：於 0 °F (−18 °C) 的冰櫃或冷凍庫內冷凍貯藏。
7. 冷凍貯藏 6 個月後，檢查各處理冷凍敏豆之解凍滴液損失、過氧化酵素活性、pH 值、總酸度、維生素 C 含量及品質。

第四節 果實冷藏及冷凍

一、水果之冷藏

與蔬菜冷藏一樣，冷藏水果的貯藏期限亦依水果種類、冷藏溫度及溼度而定。表 6–3 即水果冷藏表，由表可知冷藏條件及貯藏期限的關係。

二、水果的調氣貯藏 (Controlled atmosphere storage)

調氣貯藏簡稱 C.A. storage，亦稱人工大氣貯藏法或人工控制大氣貯藏法，此法可用於水果之貯藏。大氣中約含有 21% 氧氣，0.03% 二氧化碳，貯藏水果時，可適當調節貯藏環境的空氣組成以抑制貯藏水果的呼吸。通常此法都是較大氣增加 CO_2，減少 O_2，增加 N_2，蘋果、香蕉、奇異果、草莓等之貯藏均有使用。人工大氣貯藏時之溫度係採冷藏。

三、水果的冷凍

冷凍水果通常依原料 → 清洗 → 前處理 → 分級 → 後處理 → 檢查 → 冷凍的程序完成，圖 16–4 為冷凍鳳梨之製造程序。

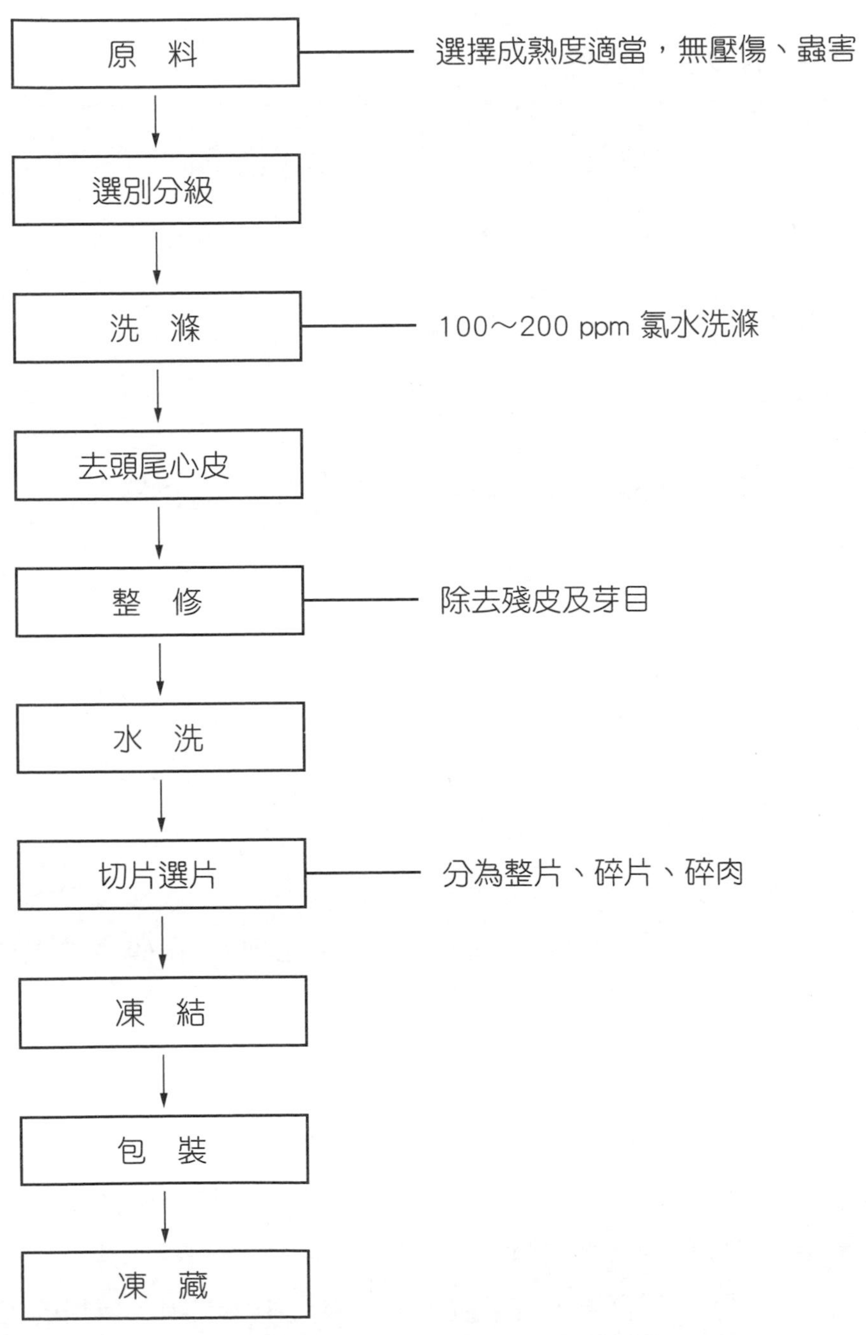

▶圖 16–4　冷凍鳳梨之製造程序

四、草莓的冷凍與貯藏

實習三十七　草莓的冷凍與貯藏

一、目的

明瞭水果之冷凍原理與貯藏方法。

二、器具

盤、急速冷凍裝置、PE 袋封袋機、不鏽鋼刀、挽肉機 (chopper)、果蒂除去器。

三、材料

新鮮草莓、砂糖、PE 袋。

四、方法

1. 製造程序：
   草莓 → 除去果蒂 → 水洗 → 選別 → 整粒、切片、破碎 → 加糖，包裝 → 急速冷凍 → 冷凍貯藏 → 成品
2. 草莓原料：選擇大小形狀一致，果面和果肉內部均呈紅色，果肉組織緊密，心部無空洞，芳香味濃，具有良好酸味之草莓。
3. 用手或果蒂除去器除去果蒂，在流水中洗滌，然後再噴洗，必要時以 5 ppm 有效氯之清水洗滌之。
4. 滴乾水滴，除去不良果，按果粒大小分為大中小三組，以後的工程分為整粒 (whole)、切片 (slice) 及破碎 (crush) 三類。

5. 草莓 1 份加砂糖 $\frac{1}{3}$～$\frac{1}{6}$ 份 （重量計算），務使砂糖均勻被覆於草莓，然後裝入 PE 袋，密封，置於紙盒內，行急速冷凍。
6. 製造切片草莓時，切片厚度約 4 mm，砂糖之用量和被覆法如整粒。
7. 製造破碎草莓時， 整粒草莓以挽肉機 (chopper) ， tomato pulper ，tomato finisher 等破碎為所欲大小的果肉，砂糖的用量和被覆法如整粒。
8. 另製備 1 組未加糖之冷凍草莓，以便與加糖處理之冷凍草莓比較品質。
9. 冷凍貯藏之草莓，解凍至 0 °C 左右時，品評顏色、味道、香氣、組織及找出缺點。

五、注意事項

1. 因各種水果的組織、風味、內容物成分、採收成熟度等不同，在冷凍加工貯藏後，產品品質各異。
2. 水果的冷凍，由於種類、原料和製品形態之不同有各種製造法。
3. 水果含有各種氧化酵素，在冷凍期間仍使水果切面或外觀變色，風味變劣，因此需要防止其變化。
4. 一般水果在冷凍時，若切片外層或表面有適量砂糖或維生素 C 等被覆，可防止變色。
5. 冷凍速度愈快，則冰結晶愈小，組織之破壞亦愈少。
6. 冷凍水果應貯藏於 0 °F (−18 °C)，以減少凍藏期間之變化，愈低溫對品質保持愈佳，即 T.T.T. (time-temperature-tolerance) 之保存。

第五節　蔬果之冷凍乾燥

冷凍乾燥 (freeze-drying) 是一項重要的食品保存技術，它經過冷凍和乾燥二過程。其係將食品冷凍後，在高真空下，使冷凍食品中的冰結晶昇華變為水蒸氣予以去除水分之乾燥法。冷凍乾燥食品 (freeze-dried food) 保持新鮮食品之體積，具多孔性，易於吸水復原，因此風味或質地之損傷甚少，適用於抗生素或血清等不安定物質之乾燥，食品上亦已應用於咖啡精、果汁、肉、蝦、蔬菜、洋菇等之乾燥，圖 16–5 為冷凍乾燥機之組成，圖 16–6 為食品冷凍乾燥之處理程序。經由凍結乾燥所得的食品因吸溼性高、脂肪含量高之食品易氧化、因水分低且多孔性，故質脆易碎等特性，故應妥善包裝。

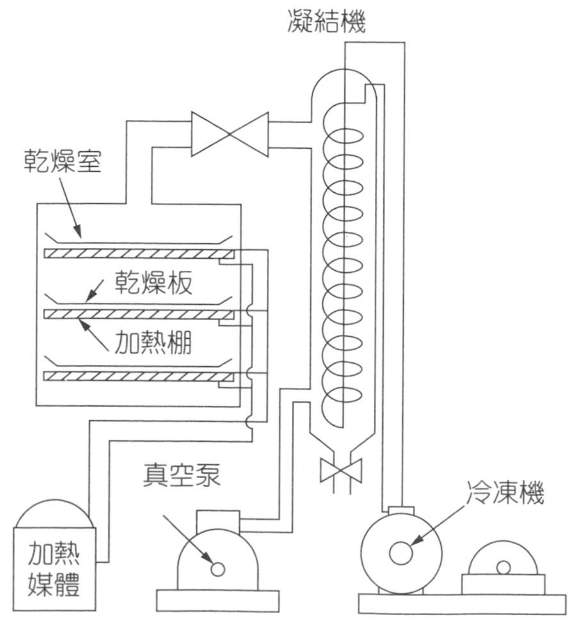

▶ 圖 16–5　冷凍乾燥機的組成。（資料來源：櫻井芳人等，1975，《總合食料工業》（增補新版），恒星社厚生閣版，頁 984。）

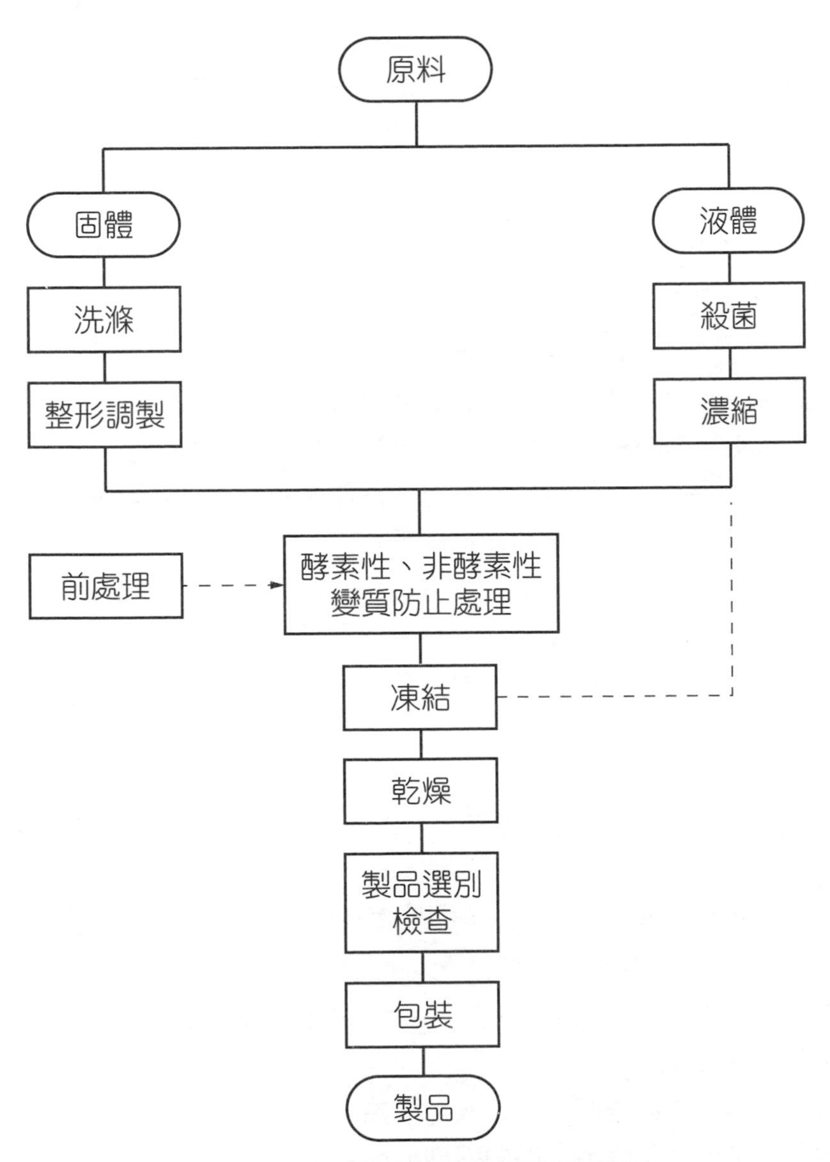

▶ 圖 16–6　食品的冷凍乾燥處理程序

習題

一、是非題

(　　) 1. 液體變成氣體時，所吸收的熱稱為昇華熱。
(　　) 2. 低溫甚易使微生物死滅。
(　　) 3. 一次冷媒無自發性狀態變化。
(　　) 4. 一次冷媒的凍結點需比二次冷媒低。
(　　) 5. 紅色肉之變色現象在 –50 °C 下幾乎不發生。
(　　) 6. 食品在凍結狀態下，所含的油脂不會發生氧化現象。
(　　) 7. 凍結狀態的蔬果可說已經死亡。
(　　) 8. 含有 α 型澱粉的食品，在 –1 °C 下即不易發生 β 化現象。
(　　) 9. 凍結食品的品溫愈高，其所含澱粉愈不易老化。
(　　) 10. 冷凍乾燥後的食品為冷凍食品。

二、填充題

1. 冷凍食品的一般貯藏溫度應在＿＿＿＿°C 以下，而冷藏食品則需在＿＿＿＿°C 以下。
2. 蔬果之變敗，除受＿＿＿＿外，亦受本身所含＿＿＿＿之影響。
3. 常用於冷凍冷藏的液化氣體有＿＿＿＿及＿＿＿＿。
4. 大氣壓下開始凍結的溫度為＿＿＿＿，完全凍結的溫度為＿＿＿＿，開始沸騰的溫度為＿＿＿＿。
5. 凍結食品解凍後調理時流出之液汁稱為＿＿＿＿。
6. 冷凍曲線中溫度下降最慢的曲線部分稱為＿＿＿＿，一般而言，其溫度約為＿＿＿＿。

三、問答題

1. 試述冷凍、冷藏保持蔬果品質的原理。
2. 何謂一次冷媒與二次冷媒？其應具備的條件為何？

3.冷凍食品用的凍結裝置有何要件？
4.何謂凍燒 (freezer burn)？
5.何謂 T.T.T. (time-temperature-tolerance)？
6.何謂調氣貯藏 (controlled atmosphere storage)？

第十七章　釀造發酵製品

第一節　釀造發酵原理

食品加工上不可忽視微生物 (microbes; microorganisms) 的存在，就特性而言，其可分為食品製造上有利的有用微生物以及在食品製造過程或貯藏中會造成危害的有害微生物等兩類。微生物在食品方面的利用主要為傳統的發酵 (fermentation)，其係利用微生物的生理活動引起的化學變化，將有機物分解轉變成對人的生活有益的物質之現象。腐敗也是由微生物的活動所引起，在本質上腐敗與發酵並無差別，但腐敗會產生惡臭，降低食品的品質與價值，有時也產生有害物質，表 17–1 顯示與食品具深厚密切關係的微生物。

典型的發酵如酵母的酒精發酵，乳酸菌的乳酸發酵，黑黴菌的檸檬酸發酵，醋酸菌的醋酸發酵等。廣義而言，微生物之生合成亦屬發酵，如青黴菌的青黴素，放線菌的鏈黴素，*Leuconostoc* 屬的聚葡萄糖及 *Corynebacterium* 屬的麩胺酸等。而應用發酵作用製造酒、醋、酒精、醬油、味噌及其他醬類等食品者，稱為釀造 (brewing)。

微生物的發酵型態大致可分成好氣性及嫌氣性兩類，好氣性者在培養過程中需要充分供給氧氣，以促進菌體生長及產物生成，如醋酸發酵、檸檬酸發酵等；嫌氣性者不需要氧氣的供應，通常可以密閉或堆積方式進行，如酒精發酵、乳酸發酵等。發酵方式依原料形態可分成固態發酵及液態發酵兩大類，如製造醬油、味噌時係固態發酵，而製造葡萄酒、醋時則為液態發酵。

▶ 表 17–1　與食品關係密切的微生物

1.食品的變敗	
腐敗	細菌
劣變（指不伴隨有害物質生成的食品變性）	細菌、酵母、黴菌
食物中毒	細菌
經口傳染病	細菌
2.食品上之微生物利用	
清酒	黴菌、細菌、酵母
啤酒、葡萄酒、威士忌	酵母
味噌、醬油	黴菌、酵母、細菌
食醋	黴菌、酵母、細菌
麵包	酵母
漬物	細菌、酵母
乾酪	細菌、黴菌
酸酪乳	細菌
納豆	細菌
胺基酸（麩胺酸、離胺酸）	細菌
核酸（肉苷酸、鳥苷酸）	酵母、放線菌、黴菌、細菌
酒精	酵母
有機酸（檸檬酸、乳酸、醋酸）	黴菌、細菌
維生素 (B_2、B_{12}、C)	黴菌、放線菌、細菌
酵素（澱粉酶、蛋白醣）	黴菌、細菌、酵母、放線菌
食用微生物	蕈類、單細胞藻類、酵母

第二節　果酒之製造

使用天然果汁進行酒精發酵之釀造酒，代表性的水果酒（或果實酒）為葡萄酒，其他有蘋果酒、荔枝酒、鳳梨酒、枇杷酒、李酒等，其係利用果實中所含的糖分經酵母菌發酵而產生酒精及二氧化碳（反應式 $C_6H_{12}O_6 \xrightarrow{\text{酵母菌}} 2C_2H_5OH + 2CO_2$）製成。當酒精含量低於 10% 時，貯藏性不安全，為提高製品的酒精濃度，可用果汁補糖法，於原料果汁中加糖，再行酒精發酵，也可在未補糖的果汁經酒精發酵後添加酒精的方式。果酒風味依果實種類而異，可當作飲料，也可與各種酒調合飲用或用於烹飪。

一、葡萄酒

（一）葡萄酒的分類

葡萄酒 (wine) 係以葡萄果汁經發酵而製成的果酒，其酒精含量為 8～14%，具有果實供給的香氣，餐前葡萄酒 (table wine) 之酒精生成量可達 11～14%，係從調整為相當糖量的葡萄原液製成。餐後葡萄酒 (dessert wine) 由糖含量更高的葡萄製成，有時亦添加白蘭地等調整酒精含量至 14～21%，表 17–2 為葡萄酒之分類。

▶ 表 17–2　葡萄酒的種類

分類方法	種類	例
依製法分	非發泡性葡萄酒 發泡性葡萄酒 強化葡萄酒 調味葡萄酒	白葡萄酒、紅葡萄酒、玫瑰紅酒 香檳、碳酸酒 Sherry、Madeira、Port Vermouth
依飲用形式分	餐前葡萄酒 餐後葡萄酒	Sherry、Vermouth 白葡萄酒、紅葡萄酒、玫瑰紅酒 甜葡萄酒、Madeira、Malaga

(二) 葡萄酒的製法

將成熟的葡萄破碎、除梗後，置於發酵槽進行發酵製成。果實破碎後，為了抑制有害菌的繁殖及果汁褐變，通常添加偏重亞硫酸鉀 (potassium metabisulfite; $K_2S_2O_5$)，其量以二氧化硫計算為 100 ppm 的程度。果汁中的糖分可加糖調整至 25%，酸度高者可用碳酸鈣調整至 0.5～0.7%。成分調整後的原料添加純粹培養的葡萄酒酵母 (*Saccharomyces ellipsoideus*)，於 20～25 °C 下發酵 7～10 日，待大部分糖消耗殆盡後，以壓搾機壓搾去除果皮、果梗及種子等粕質，上澄液即為未熟成的葡萄酒，將其放入樽、桶等容器中，於 10～15 °C 貯藏 1～3 年使熟成即得。紅葡萄酒係以紅或黑葡萄為原料，在不除去果皮下發酵，而白葡萄酒則使用黃綠色葡萄，以經搾汁而得的果汁發酵。圖 17–1 為葡萄酒的製造流程。

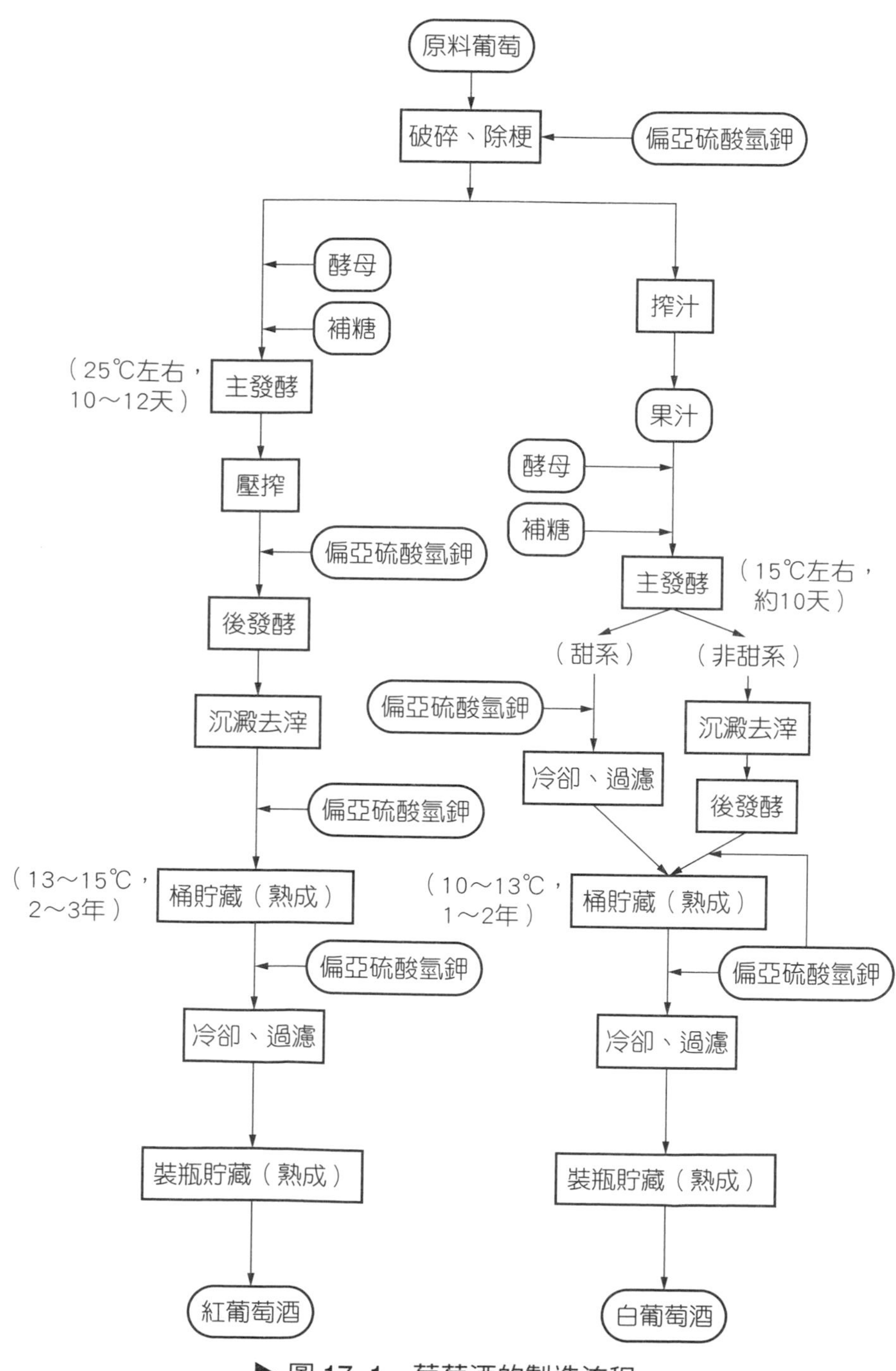

▶ 圖 17–1 葡萄酒的製造流程

二、葡萄酒的釀造

實習三十八　葡萄酒的釀造

一、目的

明瞭酒精發酵的理論和實際操作，並對微生物培養操作、加工、分析、生產效率、商品價值等做一貫性的實習。

二、器具

棉塞三角瓶 (1 L)、純粹培養酵母（100 mL 三角瓶）、加壓殺菌釜、大漏斗（直徑 15 cm）、蒸鍋（殺菌用）、恆溫器、大調羹、棉布（尼龍布）、鋁箔、案秤、溫度計、手攜式糖度計、pH 計或 pH 試紙 (BPB)、烘箱。

三、材料

葡萄（紫或白）、砂糖、米麴汁。

四、方法

1.酵母的純粹培養

將米麴汁分裝於有棉塞的試管和三角瓶（均已在 160 °C 乾熱殺菌 30～60 分鐘），各別分裝 10 mL 和 50 mL，然後加壓殺菌（1 kg / cm^2，15 分鐘）。

已於米麴汁洋菜培養基培養的純粹葡萄酒酵母 (*Saccharomyces ellipsoideus*)，在無菌箱內，用白金環移植於試管內的液體培養基（米麴汁），放在 28～30 °C 恆溫器（孵卵器）內培養。約第 2 天產生大量泡沫，試管底面即生成酵母的沉澱。

為了充分移植酵母，將試管振盪後全部倒於 100 mL 三角瓶內的液體培養基。三角瓶放在 28～30 °C 恆溫器內培養，約第 2 天產生大量泡沫，瓶底即有酵母沉澱。

2. 原料的調製及發酵原液的調製

每 1 L 容量三角瓶，約準備紫葡萄（紅葡萄酒製造用）700 g，或白葡萄（白葡萄酒製造用）1 kg。

洗滌及除梗過的葡萄，加以破碎，白葡萄酒製造用的葡萄以棉布（尼龍布）搾汁，除去果皮和種子；紅葡萄酒製造用的葡萄不除去果皮和種子。

葡萄汁加砂糖，調整糖度至 24%，這時的溶液稱為發酵原液。

〔附註〕提高糖度的計算式：將糖度 A (%) 的葡萄汁 Wa (g) 調整為 B (%) 糖度時，應添加於葡萄汁的砂糖重量為 Ws (g)，調製後葡萄汁重量為 W (g)。

$$W = Wa + Ws$$

$$Wa \times A + Ws \times 100 = W \times B = (Wa + Ws) \cdot B$$

$$Ws \times 100 - Ws \times B = Wa \times B - Wa \times A$$

$$\therefore Wa = \frac{Ws(100 - B)}{B - A}$$

3. 注入三角瓶

發酵原液經由漏斗注入 1 L 有棉塞三角瓶中。注入時注意發酵原液不要沾到三角瓶上部的內壁，以免棉塞弄溼。

注入三角瓶內的發酵原液，以達到容器高度的 $\frac{1}{3}$ 為宜，如注入過多，在主發酵發生很多泡沫時，易將棉塞沖掉弄溼。

4. 殺菌

棉塞上包覆鋁箔，在 60 °C 下殺菌 20 分鐘。當內容物冷卻至不致於殺死酵母的溫度時，將 100 mL 三角瓶內培養的酵母液振動混合，並倒入 1 L 三角瓶的葡萄汁中。

〔附註〕如要利用葡萄皮周圍的野生酵母行自然發酵時，葡萄汁即不殺菌。

5. 發酵和管理

放置於 28～30 °C 的恆溫器中，即開始發酵。因為酵母是好氣性，通空氣時發育較好，所以每天振動 1 次。

主發酵期間為 1 星期～10 天。當停止發酵時，過濾 1 次，然後進入後發酵。在後發酵期間過濾 2～3 次，即得到澄清液。

學生實習是使用所製備的葡萄酒繼續進行醋酸發酵，所以主發酵終止時，過濾 1 次即可。此時的葡萄酒尚未經過熟成 (aging) 階段，風味當然不佳。

五、注意事項

1. 葡萄因品種不同，影響製品，所以要注意品種的選擇。紅葡萄酒之製造使用紫葡萄、白葡萄酒使用白葡萄。但是製造白葡萄酒時，破碎後的葡萄，需經壓搾，除去果皮和種子，直接利用葡萄汁進行酒精發酵。製造紅葡萄酒時，只破碎葡萄即可進行酒精發酵。
2. 酒精發酵是醣類經發酵產生酒精和二氧化碳之化學變化，由酵母所引起的。

   酒精發酵的化學方程式如下：

$$C_6H_{12}O_6 \rightarrow 2C_2H_5OH + 2CO_2$$

糖分	酒精	二氧化碳
180 g	92 g	88 g

此化學方程式是表示葡萄糖、果糖等單醣類的酒精發酵。蔗糖則先分解為如下的單醣類後，依上式行酒精發酵。

$$C_{12}H_{22}O_{11} + H_2O \rightarrow C_6H_{12}O_6 + C_6H_{12}O_6$$

蔗糖	葡萄糖	果糖
342 g	180 g	180 g

上面的變化，實際上極為複雜，除了酒精和二氧化碳外，尚生成甘油、琥珀酸及其他微量成分。又因為少部分糖分當作酵母的營養分被消耗掉，所以糖分並不完全變為酒精和二氧化碳。180 g 糖分生成 92 g 酒精，即從糖分生成 51.1% 酒精，只是理論而已，稱為理論值。實際發酵所得到的酒精，較理論值為少。實際得到的酒精量與理論值的比乘以 100 稱為發酵率。

$$\text{酒精發酵率} = \frac{\text{實際發酵所得到的酒精量}}{\text{依理論從糖分算出的酒精量}} \times 100$$

在工廠一般的發酵率為 80～90%，發酵率若偏低，則表示發酵不順利。

三、紅肉李酒的釀造

實習三十九　紅肉李酒的釀造

一、材料

紅肉李、砂糖。

二、器具

刀、容器、廣口瓶或塑膠瓶。

三、製程

1. 取成熟而完整的紅肉李為原料，切忌爛軟的不良果。
2. 以水沖洗去除夾雜物後日曬約 2 小時，除去附於表皮之水分。
3. 每個紅肉李以刀劃切 4 刀，儘量深入至核，以利滲透，但不要切開。
4. 加原料重約 25% 的砂糖，一層砂糖、一層李的方式層層堆積於廣口瓶或其他容器內，最上層多放一些糖，以防止腐敗，經 2～3 日後，汁液滲出，糖溶解，開始有發酵現象，並有氣泡產生，於 15 °C 下放置 7～14 日即發酵完成。
5. 取出果實即可食用。其餘汁液再經後發酵熟成即成李子酒。

第三節　果醋之製造

一、果實醋的定義

根據中國國家標準的定義，果醋（果實醋）係以未成熟之果實（包括果實搾汁、果實酒等食品加工製品）為原料之酒醪或此類酒醪添加酒糖或糖類，經醋酸發酵而成之液狀調味料，其中不可添加冰醋酸或醋酸，且 1 L 果實醋之製造原料應使用原料果汁原汁 300 g 以上，成品釀造醋的酸度應在 4.2% (W / V) 以上（以醋酸計算）。

二、食醋的製造方法

（一）醋酸發酵的機制

酒精氧化生成醋酸，此反應有嫌氣及好氣兩種方式，而醋酸發酵通常採用好氣發酵，其反應機制如下：

1. $C_2H_5OH+\frac{1}{2}O_2 \rightarrow CH_3CHO+H_2O$

ethanol(46) acetoaldehyde

2. $CH_3CHO+H_2O \rightarrow CH_3-\underset{\displaystyle H}{\overset{\displaystyle OH}{\underset{|}{\overset{|}{C}}}}-OH$

3. $CH_3-\underset{\displaystyle H}{\overset{\displaystyle OH}{\underset{|}{\overset{|}{C}}}}-OH+\frac{1}{2}O_2 \rightarrow CH_3COOH+H_2O$

acetic acid(60)

（二）一般食醋的釀造方法

表 17–3 顯示一般食醋的釀造方法與優劣點，而表 17–4 則顯示醋酸菌對酒精之耐性與產酸性。

▶ 表 17–3 一般食醋釀造方法之比較

發酵方法	特點	優點	缺點
Orleans 法 (slow process)	靜置半連續式	澄清度佳，風味優良	發酵時間長，不適合大量生產
速釀法 (Frings generator)	再循環式與滴流式發酵表面積大	發酵速率快，適合工業化生產	酒精及香氣易散失
通氣攪拌法 (submerged culture, acetator)	一面通氣一面攪拌	發酵速率快，占地小，設備易操作	酒精及香氣易散失，澄清度差

▶ 表 17–4 醋酸菌的酒精耐性與產酸性

醋酸菌的種類	最大酒精抵抗量	最大醋酸生成量
A. oxydans	7.0%	2.0%
A. acetigenus	4.8	2.7
A. xylinum	6.0	4.5
A. acetosus	11.0	6.6
A. aceti	11.0	6.6
A. kuetzingianus	9.5	6.6
A. aceti pasteurianus	–	6.7
A. ascendens	12.0	9.0
A. schuetzenbachii	–	10.9

三、葡萄醋的釀造

實習四十　葡萄醋的釀造

一、目的

明瞭果實醋的製造法及醋酸菌的培養法。

二、器具

有棉塞的三角瓶 (1 L)、鋁箔、蒸鍋（殺菌用）、量筒 (100 mL)、漏斗、Fernbach-flask、加壓殺菌釜、恆溫器。

三、材料

自製葡萄酒、純粹培養的醋酸菌。

四、方法

1.醋酸菌培養液的準備

(1)醋酸菌培養液

葡萄糖	45 g	溶解於 1500 mL 水中
肉汁	15 g	
蛋白腖 (peptone)	15 g	

分裝於已經乾熱殺菌過的 Fernbach-flask 各 50 mL，然後行加壓殺菌（1.2 kg / cm^2，121 °C，30 分鐘）。加入沉降性 $CaCO_3$ 約 100 mg。放冷後加入酒精 1.6 mL。

(2)另於已經乾熱殺菌過的有棉塞試管各注入 10 mL 醋酸菌培養液並加沉降性 $CaCO_3$ 約 500 mg。

先把醋酸菌（例如 *Acetobacter aceti* Beijerinck）接種 1 白金環於上述⑵步驟中之試管。然後放在 30 °C 恆溫器內培養 3～4 天，形成菌膜。將此培養液全部接種於⑴步驟中之 Fernbach-flask 中，放在 30 °C 恆溫器培養 3～4 天，形成菌膜，醋酸菌的培養即告完成。醋酸菌需要空氣，因此使用扁平的容器培養醋酸菌。

2. **發酵原液的調製**：將自製葡萄酒加水稀釋至酒精濃度為 6%。取此溶液 300 mL 備用。
3. **殺菌**：將調製好的發酵原液注入預先在 160 °C 乾熱殺菌 40 分鐘的有棉塞三角瓶 (1 L)，注入時注意不要沾到三角瓶上部的內壁以免弄溼棉塞，並以鋁箔包覆棉塞，在 60 °C 下殺菌 20 分鐘。
4. **發酵、過濾**：放冷（水冷）後，添加醋酸菌純粹培養液 300 mL，於 30 °C 恆溫器內發酵 1 個月。然後過濾之。過濾時添加約 1 個藥匙量的助濾劑 celite（矽藻土）與發酵液混合，可促進過濾。
5. **品質試驗**：自製葡萄醋與市售製品比較，檢討品質等。
   ⑴準備：市售果實醋，pH 試紙，官能檢查用玻璃杯（或 50 mL 燒杯）（試料用），自製葡萄醋，官能檢查用普通玻璃杯（漱口用）。
   ⑵試驗：先檢查色澤、透明度等外觀，其次檢查香氣、味覺（甜、酸、鮮味）等，最後做綜合品評。另用 pH 試紙檢查 pH 值作為參考之用。

五、注意事項

1. 利用上次實習製造的葡萄酒，製造食醋 (vinegar)。葡萄酒的酒精發酵是葡萄糖或果糖的分解，而醋酸發酵是酒精的氧化。

$$C_2H_5OH + O_2 \rightarrow CH_3COOH + H_2O$$

酒精　　　　　　　醋酸

理論上從 46 g 酒精可得到 60 g 醋酸。實際上，使用酒精濃度稀釋至 6% 的葡萄酒時，經醋酸發酵後，所得到的醋酸濃度約為 6%。加酒精和種醋（菌）於槽內發酵一個月後，由於醋酸菌的作用生成酸味。醋酸菌對溫度的變化很敏感，溫度稍高作用即減弱，稍低即停止作用。當菌的作用旺盛時，約於接種後第 2～3 天便在發酵液表面產生像薄絹一樣而帶光澤的菌膜。

2. 酒精濃度 12% 的葡萄酒 X mL， 配製為酒精濃度 6% 的葡萄酒 300 mL 時，依下式計算：

$$X \times \frac{12}{100} = 300 \times \frac{6}{100}$$

$$X = 150\ mL$$

因此取 150 mL 的葡萄酒與 150 mL 的水混合即可。

3. 工廠內，數十個發酵槽 1 天發生數萬卡的熱能，故發酵室的溫度和溼度需要加以調節。

4. 一個發酵槽中放百分之幾的種醋，以及發酵溫度控制於幾度等均為食醋製造廠的機密。

5. 發酵液愈近表面，溫度愈低，通常表面的溫度殆與水溫相同。發酵槽的底部溫度低時，菌的作用即告停止。

習題

一、是非題

(　　) 1. 發酵與腐敗在本質上是一樣的。

(　　) 2. 醋酸發酵是嫌氣發酵。

(　　) 3. 醬油是液態發酵製成。

(　　) 4. 果實醋中可加冰醋酸或醋酸調整酸度。

(　　) 5. 最具代表性的果實酒為葡萄酒。

二、填充題

1. 發酵係利用________引起的化學變化，將有機物分解轉變成對人的生活有益的物質之現象。
2. 典型的發酵有________、________、________、________等。
3. 果實酒中酒精含量低於________時，貯藏性不安全。
4. 葡萄酒製程中，果實破碎後為了抑制有害菌之繁殖與果汁褐變，常添加________，其量以 SO_2 計算為________。
5. 葡萄酒製造時，果汁中的糖分可加糖至________%，酸度可用________調整至________%，成分調整後的原料加純粹培養的________，於________°C 下發酵 7～10 日，再行壓搾。

三、問答題

1. 試寫出酒精發酵與醋酸發酵的化學方程式。
2. 根據 CNS，果實醋的定義為何？又釀造醋之品質規定如何？

第十八章　食品添加物及食品衛生

第一節　食品添加物

一、食品添加物的意義

食品添加物 (food additives) 係指食品製造，加工，調配，包裝，運送，貯藏等過程中，用以著色，調味，防腐，漂白，乳化，增加香味，安定品質，促進發酵，增加稠度，增加營養，防止氧化或其他用途而添加或接觸於食品的物質。

二、食品添加物的分類

1. **防腐劑 (preservatives)：**對細菌，酵母及黴菌之繁殖有抑制作用，可用以延緩或阻止食品變敗的物質，如己二烯酸 (sorbic acid)，安息香酸 (benzoic acid)，去氫醋酸 (dehydroacetic acid) 等。
2. **殺菌劑 (germicides)：**可殺滅食品中的微生物或病原菌的藥劑，以防止食物中毒及傳染病的流行，亦可防止食品之腐敗，如漂白粉 (chlorinated lime)，過氧化氫 (H_2O_2) 等，唯殺菌後需從食品中去除不可繼續存留於食品中。
3. **抗氧化劑 (antioxidants)：**可延緩脂肪氧化酸敗或其他物質氧化作用的物質，如抗壞血酸 (L-ascorbic acid)，丁基羥基甲氧苯 (butyl hydroxy anisol; BHA)，二丁基羥基甲苯 (dibutyl hydroxy toluene;

BHT)，維生素 E (α-tocopherol) 等。

4. **漂白劑 (bleaching agents) 及麵粉改良劑：**漂白劑為有漂白作用的物質，可分還原漂白劑（如亞硫酸鹽）及氧化漂白劑（如次氯酸鈉）。

   麵粉改良劑的作用為改良麵粉的顏色，縮短麵粉熟成的時間，並促進加工的性質，保持良好色澤，如過氧化二苯甲醯 (benzoyl peroxide)，溴酸鉀（我國已禁用）等。

5. **保色劑 (color fasting agents)：**硝酸鹽、亞硝酸鹽等用於香腸，火腿及其他肉製品中以促進其發色的物質。

6. **膨脹劑 (expansion agents)：**製造麵包，餅乾類食品時，為增加效果，提高口味及促進組織膨脹而加入的化學物質，如鉀明礬 (potassium alum, $Al_2(SO_4)_3K_2SO_4 \cdot 24H_2O$)，發粉 (baking powder) 等。

7. **品質改良用，釀造用及食品製造用劑**

   如氯化鈣 ($CaCl_2$)：固化組織。

   磷酸鈣 ($Ca(H_2PO_4)_2 \cdot H_2O$)：促進糖化力，發酵力。

   硫酸鈣 ($CaSO_4 \cdot 2H_2O$)：凝固劑。

8. **營養添加劑 (nutritional enriching agents)：**補充食品於調理，加工或保存中損失之營養成分或天然食品中欠缺之營養成分而添加的物質，如維生素，胺基酸，無機鹽等，其添加的目的在於改善營養成分之均勻與吸收。

9. **著色劑 (coloring agents)：**包括天然著色劑及合成著色劑，使用的目的並不是用以欺騙消費者，而是要對消費者賦予食慾和吸引力。如食用紅色六號 (cochineal red A)，食用黃色四號 (tartrazine) 等。

10. **香料 (flavoring materials)：**添加於食品中使其具有芬芳味覺，引人食慾的物質，如醋酸乙酯 (ethyl acetate)，苯丙烯酸乙酯 (ethyl cinnamate) 等。

11. **調味劑 (taste blenders)：**賦與食品甜、酸、鹹、苦、鮮、辣等味覺的物質，如檸檬酸 (citric acid)，味精 (M.S.G.)，核苷酸 (sodium 5-inosinate) 等。

12. **黏稠劑或糊料 (thickening agents)：**如澱粉 (starch)，果膠 (pectin)，羥甲基纖維素 (CMC) 等均屬之，對食品有下列功用：
(1)使食品組織安定化。
(2)增加食品的黏性，並使食品有柔滑之食感。
(3)增加食品中固形物之含量。
(4)有保水作用。

13. **結著劑 (adherents)：**結著劑幾乎全為磷酸鹽的衍生物，如焦磷酸鈉 (sodium pyrophosphate)，偏磷酸鈉 (potassium metaphosphate) 等，對食品有下列功用：
(1)可防止金屬離子之可溶性鹽之活動。
(2)使加入食品中水不溶性或微溶性的物質分散，形成安定之懸濁液，防止其在食品中凝集一處而影響品質。
(3)防止難溶性物質在食品製造後因放置長久而析出難溶物之結晶。
(4)可增加動物性食品中蛋白質及脂肪之結著保水作用，而增加其嗜好性。

14. **食品工業化學藥品：**如 NaOH，HCl，H_2SO_4 等。

15. **口香糖及泡泡糖基劑：**如聚乙烯乙醋 (polyvinyl acetate)，酯膠 (ester gum) 等。

16. **溶劑：**如丙二醇 (propylene glycol)，甘油 (glycerol)，己烷 (hexane) 等。

17. **乳化劑 (emulsifying agents)：**又稱界面活性劑，最主要的作用是使油與水均勻混合，其必備條件為親水性與親油性，如甘油脂肪酸酯 (glycerin fatty acid ester)，大豆磷脂質或卵磷質（soybean phospholipids 或 lecithin）等。

    HLB (hydrophile-lipophile balance) 值為乳化劑選擇系統中之一項實驗性結果，其為乳化劑分子中親水性基和疏水性基之重量百分比的比率，其基準以油酸 (oleic acid) 為 1，油酸鉀 (potassium oleate) 為 20，HLB < 9 屬於親油性，11～20 為親水性，8～11 為中間型。
18. **其他：**如消泡劑、比重調整劑、過濾劑等。

三、與食品添加物及食品法令規定有關的一些名詞

1. **FDA (Food and Drug Administration)：**美國食品藥物管理局，擔任食品標準的制定，表示方法的決定，食品添加物的規定及許可等工作的機構。
2. **FAO (Food and Agriculture Organization)：**聯合國農糧組織。
3. **Federal specification：**美國聯邦規格，食品業者出售產品予美國時，必須熟悉該產品之現行美國聯邦規格。
4. **WHO (World Health Organization)：**世界衛生組織。
5. **JIS (Japanese Industrial Standard)：**日本工業規格，依工業標準法制定的標準。
6. **JAS (Japanese Agriculture Standard)：**日本農林規格，為農林漁牧產品及其加工品所定的標準。
7. **GRAS substances (generally recognized as safe substances)：**由於長久使用的經驗及科學的評價，普遍確認為安全性的物質，在美國一般簡稱為 GRAS substance。典型者有砂糖，

食鹽，香辛料，天然調味料，著香料，洋菜，檸檬酸，蘋果酸等約包括 600 種，對於此類物質之使用範圍及用量並無限制。

四、食品添加物使用的目的

1. 食品在製造上不可缺的，如豆腐的凝固劑。
2. 以食品的品質改良及品質保持為目的，如聚合磷酸鹽。
3. 提高食品保存性，如防腐劑。
4. 以營養強化為目的，如維生素，胺基酸等。
5. 以滿足人的官能為目的，如著色劑，香料，漂白劑。
6. 以降低食品成本為目的，如香料，化學調味劑。

五、食品添加物的條件

1. 一般條件

(1)沒有毒性。

(2)加工過程中所必需的。

(3)依輸入國的規格標準而定。

(4)維持食品的營養價值。

(5)增加食品的吸引力。

(6)使消費者能獲得利益。

2. 必備條件

(1)有公定的名稱，除了俗名還要有學名。

(2)瞭解化學合成物之構造組成及製造之詳細過程。

(3)瞭解其理化性質。

(4)明瞭確認法，能作定性及定量的分析。

(5)須有確實的使用目的及效果。

(6)具有毒性試驗報告。

(7)具有其他生物試驗報告。

六、食品添加物的毒性試驗法

1. **急性毒性試驗：**將計量的試樣，一次餵食給試驗動物，調查其中毒量，致死量，中毒症狀等，結果常用 LD_{50}（50% 致死量）表示。
2. **次急性毒性試驗：**急性與慢性毒性試驗間的試驗，試驗期間通常為動物壽命的 $\frac{1}{10}$ 程度。
3. **慢性毒性試驗：**評價毒性的最重要試驗，通常使用老鼠及白老鼠兩種動物，行長期（2～3 年）的飼食試驗，由試驗結果確認最大安全量，最小中毒量及確實中毒量。
4. **發癌性試驗：**老鼠為發癌性試驗最適當的動物，如長期飼與化學物質，則在肝臟或其他臟器會發生腫瘍，故通常將慢性毒性試驗同時利用於發癌性試驗。
5. **催畸型試驗：**將試樣飼與懷孕中的動物，調查對胎兒影響的試驗。

七、食品添加物之認識與品評

實習四十一　食品添加物之認識與品評

1. 認識實習中常用的食品添加物。
2. 比較 10% 甜味劑的味感（sucrose、glucose、fructose）。
3. 比較 0.3% 酸味劑的味感（citric acid、malic acid、lactic acid）。
4. 比較 0.05% 鮮味劑的味感（核苷酸、甘貝素、味精）。
5. 配製不同糖酸比溶液，由全體學生品味，並選出最適口者。

糖為蔗糖，酸為檸檬酸，糖酸比為°Brix sucrose 與 % citric acid 之比值。

(1) 50 : 1

(2) 40 : 1

(3) 30 : 1

(4) 20 : 1

(5) 10 : 1

(6) 1 : 1

第二節　食品衛生法規

一、食品衛生的定義

1955 年世界衛生組織 (World Health Organization) 對食品衛生 (food hygiene; food sanitation) 作了如下定義：食品衛生是自栽培（或養殖）、生產、製造至最終消費之全過程中，確保食品之安全性、完全性及健全性所必需的方法，根據此定義可知食品衛生除了包括自然科學的要素外，也包括了社會科學的要素。

二、我國食品衛生之權責單位

1.衛生單位

我國食品衛生管理行政組織在中央為行政院衛生福利部，在直轄市為直轄市政府衛生處（局），在縣（市）為縣（市）政府衛生局。

衛生福利部主要包括食品衛生處及藥物食品檢驗局兩大單位，食品衛生處內設食品安全、食品查驗、食品輔導及食品營養等四科，掌理有關食品衛生管理及國民營養規劃事項。藥物食品檢驗局中與食品有關的為食品化學及食品微生物兩組，其主要業務為一般檢驗及研究工作，並帶動地方衛生機構之官方執行性檢驗。

2.行政院農業委員會

主管所有食品原料的生產及農產品之進口核准 ， 如農業使用藥劑：包括除草劑、殺蟲劑、動物使用藥劑、飼料添加物及抗生素之管理。

3.經濟部

(1)中央標準局：訂定有關食品之標準、規格或名稱。
(2)國際貿易局：主管食品進口證明之發給。
(3)工業局：主管食品工廠之設廠標準。
(4)商品檢驗局：負責外銷商品（食品）之檢驗工作。

三、市售國產食品常見可能造成之衛生品質問題

1.罐頭食品

(1)來源不明、標示不完整。無進口商或製造廠商之名稱、地址、製造日期、保存期限等。
(2)嚴重凹凸罐、鏽罐。
(3)無行政院衛生福利部查驗登記字號之低酸性食品。
(4)自動販賣機之不當保溫販售。
(5)酸化罐頭未酸化完全（酸度在 pH 4.6 以上）。

2.冷凍食品

(1)結霜。
(2)包裝不完整（塑膠袋打洞或以訂書機封口）。
(3)解凍不當。

(4)二重標示保存販售（同時標示冷藏與冷凍之保存條件）易造成品質不易控制，而冷凍食品必保存於 −18 °C 以下。

(5)未依製造業原來制定之保存條件販售。

3. 冷藏食品

(1)超過保存期限。

(2)冷藏不當。

(3)有異味。

(4)未依製造業原來制定之保存條件販售。

4. 蜜餞

(1)違法使用人工甘味料、防腐劑、色素、漂白劑等。

(2)異物及蚊蟲汙染原料。

5. 醃漬食品

(1)酸菜——非法使用黃色色素鹽基性芥黃 (Auramine)。

(2)黃蘿蔔——非法使用黃色色素鹽基性芥黃。

(3)蘿蔔乾——非法使用吊白塊漂白。

(4)罐裝——沒有酸化。

6. 烘焙食品

(1)油脂酸敗而產生油耗味。

(2)餅乾失去脆度。

(3)烤盤不潔——底面黑色。

(4)使用不潔或不良的包裝紙及盒子。

(5)未包裝品未備專用、清潔的夾子或籃、盤子，供應消費者取用。

(6)不新鮮或超過保存期限。

7. 糖果

(1)包裝紙顏色滲出而接觸食品。

(2)使用非法定色素。

8.麵類製品

(1)違規使用硼砂、防腐劑（苯甲酸鹽等）。

(2)非法使用 H_2O_2（過氧化氫）為漂白劑或殺菌劑。

(3)使用未取得衛生福利部許可字號之純鹼——氫氧化鈉 (NaOH)。

(4)油麵、生麵（陽春麵）使用無衛生福利部許可字號之重（聚）合磷酸鹽。

9.速食麵

(1)油脂酸敗。

(2)軟化。

(3)陽光直接照射。

10.黃豆加工食品

(1)豆干、豆皮類超量使用防腐劑。

(2)違法使用非法定色素鹽基性芥黃及紅色二號。

(3)豆干絲、豆皮類、豆干卷等非法使用 H_2O_2 以及吊白塊漂白。

(4)印有橘紅色大戳印之黃豆干，大部分皆有違規色素使用之情形。

11.水產煉製加工品

(1)非法使用 H_2O_2 漂白。

(2)非法添加硼砂增加脆度。

12.肉製品

(1)超量使用保色劑亞硝酸鹽，即食性之高水活性食品，如無冷藏或冷凍之西式火腿、香腸，若貯藏不當仍有造成微生物之增殖或食品中毒之可能。

(2)超量使用防腐劑。

13.洋菇、蘿蔔：使用螢光增白劑漂白。

14. **皮蛋：**含鉛、銅量超過衛生標準。

15. **兒童玩具食品**

 (1)防腐劑、色素、漂白劑等問題。

 (2)所附之玩具可能對小朋友造成傷害。

16. **板條：**非法添加硼砂。

17. **鹼粽：**非法添加硼砂。

18. **麵腸**

 (1)違規使用 H_2O_2 漂白。

 (2)違規添加防腐劑。

19. **食用油脂**

 (1)散裝、來歷不明。

 (2)標示不完整，強調降低膽固醇。

20. **乳製品**

 (1)超過保存期限。

 (2)保存溫度不當。

 (3)內容物與標示不符。

21. **特殊營養食品**

 (1)未向行政院衛生福利部核備。

 (2)來源不明，標示不完整。

22. **發酵食品：**來源不明，標示不完整。

23. **飲料**

 (1)廣告違反規定，影射醫療效果。

 (2)無衛生福利部查驗登記字號之低酸性飲料。

24. **加工鹹魚：**違法使用黃色色素鹽基性芥黃及紅色二號。

25. **新鮮蔬菜水果：**違法使用任何色素、殘留農藥。

26.**新鮮活蝦：**正磷酸 (orthophophoric acid) 超量。

27.**餐盒食品**

(1)長時間置於室溫下販售，使得病原菌得以大量繁殖。

(2)來歷不明，未標示製造商名稱、地址。

(3)包裝容器以釘書針縫合。

28.**味精：**未經衛生福利部查驗登記並取得字號。

29.**蛋品：**沙門氏菌汙染。

30.**花生、玉米及其製品：**黃麴毒素汙染。

31.**生鮮肉品**

(1)未經屠宰衛生檢查。

(2)磺胺劑超量。

32.**進口食品**

(1)來源不明，標示不完整。(如無進口商及製造廠名稱、地址等)

(2)超過保存期限。

(3)未以中文顯著標示，內容物不詳。

四、進口食品可能之主要違規事項

1.外包裝標示上之違規事項：

(1)未標示製造日期或標示不實。

(2)未明確標示進口國之製造廠商地址等。

(3)未標示進口商之名稱、地址。

(4)標示內容違反有關規定。

例如：(a)嬰兒配方食品之外包裝印有嬰兒圖片等。

(b)說明書或包裝標示之文字涉及醫療效果。

(5)標示中使用違反「食品添加物使用範圍及用量標準」之食品添加

物（即成分之標示中含未登載准許使用或超過標準用量之食品添加物）。

2. 陳售超過保存期限之進口食品：此問題甚為普遍值得重視，尤其投機業者以在國外收購即將逾保存期限之廉價食品大量進口，而易造成食品衛生安全上的問題。

3. 違反「食品衛生標準」或「食品添加物使用範圍及用量標準」規定之食品。

4. 其他各種違規事項：

(1)潮解、形狀、風味變質（如：糖果、餅乾類等）。

(2)異物、蟲體之汙染（如：果醬、蜂蜜等）。

(3)黃麴毒素之汙染（如：進口之玉米、花生、穀物等）。

(4)農藥殘留之汙染（如：進口水果蔬菜之農產品等）。

(5)抗生素殘留之汙染（如：進口畜、禽肉及其製品等）。

(6)輻射物質汙染。

五、我國食品衛生管理的方式

1. 依立場可分為兩方面：

(1)政府單位依據法令對業者施行督導工作。

(2)業者為確保消費者健康，以法令為準則所施行的自行衛生管理工作。

2. 衛生主管機關之食品衛生管理方式：根據食品安全衛生管理法加以分析，可歸納為四大類：

(1)第一類：由衛生單位派人駐場執行的屠宰場衛生管理。

(2)第二類：依法令規定特定工廠須設置衛生管理人員執行的衛生管理。

(3)第三類：訂定食品衛生標準供業者遵循。

(4)第四類：加強食品衛生宣導工作。

3.違反食品安全衛生管理法的處理：

(1)第一級：「通知限期改善」級。

(2)第二級：「罰鍰」級。

(3)第三級：「送法院」級。

六、食品衛生的相關法則

1.食品安全衛生管理法：係民國 64 年 1 月 28 日公布實施，民國 72 年 11 月 11 日作第一次修正，內容共分七章三十八條，為食品衛生管理之母法。

2.食品安全衛生管理法產生的子法：

(1)食品安全衛生管理法施行細則：依據第三十七條訂定，於民國 70 年 11 月 20 日經行政院衛生福利部發布施行，民國 74 年 12 月 20 日修正，全文共有二十五條，均就食品安全衛生管理法各條文加以詳細說明或補充規定，以利施行。

(2)食品添加物使用範圍及用量標準：依據第十二條。

(3)食品衛生標準：依據第十條。

(4)食品器具、容器、包裝衛生標準：依據第十條。

(5)食品業者製造、調配、加工、販賣、貯存食品或食品添加物之場所及設施衛生標準：依據第二十四條。

七、我國的食品安全衛生管理法

第一章　總　則

第　一　條　為管理食品衛生，維護國民健康，特制定本法；本法未規定者，適用其他有關法律。

第　二　條　本法所稱食品，係指供人飲食或咀嚼之物品及其原料。

第　三　條　本法所稱食品添加物，係指食品之製造、加工、調配、包裝、運送、貯藏等過程中用以著色、調味、防腐、漂白、乳化、增加香味、安定品質、促進發酵、增加稠度、增加營養、防止氧化或其他用途而添加或接觸於食品之物質。

第　四　條　本法所稱食品器具，係指直接接觸於食品或食品添加物之器械、工具或器皿。

第　五　條　本法所稱食品容器、包裝，係指與食品或食品添加物直接接觸之容器或包裹物。

第　六　條　本法所稱食品用洗潔劑，係指直接使用於清潔食品、食品器具、食品容器及食品包裝之物質。

第　七　條　本法所稱食品業者，係指經營食品或食品添加物之製造、調配、加工、販賣、貯存、輸入、輸出或經營食品器具、食品容器、包裝、食品用洗潔劑之製造、加工、輸入、輸出、販賣業者。

第　八　條　本法所稱標示，係指標示於食品或食品添加物或食品用洗潔劑之容器、包裝或說明書上用以記載品名或說明之文字、圖畫或記號。

第　九　條　本法所稱主管機關：在中央為行政院衛生福利部；在直轄市為直轄市政府；在縣（市）為縣（市）政府。

第二章　食品衛生管理

第　十　條　販賣之食品、食品添加物、食品用洗潔劑及其器具、容器或包裝，應符合衛生標準；其標準由中央主管機關定之。

第 十一 條　食品或食品添加物有左列情形之一者，不得製造、調配、加工、販賣、貯存、輸入、輸出、贈與或公開陳列：

一、變質或腐敗者。

二、未成熟而有害人體健康者。

三、有毒或含有害人體健康之物質或異物者。

四、染有病原菌者。

五、殘留農藥含量超過中央主管機關所定安全容許量者。

六、受原子塵、放射能汙染，其含量超過中央主管機關所定安全容許量者。

七、攙偽、假冒者。

八、屠體經衛生檢查不合格者。

九、逾保存期限者。

第 十二 條　食品之製造、加工所攙用之食品添加物及其品名、規格及使用範圍、限量，應符合中央主管機關之規定。

第 十三 條　屠宰供食用之家畜及其屠體，應實施衛生檢查。

前項衛生檢查規則，由中央主管機關會同中央農業主管機關定之。

第 十四 條　左列物品，非經中央主管機關查驗登記並發給許可證，不得製造、加工、調配、改裝或輸入、輸出：

一、食品添加物。

二、經中央主管機關公告指定之食品、食品用洗潔劑及食品器具、食品容器或包裝。

第十五條　食品器具、容器、包裝或食品用洗潔劑有左列情形之一者，不得製造、販賣、輸入、輸出或使用：

一、有毒者。

二、易生不良化學作用者。

三、其他足以危害健康者。

第十六條　醫療院、所診治病人時發現有食品中毒之情形，應於二十四小時內向當地主管機關報告。

第三章　食品標示及廣告管理

第十七條　有容器或包裝之食品、食品添加物和食品用洗潔劑，應以中文及通用符號顯著標示左列事項於容器或包裝之上：

一、品名。

二、內容物名稱及重量、容量或數量；其為兩種以上混合物時，應分別標明。

三、食品添加物名稱。

四、製造廠商名稱、地址。輸入者並應加註輸入廠商名稱、地址。

五、製造日期。經中央主管機關公告指定須標示保存期限或保存條件者，應一併標示之。

六、其他經中央主管機關公告指定之標示事項。

第 十八 條　經中央主管機關公告指定之食品器具、食品容器、包裝，應以中文及通用符號顯著標示左列事項：

一、製造廠商名稱、地址。輸入者並應加註輸入廠商名稱地址。

二、其他經中央主管機關公告指定之標示事項。

第 十九 條　對於食品、食品添加物或食品用洗潔劑之標示，不得有虛偽、誇張或易使人誤認有醫藥之效能。

第 二十 條　對於食品、食品添加物或食品用洗潔劑，不得藉大眾傳播工具或他人名義，播載虛偽、誇張、捏造事實或易生誤解之宣傳或廣告。

第四章　食品業衛生管理

第二十一條　食品業者製造、調配、加工、販賣、貯存食品或食品添加物之場所及設施，應符合中央主管機關所定之衛生標準。食品業者之設廠許可，應由工業主管機關會同衛生主管機關辦理。

第二十二條　乳品及其他經中央主管機關公告指定之食品工廠，應辦理產品之衛生檢驗；其辦法由中央主管機關定之。

第二十三條　乳品、食品添加物、特殊營養食品及其他經中央主管機關規定之食品製造工廠，應設置衛生管理人員。

前項衛生管理人員設置辦法，由中央主管機關定之。

第二十四條　公共飲食場所衛生之管理辦法，由直轄市、縣（市）政府依據中央頒布各類衛生標準定之。

第五章　查驗及取締

第二十五條　直轄市、縣（市）主管機關得抽查販賣或意圖販賣、贈與而製造、調配、加工、陳列之食品、食品添加物、食品器具、食品容器、包裝或食品用洗潔劑及其製造、調配、加工、販賣或貯存場所之衛生情形；必要時，得出具收據，抽樣檢驗。對於涉嫌違反第十一條或中央主管機關依第十二條所為之規定者，得命暫停製造、調配、加工、販賣、陳列，並將該項物品定期封存，由業者出具保管書，暫行保管。

前項抽查及抽樣，業者不得拒絕。但抽樣數量以足供檢驗之用者為限。

第二十六條　食品衛生檢驗之方法，依國家標準之規定；無國家標準者，由中央主管機關公告之。

第二十七條　食品衛生之檢驗由食品衛生檢驗機構行之。但必要時得將其一部或全部委託其他檢驗機構、學術團體或研究機構辦理。

第二十八條　本法所定之查驗，其查驗辦法，由中央主管機關會同有關機關定之。

輸出食品之查驗辦法，由中央商品檢驗機關會同中央衛生主管機關定之。

第二十九條　檢舉或協助查獲違反本法規定之食品、食品添加物、食品器具、食品容器、包裝、食品用洗潔劑、標示、宣傳、廣告或食品業者，除對檢舉人姓名嚴守秘密外，並得酌予獎勵。

前項檢舉獎勵辦法，由中央主管機關定之。

第六章　罰　則

第 三十 條　食品、食品添加物、食品器具、食品容器、包裝或食品用洗潔劑，經依第二十五條規定抽樣檢驗者，由當地主管機關依檢驗結果為左列之處分：

一、有第十一條所列各款情形之一者，應予沒入銷燬。

二、不符合衛生或不符合中央主管機關依第十二條所為之規定者，應予沒入銷燬。但實施消毒或採行適當安全措施後，仍可使用或得改製使用者，應通知限期消毒、改製或採行安全措施；逾期未遵行者，沒入銷燬之。

三、標示違反第十七條或第十八條之規定者，應通知限期收回改正其標示；逾期不遵行者，沒入銷燬之。

四、無前三款情形，而經依第二十五條第一項規定命暫停製造、調配、加工、販賣、陳列並封存者，應撤銷原處分，並予啟封。

前項應沒入之物品，其已銷售者，應命製造、輸入或販賣者立即公告停止使用或食用並予收回，依前項規定辦理。製造、調配、加工、販賣、輸入、輸出第一項第一款或第二款物品之食品業者，由直轄市、縣（市）主管機關公告其商號、地址、負責人姓名、商品名稱及違法情節。

第三十一條　經許可製造或輸入、輸出之食品、食品添加物、食品器具、食品容器、包裝或食品用洗潔劑，發現有前條第一項第一款或第二款情事，除依前條規定處理外，中央主管機關得隨時會同經濟部公告禁止其製造或輸入、輸出。

第三十二條 有左列行為之一者，處三年以下有期徒刑、拘役或科或併科一萬元以上四萬元以下罰金，並得吊銷其營業或設廠之許可證照：

一、違反第十一條第一款至第八款或第十五條之規定者。

二、違反第三十一條之禁止者。

法人之負責人、法人或自然人之代理人、受僱人或其他從業人員，因執行業務犯前項之罪者，除處罰其行為人外，對該法人或自然人科以前項之罰金。

第三十三條 有左列行為之一者，處負責人三千元以上三萬元以下罰鍰，情節重大或一年內再違反者，並得吊銷其營業或設廠之許可證照：

一、違反第十條之規定經通知限期改善而不改善者。

二、違反第十一條第九款、第十三條、第十四條、第十七條至第二十條、第二十二條、第二十三條之規定者。

三、違反中央主管機關依第十二條所為之規定者。

四、違反中央主管機關依第二十一條所定之標準，經通知限期改善而不改善者。

五、違反第二十四條所定之管理辦法者。

六、經主管機關依第三十條第二項命其收回已銷售之食品而不遵行者。

第三十四條　拒絕、妨害或故意逃避第二十五條所規定之抽查、抽驗或經命暫停製造、調配、加工、販賣、陳列而不遵行者，處負責人三千元以上三萬元以下罰鍰；情節重大或一年內再次違反者，並得吊銷其營業或設廠之許可證照。

第三十五條　本法所定之罰鍰，由直轄市或縣（市）主管機關處罰；其經催告限期繳納後，逾期仍未繳納者，移送法院強制執行。

第七章　附　則

第三十六條　本法關於食品器具、容器之規定，於管理兒童直接接觸、入口之玩具準用之。

第三十七條　本法施行細則，由中央主管機關定之。

第三十八條　本法自公布日施行。

習題

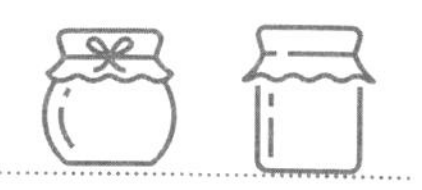

一、是非題

(　　) 1.食品添加物必須是添加於食品中的物質，僅與食品接觸者，不稱之食品添加物。
(　　) 2.己二烯酸鉀是一種殺菌劑。
(　　) 3.食品加工過程絕對禁止使用殺菌劑殺滅病原菌。
(　　) 4.使油與水能均勻混合的食品添加物為結著劑。
(　　) 5.有關食品標準、規格之訂定係由商品檢驗局擔負。
(　　) 6.酸化罐頭之 pH 為 7.0 以下。
(　　) 7.冷凍食品以訂書機封口非常方便，並無不妥之處。
(　　) 8.違反食品安全衛生管理法的處理中第一級比第三級嚴重。
(　　) 9.食品安全衛生管理法是民國 70 年 11 月 20 日公布施行。
(　　) 10.食品安全衛生管理法中所稱食品亦包括其原料。

二、問答題

1.何謂食品添加物？
2.何謂 GRAS 物質？
3.使用食品添加物之目的何在？
4.食品添加物需具備有那些條件？
5.何謂食品衛生？

參考資料

1. 王自存，1990，〈談園產品採收後的預冷處理（上）〉，《臺大農業推廣簡訊》，第十五期，頁 2～8。
2. 王自存，1991a，〈談園產品採收後的預冷處理（下）〉，《臺大農業推廣簡訊》，第十七期，頁 2～9。
3. 王自存，1991b，〈貯藏環境中之乙烯問題〉，《農藥世界》，第九九期，頁 18～22。
4. 王炘（譯），1986，《蔬菜的處理、運輸與貯藏》，徐氏基金會。
5. 王炘（譯），1987，《水果的處理、運輸與貯藏》，徐氏基金會。
6. 王清玲，1991，《花卉害蟲彩色圖說》，豐年社。
7. 臺灣省農林廳，1987，《臺灣區內銷蔬菜分級包裝手冊》，省農林廳，臺中。
8. 臺灣省農林廳，1987，《青果分級包裝手冊》，省農林廳，臺中。
9. 臺灣省農林廳，1988，《花卉保鮮技術》，省農林廳，臺中。
10. 臺灣省農林廳，1992，《植物保護手冊》，省農林廳，臺中。
11. 劉金昌，1988，《果品的選購與貯藏》，五洲出版社，臺北。
12. 吳恪元，1975，《農產運銷學》，環球書社。
13. 林月金，1987，〈臺灣之主要切花之產銷研究〉，《臺中區農業改良場特刊》，第六號。
14. 林添鶴，吳炳煌，隨華俊，1982，《園產品處理及加工》，臺灣書局。
15. 林樂建，1982，《園藝學通論》，五版，臺灣開明書店。
16. 林學正，1985，〈果蔬採收後處理〉，《八萬農業建設大軍訓練教材》，省農林廳。
17. 林學正，1985，〈花卉保鮮技術〉，《八萬農業建設大軍訓練教材》，省農林廳。
18. 桂耀林主編，1990，《水果蔬菜貯藏保鮮技術》，科學出版社，北京。
19. 高明堂主編，1990，《精緻農業實用技術採收處理篇》，頁 266～321，豐年社。
20. 許正峰，1989，〈控制濕度之食品保鮮法〉，《食品工業》，第二一卷十二期，頁 45～49。
21. 許漢卿，1989，〈加強果菜分級包裝〉，《八萬農業建設大軍訓練教材》，省農林廳。
22. 陳如茵，1989，〈馬鈴薯貯存期間之損失〉，《食品工業》，第二一卷三期，頁 23～26。
23. 陳如茵，1991，〈蔬菜生產者田間管理及預措〉，《農藥世界》，第九九期，頁 14～17。
24. 陳寶川、卓魁彬，1992，〈承載式洋葱挖掘收穫機之研製〉，《第七屆全國技職教育研討會論文集》，明志工專，臺北。

25.農學社，1988，《果品貯藏與加工》，武陵出版社。
26.章惠訓，1977，《蔬菜水果之處理加工》，臺灣開明書店。
27.黃恩雄，1987，〈省產奇異果之採收及處理〉，《果農合作》，第四七二期，頁 43～44。
28.黃肇家，1991，〈臺灣近年水果採收處理技術之開發與研究〉，《臺灣果樹之生產及研究發展研討會專刊》，頁一一七～一二九，臺灣省農業試驗所特刊第三五號。
29.郭純德等 2 人，1986，〈果實之更年性〉，《科學農業》，第三四卷九～十期，頁 240～247。
30.郭純德，蔡平里，1987，〈乙烯與果實後熟〉，《科學農業》，第三五期，頁 200～210。
31.郭純德，王自存，蔡平里，1987，〈高等植物之乙烯生合成及其調節〉，《科學農業》，第三五期，頁 103～147。
32.蔡平里，1988，〈日本園產品採收後處理方面的作法與觀念〉，《臺大農業推廣簡訊》，第九期，頁 11～26。
33.蔡龍銘（譯），1989，〈蔬果類之寒害與貯藏之適溫〉，《科學農業》，第三七卷十一～十二期，頁 300～308。
34.蔡龍銘，1991，〈蔬果採收後管理不當對品質之影響及如何防止〉，《農藥世界》，第九九期，頁 28～30。
35.蔡龍銘（譯），1987，〈園藝作物中乙烯之生合成及其生理〉，《中國園藝》，第三三期，頁 101～112。
36.賴宏輝（編），1985，《香蕉栽培指導手冊》，臺灣香蕉研究所。
37.諶克終（譯），1979，《果樹良品生產之新技術》，徐氏基金會。
38.錢明賽，1991，〈冷藏生鮮食品之保存〉，《食品工業》，第二三卷十一期，頁 15～22。
39.謝慶昌，1990，《愛文芒果後熟生理與採收後生理處理之研究》，國立臺灣大學研究所博士論文。
40.羅宗爵，1970，《作物病理學》，臺灣商務印書館。
41.羅幹成，1991，〈果樹害蟲及綜合防治之策略〉，《臺灣果樹之生產及研究發展研究會專刊》，頁 281～296，臺灣省農業試驗所特刊第三五號。
42.賴滋漢，金安兒，1990，《食品加工學（基礎篇）》，精華出版社。
43.賴滋漢，金安兒，1991，《食品加工學（製品篇）》，精華出版社。
44.賴滋漢，金安兒，柯文慶，1992，《食品加工學（方法篇）》，精華出版社。
45.賴滋漢，李秀，張永欣，1977，《食品加工實習實驗》，精華出版社。

46.柯文慶，1986，《實用食品加工學實習手冊》，國立中興大學教務處出版。
47.謝江漢，鍾克修，1992，《園產處理與加工》，地景企業公司。
48.劉廷英，1986，《食品衛生管理概要》，行政院衛生署。
49.《食品衛生法規彙編》，1992，行政院衛生署編印。
50.大久保增太郎，1983，《野菜の鮮度保持》，養賢堂，日本。
51.小林章，1977，《果樹園藝大要汎論》，養賢堂，東京。
52.川村登等，1991，《新版農作業機械學》，文永堂，東京。
53.小野田明彥等6人，〈甘藍菜及蕪菁之差壓式減壓貯藏〉，《日本食品工業學會誌》，第三六卷五期，頁369～374。
54.農業機械學會，1984，《新版農業機械ハンドブック》，コロナ社，東京。
55.樽谷隆之，北川博敏，1982，《園藝食品の流通、貯藏、加工》，養賢堂，東京。
56.緒方邦安，1985，《青果物保藏汎論》，建帛社，東京。
57.櫻井芳人、齊藤道雄、東秀雄、鈴木明治，1975，《總合食料工業》(增補新版)，恒星社厚生閣版。
58.芝崎勳，1983，《新食品殺菌工學》，光琳出版社，東京。
59. Halevy, A. H. and Mayak, S., 1979, *Senesence and postharvest physiology of cut flower*, part I, Hort. Rev. Vol.1, pp.204～236.
60. Halevy, A. H. and Mayak, S., 1981, *Senesence and postharvest physiology of cut flower*, part II, Hort. Rev. Vol.3, pp.59～143.
61. Hardenburg, R. E., watada A. E. and Wang C. Y., 1990, The commercial storage of fruits, vegetable and floiest and nursery stocks, *Agriculture Handbook*, No.66, U.S. Dept. Agriculture.
62. Janick, J., 1986, *Horticultural Science* 4th ed., W. H. Freeman and Company, N.Y.
63. Pantastico, ER B., 1975, *Postharvest Physiology, Handling and Utilization of Tropical and Subtropical Fruits and Vegetables*, AVI Publishing Co., Inc., Westport, Connecticut.
64. Petersen, J. B., 1988, *Postharvest Handling of Tropical and Subtropical Fruits Crops*, FFTC, Taipei.
65. Ryall, A. Lloyd and Pentzer, W. T. 1982, *Handling, Transportation and Storage of Fruits and Vegetables*, Vol.2, Fruit and tree nuts, AVI Publishing Co., New York.
66. Salunkhe, D. K. and Desai, D. D., 1984, *Postharvest Biotechnology of Fruit*, Vol.1, CRC Press, Inc.
67. Snowdon, A. L., 1990, *A color Atlas of Postharvest Disease and Disorders of Fruits*

and Vegetable, Vol.1, CRC Press, Inc.

68. Soule, J., 1985, *Glossary for Horticultural Crops*, John Wiley and Sons, Inc.
69. Wills, R. B. H., McGlasson, W. B., Graham, Dy, Lee, F. H. and Hall, E. G., 1989, *Postharvest: An Introduction to the Physiology and Handling of Fruits and Vegetables*, 3rd ed., AVI Publishing Co., Inc., Westport, Connecticut.
70. Nelson, P. E. and Tressler, D. K., 1980, *Fruit and Vegetable Juice Processing Technology*, 3rd ed., AVI Publishing Co., Inc., Westport, Connecticut.
71. Luh, B. S. and Woodroof, J. G., 1975, *Commercial Vegetable Processing*, AVI Publishing Co., Inc., Westport, Connecticut.
72. Woodroof, J. G. and Luh, B. S., 1975, *Commercial Fruit Processing*, AVI Publishing Co., Inc., Westport, Connecticut.
73. Potter, N. N., 1978, *Food Science* 3rd ed., AVI Publishing Co., Inc., Westport, Connecticut.

國家圖書館出版品預行編目資料

園產處理與加工／柯文慶,吳明昌,蔡龍銘著.－－二版一刷.－－臺北市：東大，2024

面；　公分

ISBN 978-957-19-3361-0（平裝）

1. 農產品加工

435.6　　　112017824

園產處理與加工

作　　者	柯文慶　吳明昌　蔡龍銘
發 行 人	劉仲傑
出 版 者	東大圖書股份有限公司
地　　址	臺北市復興北路 386 號 (復北門市) 臺北市重慶南路一段 61 號 (重南門市)
電　　話	(02)25006600
網　　址	三民網路書店 https://www.sanmin.com.tw
出版日期	初版一刷 1996 年 2 月 初版七刷 2020 年 9 月 二版一刷 2024 年 1 月
書籍編號	E430400
I S B N	978-957-19-3361-0